JN207141

# 群論入門

新装版

## 初めて学ぶ人のための群論入門

横田一郎 著

現代数学社

# まえがき

よく知られているように，群論とは加減または乗除の算法について調べる学問である．加減や乗除の算法といえば小学校以来なじんできた算法であり，数学の基礎算法であるが，とかく群論は抽象的理論であると誤解され勝ちである．確かに群論には抽象的な一面もあるが，群を専攻する者にとっては群は具体の１つに過ぎなくなっているのである．そこで，これから始めて群について学ぼうとする者に具体例で群を身近に理解していただこうという目的で書かれたのが本書である．

本書の内容について少し触れておこう．１章は加群の理論であり，いわゆる「Abel 群の基本定理」の証明に主眼をおいている．したがって整数加群$\mathbb{Z}$とその剰余加群$\mathbb{Z}_n$に詳しい．２章は群の一般論である．もちろん各定理にそれに関連した例題をつけることを忘れていない．当初は３章に位相群と Lie 群を書くつもりでいたが，頁数などの関係もあってそれはできなかった．それに代るものとして付録に Lie 群のお話を書いておいたが，詳しい内容はまたの機会に書きたいと思っている．

最後に，本書を出版するについて現代数学社の皆様に一方ならぬお世話になったことを感謝している．また本書の校正を手伝っていただいた杉山行孝，宿沢修，塚田悦夫氏に厚く御礼申し上げる．

著　者

# 目　　次

# 序にかえて

最近，中学校の数学の教材に「数のしくみ」がとり入れられてから，ようやく群論の話題が一般化して来たようである．そこでこれから，群について始めて学ぼうとする人を対象に，例題を多く出しながらやさしくお話しして行こう．

われわれは小学校時代に，$1+1$ は 2 である：

$$1+1=2$$

と教わってきた．確かに「りんご」を 1 つ持っている人がもう 1 つの「りんご」を貰えば，その人は 2 個の「りんご」を持ったことになるから，$1+1=2$ は当然の真理である． しかし，中学生にもなると，$1+1$ は 0 にもなる：

$$1+1=0$$

という．何も知らない人がこれをみると，そんな馬鹿なことがあるだろうか，$1+1=2$ は絶対の真理であるから $1+1=0$ などとんでもないと思うかもしれない．そこで，$1+1=2$ も $1+1=0$ もどちらも正しいということから説明して，群のお話を始めたいと思う．

**(1)　加群について**

つぎの 3 つの集合

$$X=\{\cdots,\ -3,\ -1,\ 1,\ 3,\ 5,\ \cdots\}$$
$$N=\{1,\ 2,\ 3,\ \cdots,\ n,\ \cdots\}$$
$$\boldsymbol{Z}=\{\cdots,\ -2,\ -1,\ 0,\ 1,\ 2,\ 3,\ \cdots\}$$

を考えてみよう．奇数全体の集合$X$においては，($1+3=4\notin X$ の例が示すように) 足し算ができない．自然数全体の集合$N$においては（$2+3=5$ のように）足し算は自由にできるが，（$1-3=-2 \notin N$ の例が示すように）引き算ができるとは限らない．一方，整数全体の集合 $\mathbb{Z}$ においては，足し算と引き算が自由にできる．すなわち，和の算法に関しては，$X$は単なる集合に過ぎず，$N$ は半加群であり，$\mathbb{Z}$ は加群になっているのである． $\mathbb{Z}$ のように，足し算，引き算が自由にできる集合を一般に加群というが，この加群の構造を調べることを1章の目的としている．

整数加群 $\mathbb{Z}$ と並んで重要な加群 $\mathbb{Z}_n$ を説明するために，加群 $\mathbb{Z}_2$, $\mathbb{Z}_3$ を例にとって考えてみることにしよう．

$-1$ を何乗かすること：$(-1)^n$ を考えよう．たとえば $(-1)^5(-1)^7(-1)^8$ を計算するとき，正直に

$$(-1)^5(-1)^7(-1)^8=(-1)^{5+7+8}=(-1)^{20}=1$$

と計算するともちろんよいが，少々無駄な計算をしているような気がするであろう．肩にある整数5, 7, 8の和を正直に計算しなくても，この計算では，5, 7, 8 が偶数であるか奇数であるかということが大切なのである．実際，偶数ならば0と思い，奇数ならば1と思って

$$(-1)^5(-1)^7(-1)^8=(-1)^1(-1)^1(-1)^0=(-1)^2=(-1)^0=1$$

と計算して何らさしつかえない．すなわち，$-1$ の肩の上では $5=7=1$, $8=0$となっているのである．また $-1$ の肩の上では，2つの数 0, 1 の集合 $\mathbb{Z}_2=\{0, 1\}$ における和は

$$0+0=0, \quad 1+0=0+1=1, \quad 1+1=0$$

のようになっている．さらに

$$-1=1$$

にもなっている．したがって，$\mathbb{Z}_2=\{0, 1\}$ は足し算と引き算が自由にできる集合である．すなわち，$\mathbb{Z}_2$ は加群になっているのである．

もう1つ例をあげよう．右の図のように，円形上の道路に3つのバス停があったとし，各停留所の間が等間隔で，その間隔が1であるとしよう．この道路上をバスが走るとき，バスの0駅からの位置に注目するならば，$1+1=2$ はよいが，$1+2$ は 3 とするよりは $1+2=0$とする方がよいと気付かれるであろう．そこで，つぎのようなことを考えてみることにしよう．

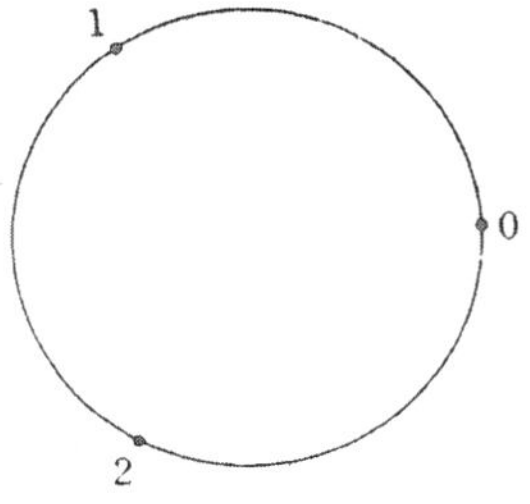


0, 1, 2 の3つの元からなる集合

$$\mathbb{Z}_3=\{0, 1, 2\}$$

を考え，和をつぎのように定義する．

$$0+0=0 \qquad 0+1=1+0=1 \qquad 0+2=2+0=2$$
$$1+1=2 \qquad 2+1=1+2=0 \qquad 2+2=1$$

このようにすると，集合 $\mathbb{Z}_3$ の中で足し算が自由にできるが，さらに $\mathbb{Z}_3$ の中では引き算もできる．たとえば，$2+1=0$ であるから $-2=1$ となっている．（このことは上のバス路線図からも容易に理解されよう）．だから，$1-2$ の計算は，$\mathbb{Z}_3$ の中では

$$1-2=1+1=2$$

と計算される．このように集合 $\mathbb{Z}_3$ の中では足し算と引き算が自由にできるから，$\mathbb{Z}_3$ は加群である．

これらの加群 $\mathbb{Z}_2, \mathbb{Z}_3$ を一般化した加群 $\mathbb{Z}_n$ については本文の中で詳しく述べるが，そのためにはつぎのような事実や記号を知っておくと都合よいので，ここで少し説明しておこう．

$n$ を 1 つの自然数とし，固定しておく．さて，2 つの整数 $a, b$ に対して，$a-b$ が $n$ で割り切れるとき，記号

$$a \equiv b \pmod{n}$$

で表わし，$a$ と $b$ は **$n$ を法として合同**であるという．これは，整数 $a, b$ を $n$ で割るとき余りが等しいことである，と理解してもよい．たとえば

$$7 \equiv 2 \pmod{5} \qquad -10 \equiv 0 \pmod{5} \qquad -3 \equiv 4 \pmod{7} \qquad 100 \equiv 2 \pmod{7}$$

のようである．特に

$$a \equiv 0 \pmod{n}$$

は，$a$ が $n$ で割り切れることを意味している．このときつぎの命題がなりたつ．

**命題**　$a \equiv b \pmod{n}, \qquad c \equiv d \pmod{n}$

ならば

$$a+c \equiv b+d \pmod{n} \qquad ac \equiv bd \pmod{n}$$

がなりたつ．特に，$a \equiv b \pmod{n}$ ならば，任意の自然数 $m$ に対して

$$a^m \equiv b^m \pmod{n}$$

もなりたつ．

**証明**　仮定より $a-b$, $c-d$ は $n$ で割り切れるから

$$a-b=hn, \quad c-d=kn \qquad h, k \text{ は整数}$$

と書けている．このとき

$$(a+c)-(b+d)=(a-b)+(c-d)=hn+kn=(h+k)n$$
$$ac-bd=a(c-d)+(a-b)d=a(kn)+(hn)d=(ak+hd)n$$

となるから $(a+c)-(b+d)$, $ac-bd$ は $n$ で割り切れる．よって $a+c\equiv b+d \pmod{n}$, $ac\equiv bd \pmod{n}$ である．‖

このことを知っているだけでも，つぎのような問題は直ぐに解くことができる．

**問** $10^{6m}-1$ は 9, 11, 7, 13 で割り切れる．

**解**

$$10^{6m}-1\equiv 1^{6m}-1=1-1=0 \pmod{9}$$
$$10^{6m}-1\equiv(-1)^{6m}-1=1-1=0 \pmod{11}$$
$$10^{6m}-1\equiv 3^{6m}-1=9^{3m}-1\equiv 2^{3m}-1\equiv 8^{m}-1\equiv 1^{m}-1=0 \pmod{7}$$
$$10^{6m}-1\equiv(-3)^{6m}-1=(-27)^{2m}-1\equiv(-1)^{2m}-1=1-1=0 \pmod{13}$$

よって $10^{6m}-1$ は 9, 11, 7, 13 で割り切れる．‖

**問** 自然数 $a$ の各位の数の和が 9（または 3）で割り切れるならば，$a$ 自身 9（または 3）で割り切れる．

**解** $10\equiv 1$ (mod 9（または3）) であるから

$$a=10^n a_n+\cdots+10a_1+a_0 \quad (0\leqq a_i<10)$$
$$\equiv a_n+\cdots+a_1+a_0 \quad (\text{mod } 9\ (\text{または } 3))$$

となる．これで問が解けている．‖

**問**

$$3a+5b=7 \tag{i}$$

をみたす整数 $a, b$ を求めよ．ただし $-5\leqq a, b\leqq 10$ とする．

**解** (i)式を mod 5 で考えると

$$3a\equiv 7\equiv 12 \pmod{5}$$

となる．（3は5と互いに素であるから）両辺を3で割ると

$$a\equiv 4 \pmod{5}$$

となる．これは $a$ を5で割ると4余ることを意味している． このような整数 $a$ を $-5\leqq a\leqq 10$ の間で探すと $a=-1, 4, 9$ である．この $a$ を(i)式に代入して $b$ を求めると，答はつぎのようになる．

$$(a, b)=(-1, 2),\ (4, -1),\ (9, -4)$$

### (2) 群について

(1)において，加群の例 $\boldsymbol{Z}, \boldsymbol{Z}_n$ とその簡単な応用について述べたが，一般の群とはどのようなものであろうか．一口でいえば，群とは，その中で掛け算と割り算の算法が自由にできる集合のことである．ここで掛け算とか割り算といえばどのような算法のことであるのか．群論が数学の一分野である以上，当然それらを厳密に定義しなければならない．この書では群の話は2章になるが， 本書の表題が「群論」となっている関係上，ここで群の定義を書いておく．

**定義** 集合$G$の任意の2つの元 $a, b$ に対して$G$の元 $ab$ が一意に定まり，つぎの3つの条件

(1) $a(bc)=(ab)c$

(2) $G$に $e$ と書かれる特定の元が存在して，$G$の任意の元$a$に対して $ae=ea=a$ がなりたつ．

(3) $G$の任意の元$a$に対して $aa^{-1}=a^{-1}a=e$ をみたす$G$の元 $a^{-1}$ がある．

をみたすとき，$G$は群であるという．

# 第1章　加　群

群の特別の場合である加群について述べよう．加群とは，群において可換性を要求したものである．可換性を認めたために，加群は一般の群よりもその構造がよくわかっている．たとえば，加群に有限生成という条件をつけると，加群は整数加群 $\boldsymbol{Z}$ とその剰余加群 $\boldsymbol{Z}_n$ のいくつかの直和で表わされるといういわゆる「Abel 群の基本定理」がなりたっている．1章の主な目的をこの Abel 群の基本定理を証明することにおく．Abel 群の基本定理は，有限生成な加群を調べるには加群 $\boldsymbol{Z}$ と $\boldsymbol{Z}_n$ を調べるとよかろうという定理であるから，加群のうち特に $\boldsymbol{Z}, \boldsymbol{Z}_n$ について詳しく述べることにした．

このように，加群についてはその構造がよくわかっているから，加群は一般の群よりも応用されると都合のよいことが多い（可換性を要求したために応用範囲が狭くなるという面もあるが）．実際，位相幾何学で登場する群は，ホモロジー群 $H_n(X)$，ホモトピー群 $\pi_n(X)$ はじめ殆んどすべての群が加群である．加群の重要性の前置きはこれくらいにして，とにかく加群の定義から書き始めることにしよう．

## 1　加　群

### (1)　加群の定義

**定義**　集合$A$の任意の2つの元 $a, b$ に対して$G$の元 $a+b$ が一意に定まり，つぎの4つの条件

(1)　$a+b=b+a$　　　　　**(可換法則)**

(2)　$a+(b+c)=(a+b)+c$　**(結合法則)**

(3)　$A$に0と書かれる特定の元が存在して，$A$の任意の元$a$に対して $a+0=a$ がなりたつ．

(4)　$A$の任意の元$a$に対して $a+(-a)=0$ をみたす$A$の元 $-a$ がある．

をみたすとき，$A$は（和に関して）**加群**（または **Abel 群**）であるという．0を加群$A$の**零元**といい，$-a$ を$a$の**逆元**という．加群$A$の元の個数が有限であるとき$A$を**有限加群**とい

い，有限加群$A$の元の個数を加群$A$の**位数**という．それに反して，無限個の元を含む加群$A$を**無限加群**という．

**例1** 整数全体の集合

$$\boldsymbol{Z}=\{\cdots,\ -2,\ -1,\ 0,\ 1,\ 2,\ 3,\ \cdots\}$$

は(和に関して)加群である．この加群 $\boldsymbol{Z}$ を**整数加群**(または**無限巡回加群**)という．加群 $\boldsymbol{Z}$ は無限加群である．

**例2** 2つの元からなる集合

$$\boldsymbol{Z}_2=\{0,\ 1\}$$

において，和を

$$0+0=0 \qquad 1+1=0 \qquad 1+0=0+1=1$$

と定義すると，$\boldsymbol{Z}_2$ は加群になる．加群 $\boldsymbol{Z}_2$ は位数2の加群である．

| | 0 | 1 |
|---|---|---|
| 0 | 0 | 1 |
| 1 | 1 | 0 |

**例3** 3つの元 0, 1, 2 からなる集合

$$\boldsymbol{Z}_3=\{0,\ 1,\ 2\}$$

において，和を

$$0+0=0 \qquad 0+1=1+0=1 \qquad 0+2=2+0=2$$
$$1+1=2 \qquad 2+1=1+2=0 \qquad 2+2=1$$

と定義すると，$\boldsymbol{Z}_3$ は加群になる．加群 $\boldsymbol{Z}_3$ は位数3の加群である．

| | 0 | 1 | 2 |
|---|---|---|---|
| 0 | 0 | 1 | 2 |
| 1 | 1 | 2 | 0 |
| 2 | 2 | 0 | 1 |

**例4** 4つの元 0, 1, 2, 3 からなる集合

$$\boldsymbol{Z}_4=\{0,\ 1,\ 2,\ 3\}$$

において，和を下の表のように定義すると，$\boldsymbol{Z}_4$ は加群になる．加群$\boldsymbol{Z}_4$は位数4の加群である．

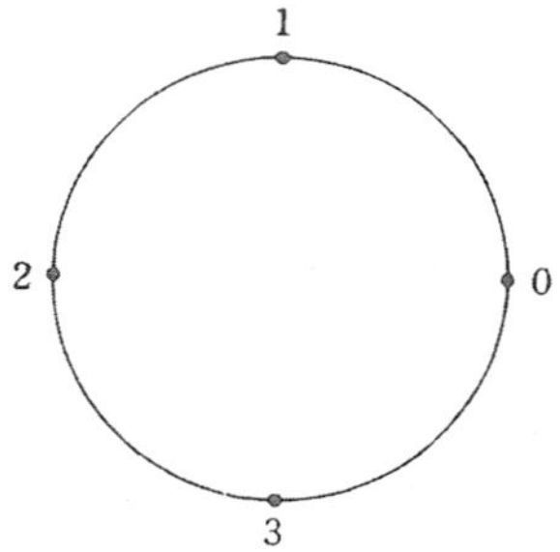


| | 0 | 1 | 2 | 3 |
|---|---|---|---|---|
| 0 | 0 | 1 | 2 | 3 |
| 1 | 1 | 2 | 3 | 0 |
| 2 | 2 | 3 | 0 | 1 |
| 3 | 3 | 0 | 1 | 2 |

例 2, 3, 4 を一般にすると，つぎの加群 $\boldsymbol{Z}_n$ が得られる．

**例 5**　$n$ 個の元 $0, 1, 2, \cdots, n-1$ からなる集合

$$\boldsymbol{Z}_n = \{0, 1, 2, \cdots, n-1\}$$

において，和をつぎのように定義する．$a, b \in \boldsymbol{Z}_n$ に対し，$a$ と $b$ の普通の和 $c$（これは $a, b$ を普通の整数と思っての和が $c$ であるということである）が $n-1$ 以下であれば $a+b=c$ と定義し，$a$ と $b$ の普通の和が $n-1$ を越えると $n$ を引いて，$a+b=c-n$ と定義する．すると $\boldsymbol{Z}_n$ は加群になる．加群 $\boldsymbol{Z}_n$ の零元は0であり，$a \in \boldsymbol{Z}_n$ の逆元 $-a$ は $n-a$ である：$-a=n-a$．この加群 $\boldsymbol{Z}_n$ を **$n$ を法とする $\boldsymbol{Z}$ の剰余加群**または**位数 $n$ の巡回加群**という．加群 $\boldsymbol{Z}_n$ は位数 $n$ の加群である．

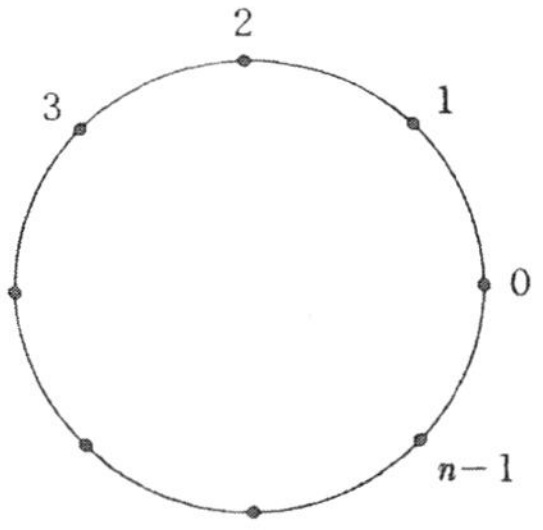


**注意**　この加群 $\boldsymbol{Z}_n$ を剰余加群 $\boldsymbol{Z}/n\boldsymbol{Z}$ として定義する方が理論的に何かと便利がよいのであるが，剰余加群の定義はもっと後になるので，これからしばらくはこの定義で話を進めて行くことにする．

**例 6**　平面 $\boldsymbol{R}^2$ の格子点全体の集合

$$\boldsymbol{Z}^2 = \{(a, b) \mid a, b \text{ は整数}\}$$

において，和を

$$(a, b)+(a', b')=(a+a', b+b')$$

と定義すると，$\boldsymbol{Z}^2$ は加群になる．実際，$(0, 0)$ が加群 $\boldsymbol{Z}^2$ の零元であり，$(a, b)$ の逆元は $(-a, -b)$ である．加群 $\boldsymbol{Z}^2$ は無限加群である．

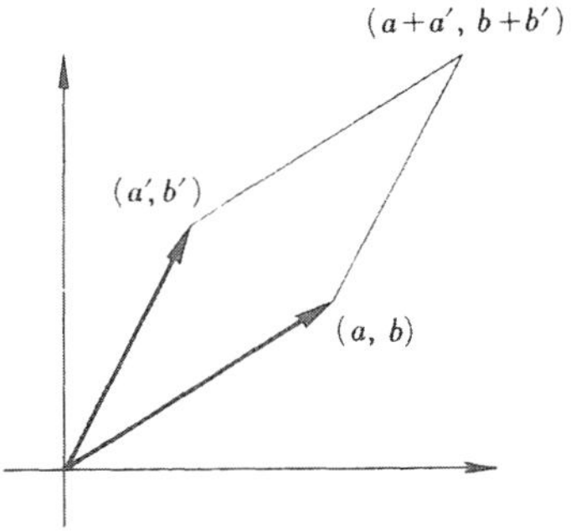


**例 7**　有理数全体の集合 $\boldsymbol{Q}$ は（和に関して）加群である．この加群 $\boldsymbol{Q}$ を**有理数加群**という．加群 $\boldsymbol{Q}$ は無限加群である．

**例 8**　実数全体の集合 $\boldsymbol{R}$ は（和に関して）加群である．この加群 $\boldsymbol{R}$ を**実数加群**という．加群 $\boldsymbol{R}$ は無限加群である．

**例 9**　複素数全体の集合 $\boldsymbol{C}$ は（和に関して）加群である．この加群 $\boldsymbol{C}$ を**複素数加群**という．加群 $\boldsymbol{C}$ は無限加群である．

同じ加群という用語を用いていても，例 1, 5, 6 の加群 $\boldsymbol{Z}, \boldsymbol{Z}_n, \boldsymbol{Z}^2$ と例 8, 9 の加群 $\boldsymbol{R}, \boldsymbol{C}$ との間には随分と相異があるような気がしないだろうか．それらの大きい相異点は，元の個数が異なっていることにある．$\boldsymbol{Z}_n$ は有限加群であるから，有限個の元がばらばら

に点在している．残りの加群 $\boldsymbol{Z}, \boldsymbol{Z}^2, \boldsymbol{R}, \boldsymbol{C}$ はいずれも無限加群ではあるが， $\boldsymbol{Z}, \boldsymbol{Z}^2$ では $\boldsymbol{Z}_n$ のように各元の間には透き間があり， 一方 $\boldsymbol{R}, \boldsymbol{C}$ では2点の間に点が連続的にぎっしりつまっている(甚だ数学的でない表現ではあるが)．このことは事実数学的に非常に大きい差であって， 加群 $\boldsymbol{R}, \boldsymbol{C}$ を調べるには，単に代数的な加群構造を調べるよりも，位相的構造や解析的構造まで考慮して調べる方が $\boldsymbol{R}, \boldsymbol{C}$ の性質をよく反映することになるのである． 有理数加群 $\boldsymbol{Q}$ は非常に重要な加群であるが， この加群は位相をいれるにしても， この上で解析学を行うにしても余り調子のよくない加群である．

### (2) 元の位数

さきに加群 $A$ の位数を定義したが，ここでは加群 $A$ の元 $a$ の位数を定義しよう．そのために記号 $na$ の定義から始める．

**定義** $A$ を加群とする．元 $a \in A$ に対し，$a+a$ を $2a$ で表わし，$a+a+a$ を $3a$ で表わす．一般に，自然数に対し

$$\overbrace{a+a+\cdots+a}^{n} \quad を \quad na$$

とかき，$na$ を元 $a$ を $n$ **倍した元**という．

**定義** $A$ を加群とし，$a \in A$ を0と異なる元とする．

(1) $a$ がどんな自然数 $n$ に対しても $na \neq 0$ であるとき，$a$ の**位数**は無限大であるという．

(2) $a$ がある自然数 $n$ に対して $na=0$ となるとき，このような $n$ の最小数 $m$ を $a$ の**位数**という．すなわち，$a$ の位数とは，元の列

$$a, 2a, 3a, 4a, \cdots$$

を順に作って行くとき，始めて0となる自然数 $m$ のことである．

**注意** 加群 $A$ の零元0の位数はここでは定義しないでおく（というよりむしろ適当に解釈することにする)．たとえば，加群 $A$ の各元の位数が $m$ であるというのは，$A$ の0以外の各元の位数が $m$ であるということと理解することにする．

**例 10** 整数加群 $\boldsymbol{Z}$ の各元の位数は無限大である．実際，整数 $a, a \neq 0$ は何倍しても0とならないからである．

**例 11** 加群 $\boldsymbol{Z}_2=\{0, 1\}$ の元1の位数は2である．実際，$2 \cdot 1=0$ となるからである．

**例 12** 加群 $\boldsymbol{Z}_3=\{0, 1, 2\}$ の元1, 2の位数はともに3である．実際，$2 \cdot 1 \neq 0$, $3 \cdot 1=0$ であり，$2 \cdot 2=1 \neq 0$, $3 \cdot 2=0$ となるからである．

**例 13** 加群 $\boldsymbol{Z}_4=\{0, 1, 2, 3\}$ の元1, 3の位数はともに4である．実際，$2 \cdot 1 \neq 0$, $3 \cdot 1 \neq 0$, $4 \cdot 1=0$ であり，$2 \cdot 3=2 \neq 0$, $3 \cdot 3=1 \neq 0$, $4 \cdot 3=0$ となるからである．一方，元2の位数は

2である．実際，$2 \cdot 2=0$ となるからである．

**例14**　加群 $\boldsymbol{Z}_5=\{0, 1, 2, 3, 4\}$ の各元の位数は5である．

**例15**　加群 $\boldsymbol{Z}_6=\{0, 1, 2, 3, 4, 5\}$ の元1, 5の位数はともに6であり，元2, 4の位数はともに3であり，元3の位数は2である．

一般に，加群の元の位数に関してつぎの定理や命題がなりたつ．

**定理16**　加群 $\boldsymbol{Z}_n=\{0, 1, 2, \cdots, n-1\}$ において，元 $a$, $a \neq 0$ ($a$を一旦整数とみなして) と$n$の最大公約数を$d$とすると，元 $a \in \boldsymbol{Z}_n$ の位数は $n/d$ である．特に元 $a \in \boldsymbol{Z}_n$, $a \neq 0$ の位数が$n$であるための必要十分条件は，$a$と$n$が互いに素であることである．

**証明**　$a$と$n$の最大公約数が$d$であるから，

$$a=da_0, \quad n=dn_0 \qquad a_0 \text{ と } n_0 \text{ は互いに素}$$

と表わせる．このとき（$\boldsymbol{Z}_n$ において）

$$(n/d)a=n_0a=n_0(da_0)=(n_0d)a_0=na_0=0$$

となる．つぎに，$1 \leqq k < n/d$ の自然数$k$に対して $ka \neq 0$ を示そう．もし $1 \leqq k < n/d$ の自然数$k$に対して（$\boldsymbol{Z}_n$ において）$ka=0$ とすると，これは（$\boldsymbol{Z}$ において）整数 $ka=kda_0$ が $n=dn_0$ で割り切れることを意味している．すなわち $ka_0$ が $n_0$ で割り切れる．しかるに $a_0$ と $n_0$ は互いに素であるから，$k$は$n_0$で割り切れなければならない．しかし，$1 \leqq k < n_0$ であるからこれは起り得ない．以上で$a$の位数が $n/d$ であることが示された．定理の後半はこのことから明らかである．∥

**命題17**　$A$を加群とする．元 $a \in A$, $a \neq 0$ がある自然数$n$に対して $na=0$ となるならば，$n$は元$a$の位数$m$で割り切れる．

**証明**　$na=0$ となっているから，元$a$の位数$m$は有限であることに注意しよう．さて，$n$を$m$で割って

$$n=qm+r \qquad 0 \leqq r < m$$

と表わすとき

$$0=na=(qm+r)a=q(ma)+ra=ra$$

となるから，もし $r \neq 0$ ならば，$m$が $ma=0$ となる最小の自然数であることに反する．よって $r=0$ であり，$n$は$m$で割りきれる．

### (3)　加群の簡単な性質

加群のもつ簡単な性質を2, 3まとめておこう．

**命題18**　加群$A$においてつぎの (1), (2), (3) がなりたつ．

(1)　$A$の零元0はただ1つに定まる．

(2)　元$a$の逆元 $-a$ は$a$に対してただ1つに定まる．すなわち

$$a+x=0 \quad ならば \quad x=-a$$

がなりたつ．

(3)　$-(-a)=a$

**証明**　(1)　元 $0, 0'$ がともにすべての元 $a\in A$ に対して

$$a+0=a \qquad a+0'=a$$

をみたしているとする．初めの式において $a=0'$ とおき，第2式において $a=0$ とおいて可換法則を用いると

$$0'=0'+0=0+0'=0$$

となり，$0'=0$ を得る．

(2)　$a+x=0$ として，加群の諸法則を用いると

$$x=x+0=x+(a+(-a))=(x+a)+(-a)$$
$$=0+(-a)=(-a)+0=-a$$

となる．

(3)　$(-a)+a=a+(-a)=0$ であるから，これに(2)の結果を用いると $a=-(-a)$ を得る．▮

つぎの命題を述べるために，記号の約束を追加しておく．

**定義**　$A$を加群とする．

(1)　$a, b\in A$ に対し，$a+(-b)$ を略して $a-b$ とかく．

(2)　$a\in A$ とする．自然数$n$に対し $na$ を $\overbrace{a+\cdots+a}^{n}$ と定義したが，さらに負の整数$n$に対して

$$na \quad を \quad -(-na)$$

で定義する．たとえば，$(-3)a$ とは $-(3a)=-(a+a+a)$ のことである．なお，$0a$ は零元0を意味するものと約束しておく．

**命題19**　加群$A$においてつぎの諸法則がなりたつ．

(1)　$x+a=b$　ならば　$x=b-a$

(2)　$x+a=y+a$　ならば　$x=y$

(3)　$-(a+b)=-a-b \qquad -(a-b)=-a+b$

(4)　$-(na)=n(-a)=(-n)a$　　　$n$は整数

(5)　$(m+n)a=ma+na$

$m(a+b)=ma+mb$　　　$m, n$ は整数

$m(na)=(mn)a$

**証明** (1) $$x=x+0=x+(a+(-a))=(x+a)+(-a)$$
$$=b+(-a)=b-a$$

(2) (1) の結果を用いるとよい．すなわち

$$x=(y+a)-a\ ((1)\text{ の結果})=y+(a-a)=y+0=y$$

である．

(3) $(a+b)+(-a-b)=\cdots=0$ は加群の法則を用いると容易に証明できる．よって，命題 18 (2) より $-a-b=-(a+b)$ となる．もう 1 つの式は

$$-(a-b)=-(a+(-b))=-a-(-b)\quad(\text{今の結果})$$
$$=-a+(-(-b))=-a+b\quad(\text{命題 18 (3)})$$

である．

(4), (5) は省略する．(各自確かめておいて下さい．実は前 (2) 節で既に用いているのです)．∎

## 2 直 和

2 つの加群 $A, B$ から直和加群とよばれる新しい加群 $A\oplus B$ を作ろう．そのために直積集合の定義から始める．

### (1) 直積集合

**定義** $X, Y$ を集合とする．$X$ の元 $x$ と $Y$ の元 $y$ の対 $(x, y)$ を考え，2 つの対 $(x, y)$, $(x', y')$ が等しいとは，$x=x'$, $y=y'$ のとき，かつそのときに限ると約束する．さて，対 $(x, y)$ 全体の集合

$$X\times Y=\{(x, y)\,|\,x\in X,\ y\in Y\}$$

を，集合 $X$ と $Y$ の**直積集合**という．

直積集合は 2 つと限らず，有限個の集合 $X_1, \cdots, X_n$ に対しても，それらの直積集合

$$X_1\times\cdots\times X_n=\{(x_1, \cdots, x_n)\,|\,x_i\in X_i,\ i=1, \cdots, n\}$$

が定義できる．

### (2) 直和加群

**定義** $A, B$ を加群とする．直積集合 $A\times B$ において，和を

$$(a_1, b_1)+(a_2, b_2)=(a_1+a_2,\ b_1+b_2)$$

と定義すると $A\times B$ は加群になる．実際，可換法則と結合法則は容易であり，また，$(0, 0)$ が零元であり，元 $(a, b)$ の逆元は $(-a, -b)$ である：$-(a, b)=(-a, -b)$．この加群 $A\times B$ を，加群 $A, B$ の**直和(加群)**といい，記号 $A\oplus B$ で表わす．

直積集合のときと同様，加群の直和は 2 つとは限らず有限個の加群 $A_1, \cdots, A_n$ に対して

も定義できる．すなわち，直積集合 $A_1\times\cdots\times A_n$ において，和を

$$(a_1, \cdots, a_n)+(b_1, \cdots, b_n)=(a_1+b_1, \cdots, a_n+b_n)$$

と定義すると $A_1\times\cdots\times A_n$ は加群になる．この加群を加群 $A_1, \cdots, A_n$ の**直和(加群)**といい，記号 $A_1\oplus\cdots\oplus A_n$ で表わす．

**例 20** 2つの整数加群 $\boldsymbol{Z}$ の直和加群 $\boldsymbol{Z}\oplus\boldsymbol{Z}$ は，平面 $\boldsymbol{R}^2$ の格子点全体のつくる加群 $\boldsymbol{Z}^2$（例6）のことにほかならない：$\boldsymbol{Z}^2=\boldsymbol{Z}\oplus\boldsymbol{Z}$．一般に，$n$ 個の整数加群 $\boldsymbol{Z}$ の直和加群を $\boldsymbol{Z}^n$ で表わす：

$$\boldsymbol{Z}^n=\overbrace{\boldsymbol{Z}\oplus\cdots\oplus\boldsymbol{Z}}^{n}$$

なお，加群 $\boldsymbol{Z}^n$ の元の位数はいずれも無限大である．

**例 21** 2つの加群 $\boldsymbol{Z}_2$ の直和 $\boldsymbol{Z}_2\oplus\boldsymbol{Z}_2$ は

$$(0,0), (1,0), (0,1), (1,1)$$

の4つの元よりなる加群である．和は右の表のように与えられている．なお，加群 $\boldsymbol{Z}_2\oplus\boldsymbol{Z}_2$ の元の位数はいずれも2である．

| | (0, 0) | (1, 0) | (0, 1) | (1, 1) |
|---|---|---|---|---|
| (0, 0) | (0, 0) | (1, 0) | (0, 1) | (1, 1) |
| (1, 0) | (1, 0) | (0, 0) | (1, 1) | (0, 1) |
| (0, 1) | (0, 1) | (1, 1) | (0, 0) | (1, 0) |
| (1, 1) | (1, 1) | (0, 1) | (1, 0) | (0, 0) |

**例 22** 加群 $\boldsymbol{Z}_4, \boldsymbol{Z}_3$ の直和 $\boldsymbol{Z}_4\oplus\boldsymbol{Z}_3$ は

$$(0,0), (1,0), (2,0), (3,0)$$
$$(0,1), (1,1), (2,1), (3,1)$$
$$(0,2), (1,2), (2,2), (3,2)$$

の12個の元からなる加群である．和は，たとえば $(2,1)+(3,2)=(1,0)$ のように与えられている．なお

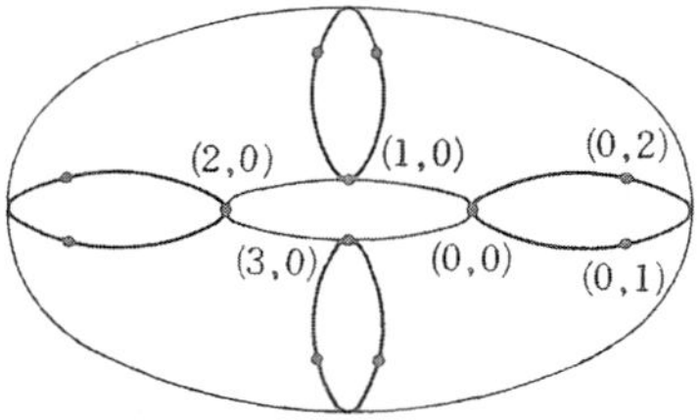


元 (1, 1), (3, 1), (1, 2), (3, 2) の位数はいずれも 12

元 (2, 1), (2, 2) の位数はいずれも 6

元 $(1,0)$，$(3,0)$ の位数はいずれも　4
元 $(0,1)$，$(0,2)$ の位数はいずれも　3
元 $(2,0)$ の位数は　2

である．

最後に，直和加群 $A\oplus B$ の元の位数に関する命題を1つあげておこう．

**命題 23**　$A, B$ を加群とする．元 $a\in A$ の位数を $m$，元 $b\in B$ の位数を $n$ とするとき，元 $(a,b)\in A\oplus B$ の位数は $m, n$ の最小公倍数 $l$ である．特に，元 $a\in A$，$b\in B$ の位数 $m, n$ が互いに素であるならば，元 $(a,b)\in A\oplus B$ の位数は $mn$ である．

**証明**　$l$ は $m, n$ の公倍数であるから

$$l=n_0m=m_0n \qquad n_0,\ m_0 \text{ は整数}$$

と表わせる．したがって

$$l(a,b)=(la,\ lb)=(n_0(ma),\ m_0(nb))=(0,0)$$

となる．つぎに $1\leqq k<l$ の自然数 $k$ に対して

$$k(a,b)=(0,0)$$

とすると，$ka=0$，$kb=0$ となる．よって，$k$ は元 $a$ の位数 $m$ および元 $b$ の位数 $n$ で割り切れる（命題17）．したがって，$k$ は $m, n$ の最小公倍数 $l$ で割り切れる．しかるに $1\leqq k<l$ であるから，これは起らない．以上で元 $(a,b)$ の位数が $l$ であることが示された．

## 3　部分加群

整数加群 $\boldsymbol{Z}$ の2つの部分集合

$$2\boldsymbol{Z}=\{\cdots,\ -4,\ -2,\ 0,\ 2,\ 4,\ 6,\ \cdots\}$$
$$2\boldsymbol{Z}+1=\{\cdots,\ -3,\ -1,\ 1,\ 3,\ 5,\ 7,\ \cdots\}$$

を考えてみよう．奇数全体の集合 $2\boldsymbol{Z}+1$ は（普通の和に関して）加群ではないが，偶数全体の集合 $2\boldsymbol{Z}$ は（和に関して）加群になっている．この $2\boldsymbol{Z}$ のように，加群 $A$ の部分集合 $B$ が再び加群になることがある．このことについて述べよう．

### (1)　部分加群の定義

**定義**　加群 $A$ の部分集合 $B$ が（$A$ の和に関して）再び加群になるとき，$B$ を $A$ の**部分加群**という．

加群 $A$ において，$A$ 自身は $A$ の部分加群であり，また零元0のみからなる集合0も $A$ の部分加群である．このようにどんな加群 $A(A\neq 0)$ でもつねに $A$ と0の2つの部分加群をもっている．だから $A$ の部分加群 $B$ を考えるときには，$B\neq A$，$B\neq 0$ のときが本質的であろうというわけで，$A$ 自身と異なる $A$ の部分加群 $B$, $B\neq 0$ を $A$ の**真部分加群**というこ

とがある．(21頁の注意参照)

**例 24**　整数加群 $\boldsymbol{Z}$ において，偶数全体の集合

$$2\boldsymbol{Z}=\{\cdots,-4,\ -2,\ 0,\ 2,\ 4,\ 6,\cdots\}$$

は $\boldsymbol{Z}$ の部分加群である．同様に

$$3\boldsymbol{Z}=\{\cdots,\ -6,\ -3,\ 0,\ 3,\ 6,\ 9,\ \cdots\}$$
$$4\boldsymbol{Z}=\{\cdots,\ -8,\ -4,\ 0,\ 4,\ 8,\ 12,\ \cdots\}$$

も $\boldsymbol{Z}$ の部分加群であり，もっと一般に

$$n\boldsymbol{Z}=\{\cdots,\ -2n,\ -n,\ 0,\ n,\ 2n,\ 3n,\ \cdots\}$$

も $\boldsymbol{Z}$ の部分加群である．当然，$\boldsymbol{Z}$, 0 も $\boldsymbol{Z}$ の部分加群である．

**例 25**　加群 $\boldsymbol{Z}_2=\{0,1\}$ の部分加群は $\boldsymbol{Z}_2$, 0 の 2 つだけである．

**例 26**　加群 $\boldsymbol{Z}_3=\{0,1,2\}$ の部分加群は $\boldsymbol{Z}_3$, 0 の 2 つだけである．

**例 27**　加群 $\boldsymbol{Z}_4=\{0,1,2,3\}$ の部分加群は

$$\boldsymbol{Z}_4,\quad \{0,2\},\quad 0$$

の 3 つあり，これ以外にない．

**例 28**　加群 $\boldsymbol{Z}_5=\{0,1,2,3,4\}$ の部分加群は $\boldsymbol{Z}_5$, 0 の 2 つだけである．

**例 29**　加群 $\boldsymbol{Z}_6=\{0,1,2,3,4,5\}$ の部分加群は

$$\boldsymbol{Z}_6,\quad \{0,2,4\},\quad \{0,3\},\quad 0$$

の 4 つあり，これ以外にない．

**例 30**　加群 $\boldsymbol{Z}_7=\{0,1,2,3,4,5,6\}$ の部分加群は $\boldsymbol{Z}_7$, 0 の 2 つだけである．

**例 31**　加群 $\boldsymbol{Z}_8=\{0,1,2,3,4,5,6,7\}$ の部分加群は

$$\boldsymbol{Z}_8,\quad \{0,2,4,6\},\quad \{0,4\},\quad 0$$

の 4 つあり，これ以外にない．

**例 32**　加群 $\boldsymbol{Z}_9=\{0,1,2,\cdots,8\}$ の部分加群は

$$\boldsymbol{Z}_9,\quad \{0,3,6\},\quad 0$$

の 3 つあり，これ以外にない．

**例 33**　加群 $\boldsymbol{Z}_{10}=\{0,1,2,\cdots,9\}$ の部分加群は

$$\boldsymbol{Z}_{10},\quad \{0,2,4,6,8\},\quad \{0,5\},\quad 0$$

の 4 つあり，これ以外にない．

**例 34**　加群 $\boldsymbol{Z}_{11}=\{0,1,2,\cdots,10\}$ の部分加群は $\boldsymbol{Z}_{11}$, 0 の 2 つだけである．

**例 35**　加群 $\boldsymbol{Z}_{12}=\{0,1,2,\cdots,11\}$ の部分加群は

$$\boldsymbol{Z}_{12},\quad \{0,2,4,6,8,10\},\quad \{0,3,6,9\},\quad \{0,4,8\},\quad \{0,6\},\quad 0$$

の 6 つあり，これ以外にない．

例 25, 26, 28, 30, 34 から容易に想像がつくように，一般につぎの定理 37 がなりたつ(もっと一般の定理が定理 45 にある)．それを証明するためにつぎのよく知られた補題を用いるので，まずそれを証明しておく．

**補題 36** (1) 2 つの自然数 $a, b$ が互いに素であるための必要十分条件は

$$ka+hb=1$$

をみたす整数 $k, h$ が存在することである．

(2) 2 つの自然数 $a, b$ に対し，その最大公約数を $d$ とするとき

$$ka+hb=d$$

をみたす整数 $k, h$ が存在する．

**証明** (1) $a, b$ に対して，整数の集合

$$\mathfrak{a}=\{ka+hb \mid k, h\in \boldsymbol{Z}\}$$

をつくると，$\mathfrak{a}$ は整数加群 $\boldsymbol{Z}$ の部分加群になっている．さらに $l\in \boldsymbol{Z}$, $c\in\mathfrak{a}$ ならば $lc\in\mathfrak{a}$ にもなっていることに注意しよう． $a, b$ が互いに素であるという仮定のもとに 1 が $\mathfrak{a}$ に含まれること：$1\in\mathfrak{a}$ を示すのが目的である．さて，$\mathfrak{a}$ に含まれる最小の正整数を $d$ とする．このとき $d$ は $a, b$ の約数である．実際，$a$ を $d$ で割り

$$a=qd+r \qquad 0\leqq r<d$$

と表わすとき，$a, d\in\mathfrak{a}$ より

$$r=a-qd\in\mathfrak{a}$$

となる．もし $r\neq 0$ とすると，$d$ が $\mathfrak{a}$ に含まれる最小の正整数であるということに反するから $r=0$ でなければならない．よって $a$ は $d$ で割り切れる．同様に $b$ も $d$ で割り切れる．しかるに $a, b$ は互いに素であるから，約数 $d$ は 1 である：$d=1$．よって $1=d\in\mathfrak{a}$ となり必要条件が示された．逆は殆んど明らかである．実際，$a, b$ が互いに素でないとして，$a, b$ が共通の約数 $d, d\neq 1$ をもつとすると，$ka+hb$ は $d$ で割り切れるから，$ka+hb$ は 1 になり得ない．以上で (1) が証明された．

(2) $d$ は $a, b$ の最大公約数であるから

$$a=da_0, \quad b=db_0 \qquad a_0, b_0 \text{ は互いに素}$$

と表わせる．$a_0, b_0$ に対して (1) の結果を用いると

$$ka_0+hb_0=1$$

をみたす整数 $k, h$ が存在する．この両辺を $d$ 倍すると

$$ka+hb=d$$

となる．∎

**定理 37** $p$を素数とするとき，加群 $\boldsymbol{Z}_p$ は

$$\boldsymbol{Z}_p, \quad 0$$

以外の部分加群をもたない．

**証明** $B, B\neq 0$ を $\boldsymbol{Z}_p$ の部分加群とする．$B\neq 0$ であるから元 $a\in B, a\neq 0$ をとる．$a$は（$a$を一旦整数とみるとき）$p$と互いに素であるから，（$\boldsymbol{Z}$ において）

$$ka+hp=1$$

をみたす整数 $k, h$ が存在する（補題 36 (1)）．この等式を $\boldsymbol{Z}_p$ で考えると $ka=1$ となるから，$a$を$k$倍すると1となる．よって $1\in B$ がわかった．これがわかると，1を2倍，3倍，…，$p-1, p$ 倍することにより

$$\boldsymbol{Z}_p=\{1, 2, \cdots, p-1, 0\}\subset B\subset \boldsymbol{Z}_p$$

すなわち $\boldsymbol{Z}_p=B$ となる．これで定理が証明された．

もう1つ部分加群の例を追加しておこう．

**例 38** 複素数加群 $\boldsymbol{C}$ は実数加群 $\boldsymbol{R}$ を部分加群として含み，$\boldsymbol{R}$ は有理数加群 $\boldsymbol{Q}$ を部分加群として含み，さらに $\boldsymbol{Q}$ は部分加群として整数加群 $\boldsymbol{Z}$ を含んでいる：

$$\boldsymbol{C}\supset\boldsymbol{R}\supset\boldsymbol{Q}\supset\boldsymbol{Z}$$

(2) **Hasse の図式**

加群$A$が部分加群をどのような状態でもっているかを見たいときには，つぎのような図式を用いると便利がよい．加群$A$の部分加群 $B, C, \cdots$ において，$C$が$B$の部分加群であるならば，$C$を$B$の下に書いて線で結ぶ．このようにしてできた図式を，加群$A$の（部分加群に関する）**Hasse**（ハッセ）**の図式**という．例25—例35 および例24 の Hasse の図式を書いておこう．

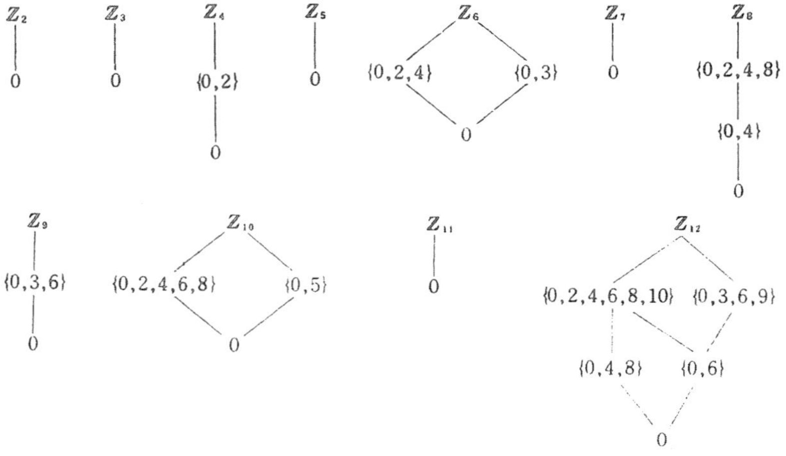

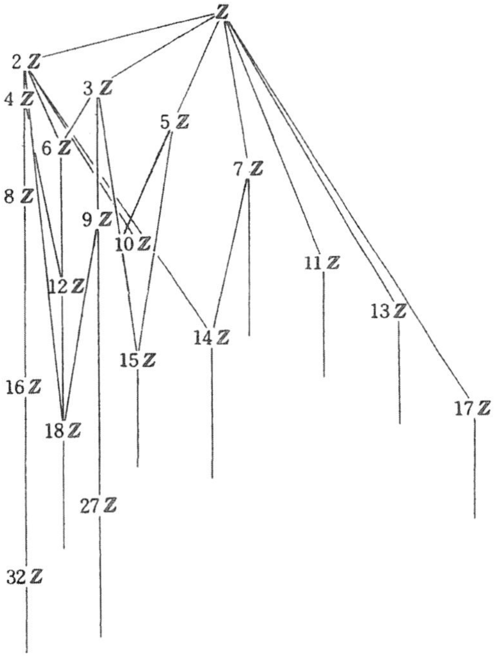


**注意**　集合 $M$ の元$x$に対し，$x$ を集合 $M$ の構成要素の元とみるときと，$x$ を $M$ の1つの元からなる部分集合とみるときとがある．これをはっきり区別したいときには，後者には $\{x\}$ のように括弧をつけて書くのが普通である．しかし混同が起らないときには $\{x\}$ を単に $x$ と書くことも多い．さて，加群 $A$ の零元0の1つの元だけからなる $A$ の部分集合 $\{0\}$ は $A$ の部分加群になっている．この部分加群 $\{0\}$ を本論では(あとの都合もあって)単に0で表わすことにする．0は確かに0という元を1つ含んでおり空集合ではないことを念のため注意しておく．

**例 39**　加群 $\boldsymbol{Z}_4 \oplus \boldsymbol{Z}_4$ のすべての部分加群を Hasse の図式で図示すると次のようになる．

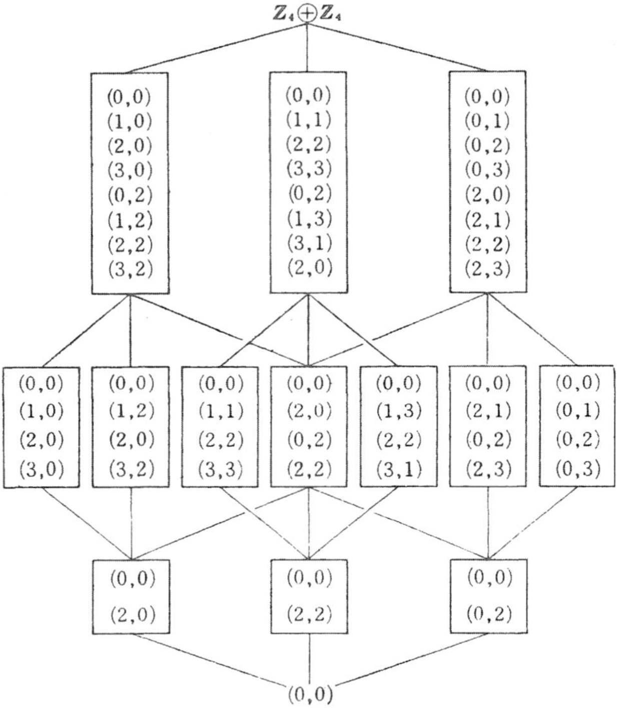


### (3) 部分集合が部分加群になるための条件

加群$A$の部分集合$B$が$A$の部分加群になるための条件としてつぎの命題がある．

**命題 40** 加群$A$の空でない部分集合$B$が$A$の部分加群になるための必要十分条件は

$$b,\ b' \in B \quad \text{ならば} \quad b - b' \in B$$

がなりたつことである．

**証明** $B$が$A$の部分加群であれば$B$自身加群であるから，命題の条件がなりたつことは明らかである．逆に，$A$の部分集合$B$が命題の条件をみたせば，$B$が$A$の部分加群になることを示そう．まず

$$0 \in B$$

$$b \in B \quad \text{ならば} \quad -b \in B$$

がなりたつ．実際，$B$は空集合でないから元 $b_0 \in B$ を1つとり，$b_0$に対して命題の条件

を用いると $0=b_0-b_0\in B$ となる．また $0\in B$, $b\in B$ に対して再び命題の条件を用いると $-b=0-b\in B$ となる．これがわかると

$$b,\ b'\in B \quad \text{ならば} \quad b+b'\in B$$

が導かれる．実際，$b'\in B$ より $-b'\in B$ がわかったから，命題の条件より $b+b'=b-(-b')\in B$ となるからである．以上で，集合 $B$ に和が定義され，加群の条件の (3), (4) をみたすことがわかった．可換法則 (1) と結合法則 (2) は，加群 $A$ の部分集合 $B$ においては当然なりたっている．よって $B$ は $A$ の部分加群である．∎

この命題を用いると，つぎの 3 つの命題は容易に証明できる．

**命題 41**　$B, C$ を加群 $A$ の部分加群とするとき，$B, C$ の共通集合 $B\cap C$ もまた $A$ の部分加群である．

**証明**　$a, a'\in B\cap C$ とする．このとき当然 $a, a'\in B$, $a, a'\in C$ となっている．$B, C$ は加群であるから $a-a'\in B$, $a-a'\in C$ となり，したがって $a-a'\in B\cap C$ となる．よって $B\cap C$ は $A$ の部分加群である（命題 40）．∎

**命題 42**　加群 $A, B$ の直和加群 $A\oplus B$ において

$$A'=\{(a,0)\mid a\in A\} \qquad B'=\{(0,b)\mid b\in B\}$$

は $A\oplus B$ の部分加群である．（この部分加群 $A', B'$ を単に $A, B$ とかくことがある）．

**証明**　$(a,0), (a',0)\in A'$ に対して

$$(a,0)-(a',0)=(a-a',0)\in A'$$

となるから，$A'$ は $A\oplus B$ の部分加群である（命題 40）．$B'$ についても同様である．∎

**命題 43**　$A, A'$ を加群とし，$B, B'$ をそれぞれ $A, A'$ の部分加群とする．このとき，直和 $B\oplus B'$ は直和加群 $A\oplus A'$ の部分加群である．

**証明**　$(b_1, b_1'), (b_2, b_2')\in B\oplus B'$ に対して

$$(b_1, b_1')-(b_2, b_2')=(b_1-b_2,\ b_1'-b_2')\in B\oplus B'$$

となるからである（命題 40）．∎

### (4)　$\boldsymbol{Z}, \boldsymbol{Z}_n$ の部分加群の決定

例24-例35で，加群 $\boldsymbol{Z}, \boldsymbol{Z}_n$ の部分加群の例を知ったが，ここでこれらの部分加群をすべて決定しよう．

**定理 44**　整数加群 $\boldsymbol{Z}$ の部分加群は

$$n\boldsymbol{Z}=\{\cdots,\ -2n,\ -n,\ 0,\ n,\ 2n,\ 3n,\ \cdots\}$$

$(n=0, 1, 2, \cdots)$ の形の部分加群に限る．

**証明**　$B$ を $\boldsymbol{Z}$ の部分加群とする．$B\neq 0$ とすると，（必要あれば符号を変えることによ

り）$B$ は必ず正の整数を含むので，$B$ に含まれる最小の正整数を $n$ とする．$n \in B$ であるから明らかに

$$n\boldsymbol{Z}=\{\cdots, -n, 0, n, 2n, \cdots\} \subset B$$

がなりたつ．逆の包含関係を示そう．元 $b \in B$ を任意にとり，$b$ を $n$ で割り

$$b=qn+r \qquad 0 \leqq r < n$$

と表わすとき，$b, n \in B$ より

$$r=b-qn \in B$$

となる．もし $r \neq 0$ とすると，$n$ が $B$ に含まれる最小の正整数であるということに反するから $r=0$ でなければならない．したがって，$b=qn \in n\boldsymbol{Z}$ となり $B \subset n\boldsymbol{Z}$ が示された．よって，$B=n\boldsymbol{Z}$ となり定理が証明された．

**定理 45**　加群 $\boldsymbol{Z}_n$ の部分加群は

$$\{0, a, 2a, 3a, \cdots, (m-1)a\} \qquad m \text{ は } n \text{ の約数}$$

の形の部分加群に限る．

**証明**　$B$ を $\boldsymbol{Z}_n$ の部分加群とする．$B \neq 0$ とし，$B$ に含まれる最小の元を $a$ とし（最小の元 $a$ とは，$\boldsymbol{Z}_n$ の元 $0, 1, 2, \cdots, n-1$ をあたかも整数と思っての最小の元（左から数えて最も左にある 0 以外の $B$ の元）のこと），$a$ の位数が $m$ であるとする．このとき，$m$ 個の元 $0, a, 2a, \cdots, (m-1)a$ はすべて異なっている．さて，$a \in B$ であるから明らかに

$$\{0, a, 2a, \cdots, (m-1)a\} \subset B$$

がなりたつ．逆の包含関係を示そう．元 $b \in B$ を任意にとり，$b$ を（$b, a$ を一旦整数と思って）$a$ で割り

$$b=qa+r \qquad 0 \leqq r < a$$

と表わすとき，$b, a \in B$ より

$$r=b-qa \in B$$

となる．もし $r \neq 0$ とすると，$a$ が $B$ に含まれる最小の元であるということに反するから $r=0$ でなければならない．したがって $b=qa$ となり，$B \subset \{0, a, 2a, \cdots, (m-1)a\}$ が示された．よって $B=\{0, a, 2a, \cdots, (m-1)a\}$ である．つぎに $m$ が $n$ の約数であることを示そう．$a$ は $\boldsymbol{Z}_n$ の元であるから，明らかに $na=0$ となっている．したがって $n$ は $a$ の位数 $m$ で割り切れる（命題 17）．すなわち $m$ は $n$ の約数である．以上で定理が証明された．

### (5)　$\boldsymbol{Z} \oplus \boldsymbol{Z}$ の部分加群の決定

直和加群 $\boldsymbol{Z} \oplus \boldsymbol{Z}$ の部分加群を決定する前に，$\boldsymbol{Z} \oplus \boldsymbol{Z}$ の部分加群の例をいくつかあげておこう．

**例 46** 加群 $\boldsymbol{Z}\oplus\boldsymbol{Z}$ の部分集合

$$B=\{(n,0)\mid n\in\boldsymbol{Z}\}=\boldsymbol{Z}\oplus 0$$

は $\boldsymbol{Z}\oplus\boldsymbol{Z}$ の部分加群である．これは命題42の特別の場合である．

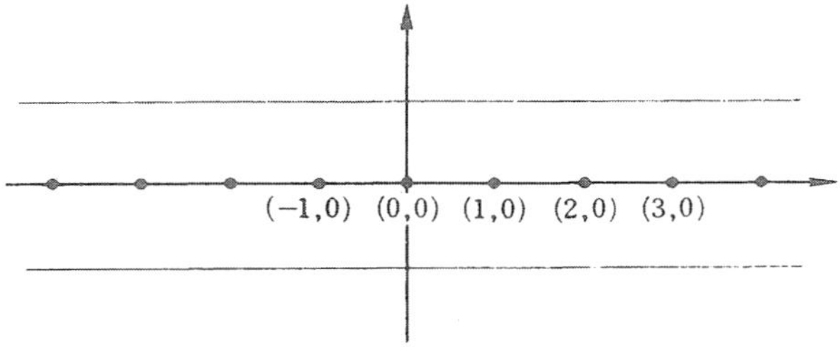


**例 47** 加群 $\boldsymbol{Z}\oplus\boldsymbol{Z}$ の部分集合

$$B=\{(2m,3n)\mid m,n\in\boldsymbol{Z}\}$$

は $\boldsymbol{Z}\oplus\boldsymbol{Z}$ の部分加群である．これは命題43の特別の場合である．

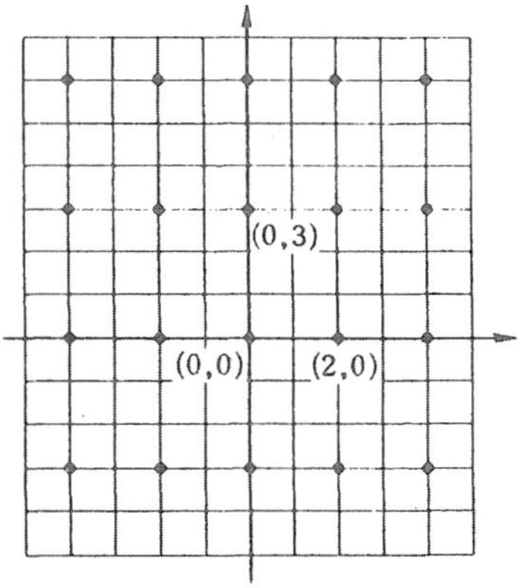


命題43のように，直和加群 $A\oplus B$ の部分加群はつねに $A, B$ の部分加群 $A', B'$ を用いて $A'\oplus B'$ の形で表わされているだろうか．この答は否定的である．このことをつぎの例 48-51 などが示している．しかし本質的には（$\boldsymbol{Z}\oplus\boldsymbol{Z}$ の座標軸を適当に選び直すと）$\boldsymbol{Z}\oplus\boldsymbol{Z}$ の部分加群は命題43のような部分加群に限ることが後(9, 10節）でわかる．

**例 48**　加群 $\mathbb{Z}\oplus\mathbb{Z}$ の部分集合

$$B=\{(n,\ 2n)\,|\,n\in\mathbb{Z}\}$$

は $\mathbb{Z}\oplus\mathbb{Z}$ の部分加群である．

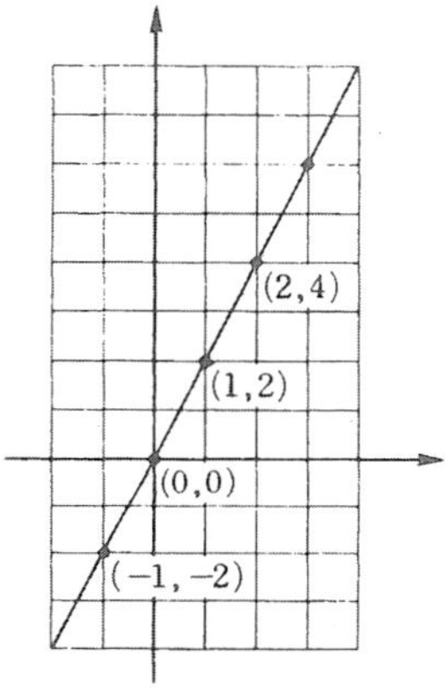


**例 49**　加群 $\mathbb{Z}\oplus\mathbb{Z}$ の部分集合

$$B=\{(m+n,\ m-n)\,|\,m,\ n\in\mathbb{Z}\}$$

は $\mathbb{Z}\oplus\mathbb{Z}$ の部分加群である．

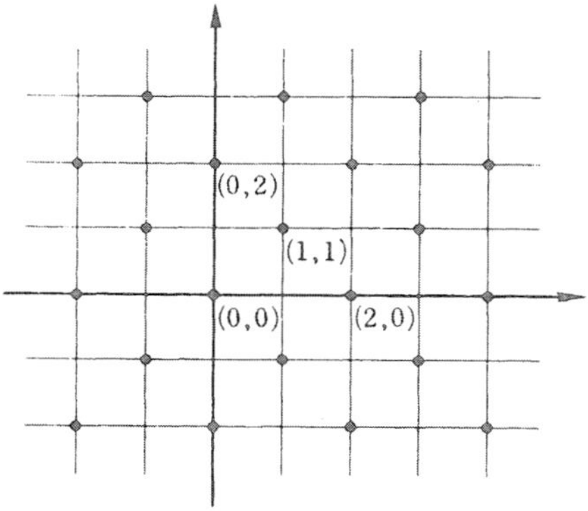


**例 50**　加群 $\mathbb{Z}\oplus\mathbb{Z}$ の部分集合

$$B=\{(4m-2n,\ 2m+2n)\,|\,m,\ n\in\mathbb{Z}\}$$
$$B'=\{(-2k+6l,\ 2k)\,|\,k,\ l\in\mathbb{Z}\}$$

はともに$\boldsymbol{Z}\oplus\boldsymbol{Z}$の部分加群である．この2つの部分加群 $B, B'$ は一見違った形をしているようであるが，実は同じものである：$B=B'$．実際，

$$m=l,\quad n=k-l$$

とおくと $4m-2n=-2k+6l$, $2m+2n=2k$ となり，逆に

$$k=m+n,\quad l=m$$

とおくと $-2k+6l=4m-2n$, $2k=2m+2n$ となるからである．

例 46-50 を一般にするとつぎのようになる．整数 $p, q, r, s$ に対して

$$B=\{(pm+qn,\ rm+sn)\mid m, n\in\boldsymbol{Z}\}$$

とおくと，$B$は加群 $\boldsymbol{Z}\oplus\boldsymbol{Z}$ の部分加群になる．この部分加群$B$は，ベクトルや行列の記号を用いると見やすくなる．そのために，$\boldsymbol{Z}\oplus\boldsymbol{Z}$ の元 $(a, b)$ を縦ベクトルの表示をして $\begin{pmatrix} a \\ b \end{pmatrix}$ と書くことにすると，$B$の元は

$$\begin{pmatrix} pm+qn \\ rm+sn \end{pmatrix}=m\begin{pmatrix} p \\ r \end{pmatrix}+n\begin{pmatrix} q \\ s \end{pmatrix}$$

と表わされるので，$B$は

$$B=\left\{m\begin{pmatrix} p \\ r \end{pmatrix}+n\begin{pmatrix} q \\ s \end{pmatrix}\,\middle|\, m, n\in\boldsymbol{Z}\right\}$$

と表わせる．また行列の記号を用いると

$$\begin{pmatrix} pm+qn \\ rm+sn \end{pmatrix}=\begin{pmatrix} p & q \\ r & s \end{pmatrix}\begin{pmatrix} m \\ n \end{pmatrix}$$

となるから，$B$を

$$B=\left\{\begin{pmatrix} p & q \\ r & s \end{pmatrix}\begin{pmatrix} m \\ n \end{pmatrix}\,\middle|\,\begin{pmatrix} m \\ n \end{pmatrix}\in\boldsymbol{Z}\oplus\boldsymbol{Z}\right\}$$

と表示してもよい．さて，加群 $\boldsymbol{Z}\oplus\boldsymbol{Z}$ の部分加群$B$はつねにこのような形の部分加群に限ることを示そう．すなわちつぎの定理がなりたつ．

**定理 51**　加群 $\boldsymbol{Z}\oplus\boldsymbol{Z}$ の部分加群$B$は，ある整数 $p, q, r, s$ を用いて

$$B=\{(pm+qn,\ rm+sn)\mid m, n\in\boldsymbol{Z}\}$$

と表わされる．この部分加群はベクトル記号を用いると

$$B=\left\{m\begin{pmatrix} p \\ r \end{pmatrix}+n\begin{pmatrix} q \\ s \end{pmatrix}\,\middle|\, m, n\in\boldsymbol{Z}\right\}$$

ともかける．$B$に対しこのようなベクトル $\boldsymbol{p}=\begin{pmatrix} p \\ r \end{pmatrix}$, $\boldsymbol{q}=\begin{pmatrix} q \\ s \end{pmatrix}$ は一意には決らないが，あるベクトル $\boldsymbol{p}, \boldsymbol{q}$ をうまく選ぶと，$B$の元 $\boldsymbol{b}$ は

$$\boldsymbol{b}=m\boldsymbol{p}+n\boldsymbol{q}$$

と1通りに表わされる．(注意: $q=0$ のときもあり，このときには，$B$の元は $b=mp$ と1通りに表わされるということである．なお，$p=q=0$ のときは $B=0$ である)．

**証明**　部分加群$B$のすべての元が $(a, 0)$ の形をしているならば，$B$は加群 $\boldsymbol{Z}\oplus 0$ の部分加群であるから，定理44と同じようにすると，ある整数$p$が存在して

$$B=\{(mp, 0) \mid m\in\boldsymbol{Z}\}$$

となる．さらに，$B\neq 0$ ならば，$B$の元 $(a, 0)$ を $(a, 0)=m(p, 0)$ と表わす方法は1通りである．よって，このようなときには定理はなりたっている．したがって，$B$には$(p, r)$, $r\neq 0$ の形の元が含まれているとしてよい．さらに，必要ならば元 $(-p, -r)$を考えることにして，$B$は $(p, r)$, $r>0$ の元を含んでいるとしてよい．さて，$B$に含まれる元 $(p, r)$, $r>0$ のうちで，第2成分 $r$ が最小正整数となる元をとり，それを改めて $(p, r)$

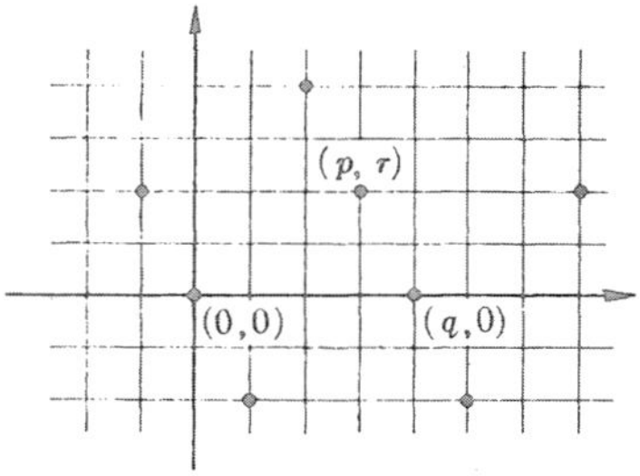


とする．このとき，$B$の任意の元 $(a, b)$ の第2成分$b$は$r$で割り切れる．実際，$b$を$r$で割り

$$b=mr+t \qquad 0\leqq t<r$$

と表わすとき，$(a, b)$, $(p, r)\in B$ であるから

$$(a-mp, t)=(a-mp, b-mr)=(a, b)-m(p, r)\in B \tag{i}$$

となるから，もし $t\neq 0$ とすると，$r$ が$B$に現われる第2成分の最小正整数であることに反するから，$t=0$ でなければならない．よって，$b=mr$ となり(i)式より

$$(a, b)=m(p, r)+(a-mp, 0)$$

となる．$B$の元で第2成分が0である元全体の集合 $B\cap(\boldsymbol{Z}\oplus 0)$ は $\boldsymbol{Z}\oplus 0$ の部分加群である(命題41)から，再び定理44を用いると，ある整数$q$があって，$B\cap(\boldsymbol{Z}\oplus 0)$ の元は $n(q, 0)$ と表わされる．($B\cap(\boldsymbol{Z}\oplus 0)\neq 0$ ならば $q\neq 0$ であり，$B\cap(\boldsymbol{Z}\oplus 0)=0$ ならば $q=0$ である)．よって，元 $(a, b)$ は

$$(a, b)=m(p, r)+n(q, 0)$$

と表わされる．最後に，元 $(a, b)$ のこのような表し方が1通りであることを示そう．もし元 $(a, b)$ が

$$(a, b)=m'(p, r)+n'(q, 0)$$

とも表わされたとすると，この2式より

$$(m-m')(p, r)+(n-n')(q, 0)=(0, 0)$$

となる．この第2成分を比較すると $(m-m')r=0$ となるが，$r>0$ であったから $m=m'$ を得る．$q=0$ のときにはこれで証明が終っているが，$q\neq 0$ のときには，$(n-n')q=0$ より $n=n'$ を得る．以上で定理が証明された．∥

この定理を一般化するとつぎの定理を得る．（証明は $n$ に関する帰納法を用いて上記の通りにすればよいから，各自で確かめておいて下さい）．

**定理 52** 加群 $\boldsymbol{Z}\oplus\cdots\oplus\boldsymbol{Z}=\boldsymbol{Z}^n$ の部分加群 $B$ は，整数を成分にもつ行列 $P=\begin{pmatrix} p_{11}\cdots p_{1n} \\ \cdots\cdots \\ p_{n1}\cdots p_{nn} \end{pmatrix}$ を用いて

$$B=\{P\boldsymbol{a}\,|\,\boldsymbol{a}\in\boldsymbol{Z}^n\}$$

と表わされる．また，$B$ の元 $\boldsymbol{p}_1, \cdots, \boldsymbol{p}_m$ $(m\leqq n)$ を適当に選ぶと，$B$ の任意の元 $\boldsymbol{b}$ は

$$\boldsymbol{b}=n_1\boldsymbol{p}_1+\cdots+n_m\boldsymbol{p}_m \qquad n_i\in\boldsymbol{Z}$$

と1通りに表わされる．なお，このとき当然

$$B=\{n_1\boldsymbol{p}_1+\cdots+n_m\boldsymbol{p}_m\,|\,n_i\in\boldsymbol{Z}\}$$

となっている．

(4)，(5) 節で，加群 $\boldsymbol{Z}_n$, $\boldsymbol{Z}^n$ の部分加群の形をすべて決定したが，一般の加群のときはどうであろうか．一般には，勝手に与えられた加群 $A$ の部分加群をすべて調べあげることなどは不可能に近いといいたい程難かしい問題である．

### (6) Torsion 部分加群と部分加群 ${}_nA$, $nA$

加群 $A$ のある特殊な部分加群を2,3考えてみることにしよう．

**定義** 加群 $A$ において，位数が有限な元（0も含まれているとする）全体の集合 $T$

$$T=\{a\in A\,|\,\text{ある自然数 } n \text{ に対して } na=0\}$$

は $A$ の部分加群になる．実際，$a, b\in T$ が $ma=0$, $nb=0$ ならば，$mn(a-b)=n(ma)-m(nb)=0$ となるからである（命題40）．この部分加群 $T$ を $A$ の **Torsion 部分加群**（または**捩れ部分加群**）という．

**例 53** 加群 $\boldsymbol{Z}$ の Torsion 部分加群は0である．もっと一般に，加群 $\boldsymbol{Z}\oplus\cdots\oplus\boldsymbol{Z}$ の Torsion 部分加群も0である．

**例 54**　加群 $\boldsymbol{Z}_n$ の Torsion 部分加群は自分自身 $\boldsymbol{Z}_n$ である．もっと一般に，加群 $\boldsymbol{Z}_{n_1}\oplus\cdots\oplus\boldsymbol{Z}_{n_r}$ の Torsion 部分加群は自分自身 $\boldsymbol{Z}_{n_1}\oplus\cdots\oplus\boldsymbol{Z}_{n_r}$ である．

**例 55**　加群 $\boldsymbol{Z}_n\oplus\boldsymbol{Z}$ の Torsion 部分加群は

$$\boldsymbol{Z}_n'=\{(a,0)\mid a\in\boldsymbol{Z}_n\}=\boldsymbol{Z}_n\oplus 0\ (=\boldsymbol{Z}_n \text{ とかく})$$

である．もっと一般に，加群 $\boldsymbol{Z}_{n_1}\oplus\cdots\oplus\boldsymbol{Z}_{n_r}\oplus\boldsymbol{Z}\oplus\cdots\oplus\boldsymbol{Z}$ の Torsion 部分加群は

$$\boldsymbol{Z}_{n_1}\oplus\cdots\oplus\boldsymbol{Z}_{n_r}$$

である．

**定義**　$A$を加群とする．自然数$n$に対して，$A$の部分加群 ${}_nA$ を

$${}_nA=\{a\in A\mid na=0\}$$

で定義する．部分加群になるのは，$a, b\in A$ が $na=0$, $nb=0$ ならば，$n(a-b)=0$ となるからである（命題40）．

加群$A$の Torsion 部分加群$T$は，この記号を用いると

$$T=\bigcup_{n=1}^{\infty}{}_nA$$

となっている．

**例 56**　加群 $\boldsymbol{Z}_6=\{0,1,2,3,4,5\}$ の各元を 2 倍すると，順に

$$0,\ 2,\ 4,\ 0,\ 2,\ 4$$

となるので，$\boldsymbol{Z}_6$ の 2 倍すると 0 になる元全体のつくる部分加群 ${}_2(\boldsymbol{Z}_6)$ は

$${}_2(\boldsymbol{Z}_6)=\{0,3\}$$

である．$\boldsymbol{Z}_6$ の各元を 3 倍すると

$$0,\ 3,\ 0,\ 3,\ 0,\ 3$$

となるから，部分加群 ${}_3(\boldsymbol{Z}_6)$ は

$${}_3(\boldsymbol{Z}_6)=\{0,2,4\}$$

である．$\boldsymbol{Z}_6$ の各元を 4 倍すると

$$0,\ 4,\ 2,\ 0,\ 4,\ 2,$$

となるから

$${}_4(\boldsymbol{Z}_6)=\{0,3\}$$

であり，$\boldsymbol{Z}_6$ の各元を 5 倍すると

$$0,\ 5,\ 4,\ 3,\ 2,\ 1$$

となるから

$${}_5(\boldsymbol{Z}_6)=0$$

となる．以下同様にすると

$$_6(\boldsymbol{Z}_6)=\boldsymbol{Z}_6,\quad {}_7(\boldsymbol{Z}_6)=0,\quad {}_8(\boldsymbol{Z}_6)=\{0,3\},\quad {}_9(\boldsymbol{Z}_6)=\{0,2,4\},\quad \cdots$$

となることがわかる．

一般につぎの定理がなりたつ．

**定理 57** 加群 $\boldsymbol{Z}_m=\{0, 1, 2, \cdots, m-1\}$ において，$n$ 倍すると 0 となる元全体のつくる部分加群 $_n(\boldsymbol{Z}_m)$ は，$m, n$ の最大公約数を $d$ とするとき

$$_n(\boldsymbol{Z}_m)=\{0, m_0, 2m_0, \cdots, (d-1)m_0\}$$

となる．ここに $m_0$ は $m_0=m/d$ である．

**証明** $d$ は $m, n$ の最大公約数であるから

$$m=dm_0,\quad n=dn_0\qquad m_0, n_0 \text{ は互いに素}$$

と表わせる．このとき

$$n(km_0)=k(nm_0)=k(dn_0m_0)=k(n_0m)=0$$

となる．すなわち，$km_0$ の形の元は $n$ 倍すると 0 となる．よって

$$\{0, m_0, 2m_0, \cdots, (d-1)m_0\}\subset {}_n(\boldsymbol{Z}_m)$$

となる．逆の包含関係を示そう．$km_0$ の形でかけない $\boldsymbol{Z}_m$ の元は

$$km_0+l\qquad 0<l<m_0$$

の形をしている．これを $n$ 倍すると

$$n(km_0+l)=0+nl=n_0dl$$

となるが，（$n_0dl$ を整数とみると $m$ で割り切れないので）これは $\boldsymbol{Z}_m$ で 0 とならない．よって $\{0, m_0, 2m_0, \cdots, (d-1)m_0\}={}_n(\boldsymbol{Z}_m)$ となり，定理が証明された．∥

**定義** $A$を加群とする．自然数 $n$ に対して，$A$の部分加群 $nA$ を

$$nA=\{na \mid a\in A\}$$

で定義する．部分加群になることは，$na, nb\in nA$ ならば $na-nb=n(a-b)\in nA$ となるからである（命題40）．

**例 58** 加群 $\boldsymbol{Z}_6=\{0, 1, 2, 3, 4, 5\}$ の各元を 2 倍すると，順に

$$0,\ 2,\ 4,\ 0,\ 2,\ 4$$

となるので，$\boldsymbol{Z}_6$ の元の 2 倍になっている部分加群 $2\boldsymbol{Z}_6$ は

$$2\boldsymbol{Z}_6=\{0, 2, 4\}$$

である．$\boldsymbol{Z}_6$ の各元を 3 倍すると

$$0,\ 3,\ 0,\ 3,\ 0,\ 3$$

となるから，部分加群 $3\boldsymbol{Z}_6$ は

$$3\boldsymbol{Z}_6=\{0, 3\}$$

である．$\boldsymbol{Z}_6$ の各元を 4 倍すると

$$0,\ 4,\ 2,\ 0,\ 4,\ 2$$

となるから，

$$4\boldsymbol{Z}_6=\{0, 2, 4\}$$

であり，$\boldsymbol{Z}_6$ の各元を 5 倍すると

$$0,\ 5,\ 4,\ 3,\ 2,\ 1$$

となるから

$$5\boldsymbol{Z}_6=\boldsymbol{Z}_6$$

となる．以下同様にすると

$$6\boldsymbol{Z}_6=0,\quad 7\boldsymbol{Z}_6=\boldsymbol{Z}_6,\quad 8\boldsymbol{Z}_6=\{0, 2, 4\},\quad 9\boldsymbol{Z}_6=\{0, 3\},\quad \cdots$$

となることがわかる．

一般につぎの定理がなりたつ．

**定理 59**　加群 $\boldsymbol{Z}_m=\{0, 1, 2, \cdots, m-1\}$ の各元を $n$ 倍してできる部分加群 $n\boldsymbol{Z}_m$ は，$m$, $n$ の最大公約数を $d$ とするとき

$$n\boldsymbol{Z}_m=\{0, d, 2d, \cdots, (n_0-1)d\}$$

となる．ここに $m_0$ は $m_0=m/d$ である．

**証明**　$d$ は $m, n$ の公約数であるから

$$m=dm_0,\qquad n=dn_0$$

と表わせる．$n\boldsymbol{Z}_m$ の元 $na$ は

$$na=n_0da=(n_0a)d$$

のように $d$ の何倍かになっているので，

$$n\boldsymbol{Z}_m\subset\{0, d, 2d, \cdots, (m_0-1)d\}$$

となる．逆の包含関係を示そう．$d$ が $m, n$ の最大公約数であるから

$$nk+mh=d$$

をみたす整数 $k, h$ が存在する（補題36(2)）．この式を $\boldsymbol{Z}_m$ で考えると $nk=d$ となる．これは $d$ が $\boldsymbol{Z}_m$ のある元（$k$ を $m$ で割った余りを考えるとよい）の $n$ 倍に表わされることを意味しているから $d\in n\boldsymbol{Z}_m$ である．これがわかると，$d$ を 2 倍, 3 倍, … して

$$\{0, d, 2d, \cdots, (m_0-1)d\}\subset n\boldsymbol{Z}_m$$

となる．よって $\{0, d, 2d, \cdots, (m_0-1)d\}=n\boldsymbol{Z}_m$ となり，定理が証明された．

**例 60**　加群 $\boldsymbol{Z}_4\oplus\boldsymbol{Z}_3$ の各元を 4 倍してできる部分加群 $4(\boldsymbol{Z}_4\oplus\boldsymbol{Z}_3)$ は加群 $\boldsymbol{Z}_3$ である．

実際,

$$4(\boldsymbol{Z}_4 \oplus \boldsymbol{Z}_3) = 4\boldsymbol{Z}_4 \oplus 4\boldsymbol{Z}_3 = 0 \oplus \boldsymbol{Z}_3 = \boldsymbol{Z}_3$$

である(定理59). もっと一般に, $p, q, \cdots, r$ を互いに異なる素数とするとき, 加群 $\boldsymbol{Z}_{p^{a_1}} \oplus \cdots \oplus \boldsymbol{Z}_{p^{a_s}} \oplus \boldsymbol{Z}_{q^b} \oplus \cdots \oplus \boldsymbol{Z}_{r^c}$ の各元を $q^b \cdots r^c$ 倍して得られる部分加群は $\boldsymbol{Z}_{p^{a_1}} \oplus \cdots \oplus \boldsymbol{Z}_{p^{a_s}}$ である:

$$(q^b \cdots r^c)(\boldsymbol{Z}_{p^{a_1}} \oplus \cdots \oplus \boldsymbol{Z}_{p^{a_s}} \oplus \boldsymbol{Z}_{q^b} \oplus \cdots \oplus \boldsymbol{Z}_{r^c}) = \boldsymbol{Z}_{p^{a_1}} \oplus \cdots \oplus \boldsymbol{Z}_{p^{a_s}}$$

### (7) 生成元

**定義** $A$ を加群とする. $A$ の元 $a_1, \cdots, a_s$ に対して, 集合

$$B = \{n_1 a_1 + \cdots + n_s a_s \mid n_1, \cdots, n_s \in \boldsymbol{Z}\}$$

をつくると, $B$ は $A$ の部分加群になる (証明は命題40 を用いると容易である). この部分加群 $B$ を, 元 $a_1, \cdots, a_s$ によって**生成された** $A$ **の部分加群**という. $A$ の元 $a_1, \cdots, a_s$ によって生成された部分加群が $A$ と一致するとき, すなわち, $A$ の任意の元 $a$ が

$$a = n_1 a_1 + \cdots + n_s a_s \qquad n_i \in \boldsymbol{Z}$$

と表わされるとき (この表わし方は一意的であるとは限らない), 加群 $A$ は元 $a_1, \cdots, a_s$ によって**生成される**, または $a_1, \cdots, a_s$ は加群 $A$ の**生成系**であるという.

特に, 加群 $A$ が 1 つの元 $a$ から生成されているとき, $a$ を $A$ の**生成元**といい, $A$ を ($a$ を生成元にもつ) **巡回加群**という.

$a_1, \cdots, a_s$ が加群 $A$ の生成系であるならば, これに $A$ の元 $a_{s+1}, \cdots, a_t$ を勝手につけ加えた集合

$$a_1, \cdots, a_s, a_{s+1}, \cdots, a_t$$

も加群 $A$ の生成系になる. このことからわかるように, $A$ の生成系を選ぶとき, なるべく数の少ない生成系を選ぶ方がよいわけである. 以下の例でも極小の生成系の例をあげている.

**例 61** 加群 $\boldsymbol{Z}$ は 1 によって生成されている. 実際, $\boldsymbol{Z}$ の元 $n$ は $n = n \cdot 1$ と表わされるからである. したがって, $\boldsymbol{Z}$ は (1 を生成元にもつ) 巡回加群である. また $n \in \boldsymbol{Z}$ は $n = (-n)(-1)$ ともかけるので, $-1$ も加群 $\boldsymbol{Z}$ の生成元である. $\boldsymbol{Z}$ の生成元は 1 と $-1$ 以外にはない.

**例 62** 加群 $\boldsymbol{Z}_4$ は 1 で生成されている. したがって $\boldsymbol{Z}_4$ は巡回加群である. 3 もまた加群 $\boldsymbol{Z}_4$ を生成している. 実際,

$$1 \cdot 3 = 3, \quad 2 \cdot 3 = 2, \quad 3 \cdot 3 = 1, \quad 4 \cdot 3 = 0$$

となるからである．しかし 2 は加群 $\boldsymbol{Z}_4$ の生成元ではない．実際，2 を何倍しても 1, 3 を表わすことができないからである．

生成元に関してつぎの定理がある．

**定理 63** 加群 $\boldsymbol{Z}_n$ において，元 $a \in \boldsymbol{Z}_n$ が加群 $\boldsymbol{Z}_n$ の生成元になるための必要十分条件は，$a$ と（$a$ を一旦整数とみなして）$n$ が互いに素であることである．

**証明** $a$ と $n$ が互いに素であるから，（$\boldsymbol{Z}$ において）

$$ka+hn=1$$

をみたす整数 $k, h$ が存在する（補題36 (1)）．この式を $\boldsymbol{Z}_n$ で考えると $ka=1$ となる．さて，$\boldsymbol{Z}_n$ の任意の元 $b$ は

$$b=b1=b(ka)=(bk)a$$

と表わされるので，$a$ は加群 $\boldsymbol{Z}_n$ の生成元である．逆に，$a$ が $\boldsymbol{Z}_n$ の生成元であるとすると，$a$ を何倍かすることにより $\boldsymbol{Z}_n$ のすべての元が表わされるが，特に 1 も表わされるので，$ka=1$ となる整数 $k$ が存在する．これを $\boldsymbol{Z}$ で書くと

$$ka+hn=1 \qquad h\text{ は整数}$$

のことと思えるが，これは $a$ と $n$ が互いに素であることを意味している（補題36 (1)）．以上で定理が証明された．∎

**注意** この定理63は，定理16や定理59からも直ちに導かれるので，それを納得しておいて下さい．

もう少し生成系の例を追加しておこう．

**例 64** 加群 $\boldsymbol{Z}_2 \oplus \boldsymbol{Z}_3$ は 1 つの元 (1, 1) で生成される．実際，

$$1(1,1)=(1,1), \quad 2(1,1)=(0,2), \quad 3(1,1)=(1,0)$$
$$4(1,1)=(0,1), \quad 5(1,1)=(1,2), \quad 6(1,1)=(0,0)$$

となるからである．したがって $\boldsymbol{Z}_2 \oplus \boldsymbol{Z}_3$ は巡回加群である．なお，(1, 2) も加群 $\boldsymbol{Z}_2 \oplus \boldsymbol{Z}_3$ の生成元であるが，(1, 1), (1, 2) 以外の元は $\boldsymbol{Z}_2 \oplus \boldsymbol{Z}_3$ の生成元になり得ない．

**例 65** 加群 $\boldsymbol{Z}_2 \oplus \boldsymbol{Z}_2$ は 1 つの元から生成されない．実際，$\boldsymbol{Z}_2 \oplus \boldsymbol{Z}_2$ は位数 4 の加群であるから，もし $\boldsymbol{Z}_2 \oplus \boldsymbol{Z}_2$ が 1 つの元 $a$ から生成されるならば，$a$ の位数は 4 でなければならない．しかし $\boldsymbol{Z}_2 \oplus \boldsymbol{Z}_2$ には位数 4 の元が存在しないからである（例21）．なお，集合 $\{(1,0), (0,1)\}$ は加群 $\boldsymbol{Z}_2 \oplus \boldsymbol{Z}_2$ の 1 つの生成系である．

**例 66** 加群 $\boldsymbol{Z} \oplus \boldsymbol{Z}$ は 2 つの元 (1, 0), (0, 1) で生成される．実際，任意の元 $(a,b) \in \boldsymbol{Z} \oplus \boldsymbol{Z}$ は

$$(a, b)=a(1, 0)+b(0, 1)$$

と表わされるからである．なお定理52は，$\boldsymbol{Z}^n$ の部分加群 $B$ が $n$ 個以下の元からなる生成系

$p_1, \cdots, p_m$ $(m \leqq n)$ をもつことを示している.

## 4 準同型写像

今までは1つの加群$A$のもつ性質について述べてきたが,今度は2つの加群 $A, B$ の加群構造を比較することを考えよう.

### (1) 写 像

準同型写像を定義する前に,写像について説明しておこう.写像については既知としたいのであるが,他の書と用語が異なると困るので,一応定義しておく.

**定義** $X, Y$ を集合とする.集合$X$の各元$x$に対して集合$Y$の元$y$がただ1つ対応する(この$y$を $f(x)$ と書く)とき,$X$から$Y$への**写像**$f$が与えられたといい,記号

$$f: X \to Y$$

で表わす.

写像 $f: X \to Y$ において

$$x \neq x' \quad \text{ならば} \quad f(x) \neq f(x')$$

がなりたつとき,写像$f$を**単射**(または**1対1写像**)という.単射の条件は, $x, x' \in X$ に対して

$$f(x) = f(x') \quad \text{ならば} \quad x = x'$$

がなりたつ,としても同じである.また写像 $f: X \to Y$ において

$$Y\text{の任意の元}y\text{に対して } f(x) = y \text{ となる}X\text{の元}x\text{が存在する}$$

がなりたつとき,写像$f$を**全射**(または**上への写像**)という.写像 $f: X \to Y$ が単射でありかつ全射であるとき,$f$を**全単射**という.

集合$X$において,写像 $1_X: X \to X$ を

$$1_X(x) = x$$

と定義すると,$1_X$ は明らかに全単射である.この写像 $1_X$ を$X$における**恒等写像**という.この写像 $1_X$ を単に1と表わすことが多い.

$X, Y, Z$ を集合とする.2つの写像 $f: X \to Y$, $g: Y \to Z$ に対して

$$h(x) = g(f(x)) \qquad x \in X$$

と定義すると,写像 $h: X \to Z$ ができる.この写像$h$を $gf$ で表わし,写像$f$と$g$の**合成写像**という.

つぎの補題は,写像が単射であるか全射であるかを判定するのによく用いられる.

**補題 67** $X, Y$ を集合とする.2つの写像 $f: X \to Y$, $g: Y \to X$ が

$$gf=1_X$$

をみたすならば，$f$ は単射であり，$g$ は全射である．

**証明** $x, x'\in X$ に対して $f(x)=f(x')$ であるとする．この両辺に写像 $g$ を施すと $g(f(x))=g(f(x'))$ となるが，条件 $gf=1_X$ より $x=x'$ となる．よって $f$ は単射である．また元 $x\in X$ に対して $Y$ の元 $f(x)$ を考えると，$g(f(x))=x$ となる．これは $g$ が全射であることを示している．▌

写像 $f: X\to Y$ が全単射であれば，$Y$ の元 $y$ に対して $f(x)=y$ をみたす $X$ の元 $x$ が存在し，しかもただ1つに定まる．したがって，$y$ にこの $x$ を対応させることにより写像 $g: Y\to X$ を得る．この写像 $g$ は明らかに

$$g(f(x))=x \qquad x\in X$$
$$f(g(y))=y \qquad y\in Y$$

をみたしている．これを合成写像の記号で表わすと

$$gf=1_X, \qquad fg=1_Y$$

となっている．この写像 $g$ を $f$ の**逆写像**という．

上記のことの逆もなりたっている．すなわちつぎの補題がなりたつ．

**補題 68** $X, Y$ を集合とする．写像 $f: X\to Y$ が全単射であるための必要十分条件は

$$gf=1_X \qquad fg=1_Y$$

をみたす写像 $g: Y\to X$ が存在することである．

**証明** 補題の条件が必要であることは既に示した． 十分であることは補題 67 を用いるとよい． すなわち，条件 $gf=1_X$ より $f$ は単射であり，$fg=1_Y$ より $f$ は全射である．よって $f$ は全単射である．▌

有限集合の間の写像 $f$ を考えるとき，$f$ が全単射であるかどうかは比較的判定しやすい．

**補題 69** $X, Y$ を元の個数が等しい有限集合とするとき，写像 $f: X\to Y$ に対して

$$f \text{が単射} \iff f \text{が全射}$$

がなりたつ．

証明は明らかであろう．▌

最後に，写像 $f$ の像と原像の定義をしておく．

**定義** $X, Y$ を集合とし，$f: X\to Y$ を写像とする．$X$ の部分集合 $A$ に対して，$Y$ の部分集合

$$f(A)=\{f(a)\mid a\in A\}$$

を，集合 $A$ の $f$ による**像**という．また $Y$ の部分集合 $B$ に対して，$X$ の部分集合

$$f^{-1}(B)=\{x\in X \mid f(x)\in B\}$$

を，集合$B$の$f$による**逆像**(または**原像**)という．

### (2)　準同型写像

**定義**　$A, B$ を加群とする．写像 $f: A\to B$ が

$$f(a+a')=f(a)+f(a') \qquad a, a'\in A$$

をみたすとき，$f$ を(**加群**)**準同型写像**という．準同型写像 $f: A\to B$が単射であるとき $f$ を**単射準同型写像**といい，また準同型写像 $f: A\to B$ が全射であるとき $f$ を**全射準同型写像**という．準同型写像 $f: A\to B$ が全単射であるとき$f$を(**加群**)**同型写像**という．

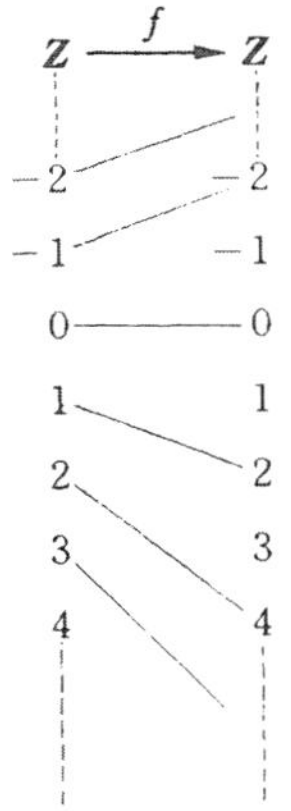


加群$A$における恒等写像

$$1: A\to A, \qquad 1(a)=a$$

は明らかに同型写像である．この1を加群 $A$ の**恒等同型写像**という．また加群 $A, B$ に対して，$A$ のすべての元を $B$の零元に対応させる写像

$$0: A\to B, \qquad 0(a)=0$$

は明らかに準同型写像である．この写像0を**零**(**準同型**)**写像**という．

**例 70**　整数を2倍する写像 $f: \boldsymbol{Z}\to\boldsymbol{Z}$

$$f(k)=2k \qquad k\in\boldsymbol{Z}$$

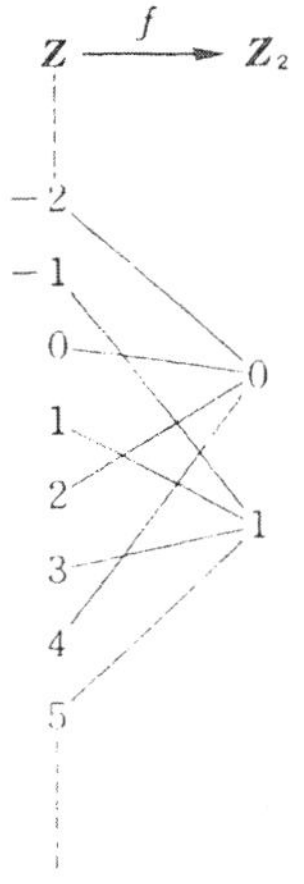


は準同型写像である．一般に，自然数$n$を用いて，写像 $f: \boldsymbol{Z}\to\boldsymbol{Z}$ を

$$f(k)=nk \qquad k\in\boldsymbol{Z}$$

と定義すると，$f$は準同型写像である．($f$は単射であるが，$n\neq 1$ ならば$f$は全射でない)．

**例 71**　偶数には0を対応させ，奇数には1を対応させる写像 $f: \boldsymbol{Z}\to\boldsymbol{Z}_2$

$$f(2k)=0, \qquad f(2k+1)=1$$

は準同型写像である．一般に，自然数 $n$ を定めて，整数 $k$ を $n$ で割ったときの余り$r$ $(0\leqq r<k)$ を $[k]_n$ とかき，$k$ に $[k]_n$ を対応させる写像 $f: \boldsymbol{Z}\to\boldsymbol{Z}_n$

$$f(k)=[k]_n \qquad k\in \boldsymbol{Z}$$

をつくると，$f$ は準同型写像になる．（$f$ は全射であるが，単射でない）．

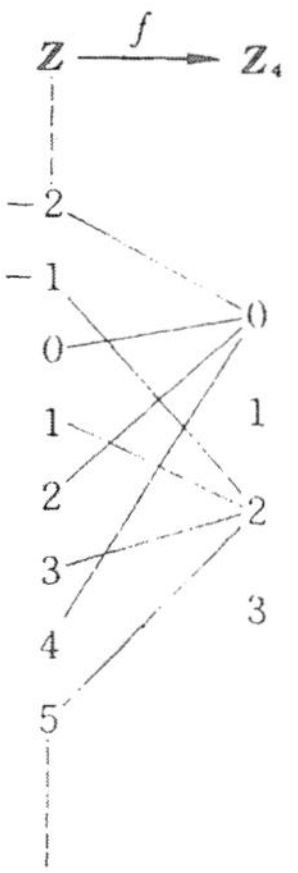


**例 72**　偶数には 0 を対応させ，奇数には 2 を対応させる写像 $f$：$\boldsymbol{Z}\to\boldsymbol{Z}_4$

$$f(2k)=0, \qquad f(2k+1)=2$$

は準同型写像である．（$f$ は単射でも全射でもない）

**例 73**　加群 $\boldsymbol{Z}_4$ におけるつぎの 4 つの写像

$f_0=0$ ：

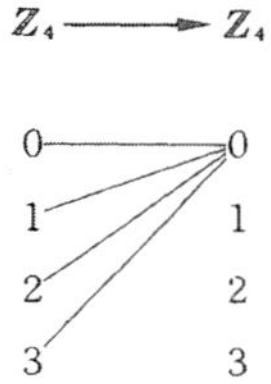


$f_1=1$ ：

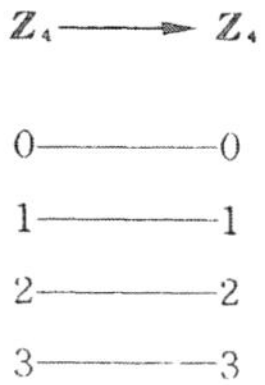


$f_2$ ：

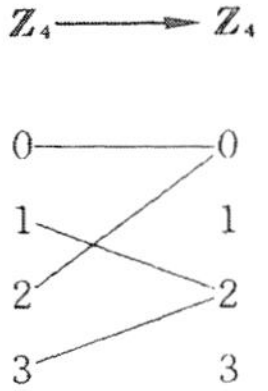


$f_3$ ：

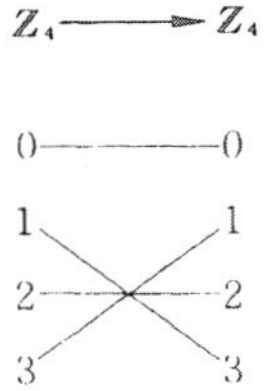


はいずれも準同型写像である．このうち $f_1$ と $f_3$ は同型写像であるが，$f_0$ と $f_2$ は単射でも全射でもない．なお，加群 $\boldsymbol{Z}_4$ における準同型写像はこの 4 つしかない．

**例 74**　整数 $p, q, r, s$ を用いて，写像 $f$：$\boldsymbol{Z}\oplus\boldsymbol{Z}\to\boldsymbol{Z}\oplus\boldsymbol{Z}$ を

$$f(m, n)=(pm+qn, rm+sn)$$

と定義すると，$f$ は準同型写像である．一般に，整数を成分にもつ行列 $P=\begin{pmatrix} p_{11} & \cdots & p_{1n} \\ & \cdots\cdots & \\ p_{n1} & \cdots & p_{nn} \end{pmatrix}$ を用いて，写像 $f$：$\boldsymbol{Z}^n\to\boldsymbol{Z}^n$ を

$$f(\boldsymbol{a})=P\boldsymbol{a} \qquad \boldsymbol{a}\in\boldsymbol{Z}^n$$

と定義すると，$f$ は準同型写像になる．実際，

$$f(\boldsymbol{a}+\boldsymbol{a}')=P(\boldsymbol{a}+\boldsymbol{a}')=P\boldsymbol{a}+P\boldsymbol{a}'=f(\boldsymbol{a})+f(\boldsymbol{a}')$$

となるからである.

**例 75** 実数加群 $\boldsymbol{R}$ において，実数を $a$ 倍 ($a\in\boldsymbol{R}$) する写像 $f: \boldsymbol{R}\to\boldsymbol{R}$

$$f(x)=ax \qquad x\in\boldsymbol{R}$$

は準同型写像である. $a\neq 0$ ならば $f$ は同型写像である.

**(3) 準同型写像の決定**

加群 $A, B$ が与えられたとき，$A, B$ の間のすべての準同型写像 $f: A\to B$ を決定することは大変難しいことであるが，$A$が巡回加群であるときには，準同型写像の形が比較的容易に決定される. なぜなら，$A$の生成元の移る先の元を指定すればよいからである. これを説明するために，まずつぎの簡単な命題を用意しておく.

**命題 76** $A, B$ を加群とし，$f: A\to B$ を準同型写像とするとき，つぎの (1), (2), (3) がなりたつ.

(1) $f(0)=0$

(2) $f(-a)=-f(a)$, $f(a-a')=f(a)-f(a')$

(3) $f(na)=nf(a) \qquad n$ は整数

**証明** (1)
$$f(0)+f(0)=f(0+0)=f(0)$$

より $f(0)=0$ を得る.

(2)
$$f(a)+f(-a)=f(a+(-a))=f(0)=0 \quad ((1)\text{の結果})$$

より $f(-a)=-f(a)$ となる (命題 18(2)). またこれを用いると

$$f(a-a')=f(a+(-a'))=f(a)+f(-a')=f(a)-f(a')$$

となる.

(3)
$$f(2a)=f(a+a)=f(a)+f(a)=2f(a)$$
$$f(3a)=f(2a+a)=f(2a)+f(a)=2f(a)+f(a)=3f(a)$$
$$\cdots\cdots\cdots\cdots\cdots\cdots$$

これを繰り返すと，任意の自然数 $n$ に対して $f(na)=nf(a)$ がなりたつことがわかる. $n$ が負の整数のときには，$m=-n$ とおくと，$m$は正整数となるから

$$\begin{aligned} f(na)&=f(-ma)=-f(ma) \quad ((2)\text{ の結果})\\ &=-(mf(a))(\text{上記のこと})=(-m)f(a)=nf(a) \end{aligned}$$

となる. なお，$n=0$ のときは自明である. ▌

**定理 77** $A$を加群とする. 元 $a\in A$ に対し，整数加群 $\boldsymbol{Z}$ からの写像 $f: \boldsymbol{Z}\to A$ を

$$f(n)=na \qquad n\in\boldsymbol{Z}$$

を定義すると，$f$ は準同型写像である. 逆に，準同型写像 $f: \boldsymbol{Z}\to A$ はこのようなもの

に限る.

**証明** $f: \boldsymbol{Z} \to A$ が準同型写像ならば, $f(1)=a$ とおくと, $\boldsymbol{Z}$ の元 $n$ に対しては

$$f(n)=f(n1)=nf(1)\,(\text{命題}76(3))=na$$

と定まってしまうからである. ▮

この定理からわかるように, 整数加群 $\boldsymbol{Z}$ からの準同型写像 $f: \boldsymbol{Z} \to A$ は $A$ の元 $a$ を与えることに決まる. したがって, 準同型写像 $f: \boldsymbol{Z} \to A$ の数は $A$ の元の数だけある. 特に, 準同型写像

$$f: \boldsymbol{Z} \to \boldsymbol{Z}$$

は可算無限個あり, また準同型写像

$$f: \boldsymbol{Z} \to \boldsymbol{Z}_n$$

は全部で $n$ 個ある.

加群の準同型写像 $f: A \to B$ に対して, 命題 76(3) は, $a \in A$ が

$$na=0 \quad \text{ならば} \quad nf(a)=0$$

となることを示している. 特に, 位数 $n$ の元 $a \in A$ の像 $f(a)$ は $n$ 倍すると 0 となる. このことを逆にいえば, $b \in B$ が $n$ 倍して 0 にならない元ならば, 元 $b \in B$ は位数 $n$ の元 $a \in A$ の準同型写像 $f: A \to B$ による像になり得ないことになる. このことは準同型写像を決定するのにかなり役立つ.

**定理 78** 準同型写像

$$f: \boldsymbol{Z}_n \to \boldsymbol{Z}$$

は零写像しか存在しない : $f=0$.

**証明** 加群 $\boldsymbol{Z}_n$ の元 $a$ は $n$ 倍すると 0 となるから

$$nf(a)=f(na)\,(\text{命題 }76(3))=f(0)=0\,(\text{命題 }76(1))$$

となる. しかるに加群 $\boldsymbol{Z}$ では, $n$ 倍して 0 となる元は 0 以外にないから, $f(a)=0$ である. よって $f$ は零写像である. ▮

定理 78 と同様なつぎの定理がなりたつ.

**定理 79** $m, n$ を互いに素な自然数とするとき, 準同型写像

$$f: \boldsymbol{Z}_n \to \boldsymbol{Z}_m$$

は零写像しか存在しない: $f=0$.

**証明** 加群 $\boldsymbol{Z}_n$ の元 $a$ は $n$ 倍すると 0 となるから

$$nf(a)=f(na)=f(0)=0$$

となる. しかるに, $m$ は $n$ と互いに素であるから, $nf(a)=0$ は, 加群 $\boldsymbol{Z}_m$ では $f(a)=0$

を意味する．よって $f$ は零写像である．▌

$m, n$ が一般のときの準同型写像 $f: \boldsymbol{Z}_n \to \boldsymbol{Z}_m$ の形をみるために，もう少し例をあげよう．

**例 80**　準同型写像 $f: \boldsymbol{Z}_6 \to \boldsymbol{Z}_3$ は

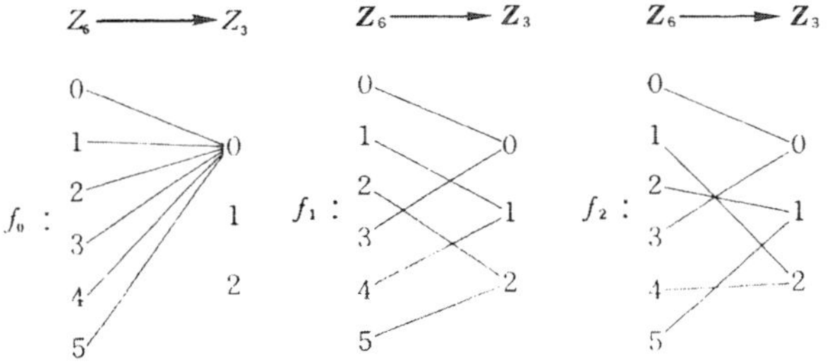


の 3 つあって，この 3 つに限る．また，準同型写像 $f: \boldsymbol{Z}_3 \to \boldsymbol{Z}_6$ は

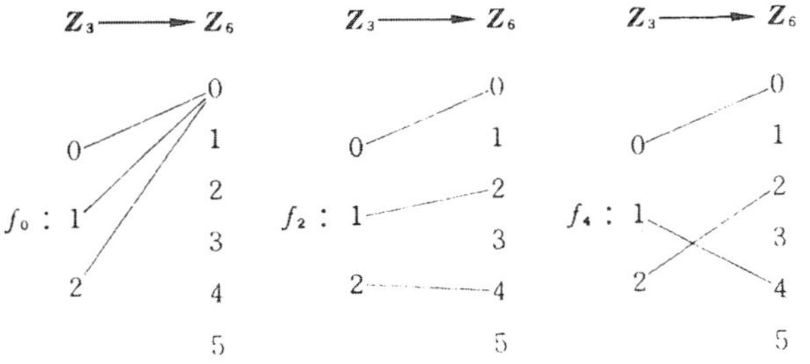


の 3 つあって，この 3 つに限る．

**例 81**　準同型写像 $f: \boldsymbol{Z}_6 \to \boldsymbol{Z}_4$ は

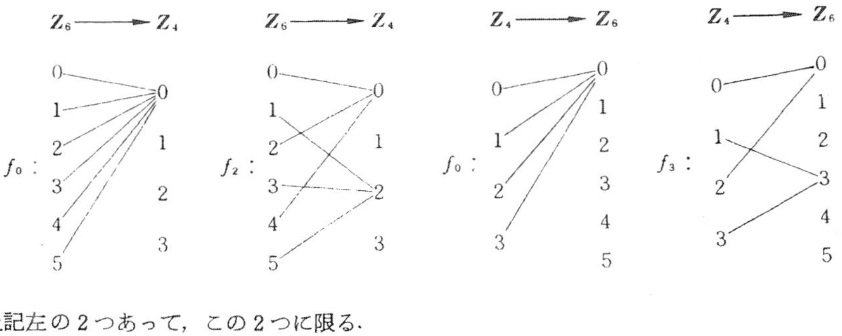


上記左の 2 つあって，この 2 つに限る．

また準同型写像 $f: \mathbb{Z}_4 \to \mathbb{Z}_6$ は前頁右の2つあって，この2つに限る．

**例 82**　準同型写像 $f: \mathbb{Z}_6 \to \mathbb{Z}_9$ は

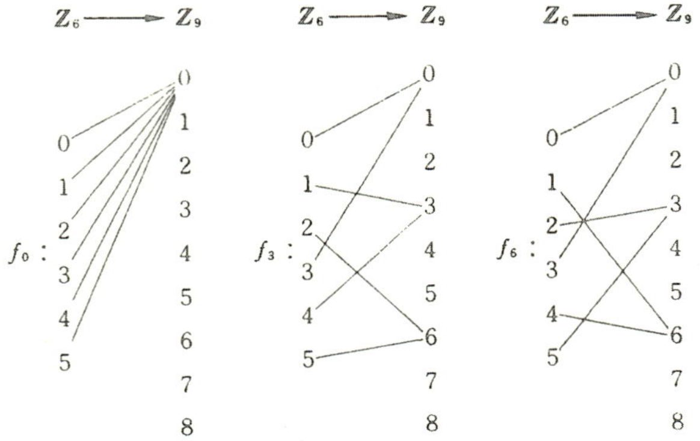


の3つあって，この3つに限る．また準同型写像 $f: \mathbb{Z}_6 \to \mathbb{Z}_9$ は

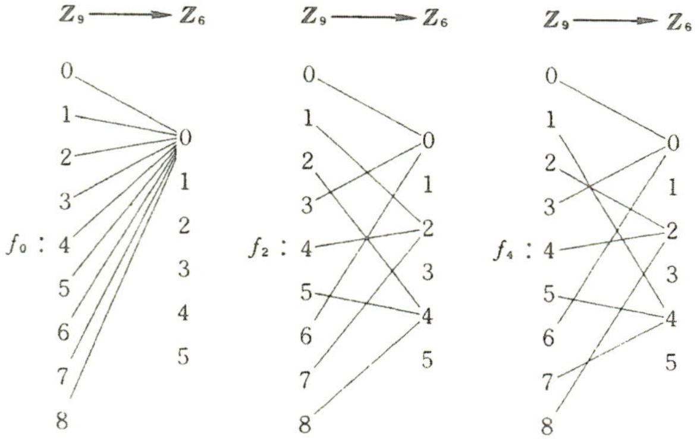


の3つあって，この3つに限る．

これらの例から予想がつくように一般につぎの定理がなりたつ．

**定理 83**　$A$を加群とする．$n$倍すると0となる$A$の元 $a: na=0$ に対し，写像 $f: \mathbb{Z}_n \to A$ を

$$f(k)=ka$$

と定義すると，$f$は準同型写像である．逆に，準同型写像 $f: \mathbb{Z}_n \to A$ はこのようなものに限る．

**証明**．$1 \in \mathbb{Z}_n$ は位数$n$の元であるから，1の準同型写像 $f: \mathbb{Z}_n \to A$ による像 $f(1)=a$

を$n$倍すると0となる．そしてこのとき，$f$は

$$f(k)=f(k1)=kf(1)=ka$$

の形になっている．逆に，このような写像 $f: \boldsymbol{Z}_n \to A$ は準同型写像である．∥

この定理から明らかなように，準同型写像 $f: \boldsymbol{Z}_n \to A$ の数は，$A$の部分集合

$${}_nA=\{a\in A \mid na=0\}$$

(これは$A$の部分加群であった)の元の数に等しい．特に，準同型写像

$$f: \boldsymbol{Z}_n \to \boldsymbol{Z}_m$$

は，ちょうど $m, n$ の最大公約数$d$個だけある(定理57)．

例80のように，6が3の倍数になっているときには，$f(1)=1$ をみたす準同型写像が存在している．これを一般化するとつぎの命題を得る．

**命題 84**　$k\in \boldsymbol{Z}_{mn}$ を$n$で割った余りを $[k]_n$ で表わすとき，写像

$$f: \boldsymbol{Z}_{mn} \to \boldsymbol{Z}_n, \qquad f(k)=[k]_n$$

は準同型写像である．

**証明**　元 $1\in \boldsymbol{Z}_n$ を$mn$倍すると明らかに0になるから，$f(1)=1$ をみたす準同型写像 $f: \boldsymbol{Z}_{mn} \to \boldsymbol{Z}_n$ がある．この$f$は $f(k)=kf(1)=k1=k=[k]_n$ をみたしている．∥

### (4)　準同型写像の簡単な性質

**命題 85 と 定義**　$A, B$ を加群とし，$f: A\to B$ を準同型写像とする．このときつぎの(1), (2)がなりたつ．

(1)
$$f^{-1}(0)=\{a\in A \mid f(a)=0\}$$

は$A$の部分加群になる．この部分加群 $f^{-1}(0)$ を準同型写像 $f: A\to B$ の**核**といい，$\mathrm{Ker}\, f$ で表わす．

(2)
$$f(A)=\{f(a) \mid a\in A\}$$

は$B$の部分加群になる．この部分加群 $f(A)$ を準同型写像 $f: A\to B$ の**像**といい，$\mathrm{Im}\, f$ で表わす．

**証明**　(1)　$a, a'\in \mathrm{Ker}\, f$ ならば，$f(a)=0$, $f(a')=0$ である．このとき $f(a-a')=f(a)-f(a')=0-0=0$ となるから，$a-a'\in \mathrm{Ker}\, f$ である．よって $\mathrm{Ker}\, f$ は$A$の部分加群である．

(2)　$b, b'\in \mathrm{Im}\, f$ とすると，$b=f(a)$, $b'=f(a')$ となる $a, a'\in A$ が存在する．このとき $b-b'=f(a)-f(a')=f(a-a')$, $a-a'\in A$ となるから，$b-b'\in \mathrm{Im}\, f$ である．よって $\mathrm{Im}\, f$ は$B$の部分加群である．∥

**例 86**　$A$を加群とし，$n$を自然数とする．元 $a\in A$ にその$n$倍の元を対応させる写像

$f: A \to A$

$$f(a)=na$$

は準同型写像である．この $f$ の核と像がそれぞれ $A$ の部分加群 ${}_nA, nA$ のことにほかなら

$$\mathrm{Ker}\,f={}_nA, \qquad \mathrm{Im}\,f=nA$$

例 70-82 において，$\mathrm{Ker}\,f$, $\mathrm{Im}\,f$ がどんな部分加群になっているかを確かめておいて下さい．

**命題 87**　$A, B$ を加群とし，$f: A \to B$ を準同型写像とするとき

$$f\text{が単射} \iff \mathrm{Ker}\,f=0$$

がなりたつ．したがって，準同型写像 $f: A \to B$ が単射であることをいうためには

$$f(a)=0 \quad \text{ならば} \quad a=0$$

を示せば十分である．

**証明**　$a \in \mathrm{Ker}\,f$ とすると $f(a)=0=f(0)$ である．したがって，$f$ が単射ならば $a=0$ となり，$\mathrm{Ker}\,f=0$ である．逆に $\mathrm{Ker}\,f=0$ とする．$a, a' \in A$ に対し $f(a)=f(a')$ ならば，$f(a-a')=f(a)-f(a')=0$ となるから，$a-a' \in \mathrm{Ker}\,f=0$ より $a=a'$ となる．よって $f$ は単射である．∎

**命題 88**　$A, B$ を加群とし，$f: A \to B$ を準同型写像とする．$B$ のある生成系 $b_1, \cdots, b_s$ に対し

$$f(a_1)=b_1, \ \cdots, \ f(a_s)=b_s$$

となる元 $a_1, \cdots, a_s \in A$ が存在するならば，$f$ は全射である．

**証明**　$b_1, \cdots, b_s$ は加群 $B$ の生成系であるから，$B$ の元は

$$b=n_1b_1+\cdots+n_sb_s \qquad n_i \in \boldsymbol{Z}$$

と表わされる．さて元 $b$ に対し，元 $a=n_1a_1+\cdots+n_sa_s \in A$ を考えると

$$f(a)=f(n_1a_1+\cdots+n_sa_s)=n_1f(a_1)+\cdots+n_sf(a_s)=n_1b_1+\cdots+n_sb_s=b$$

となる．よって $f$ は全射である．∎

**命題 89**　$A, B, C$ を加群とし，$f: A \to B$, $g: B \to C$ を準同型写像とする．このとき $f$ と $g$ の合成写像 $gf: A \to C$

$$(gf)(a)=g(f(a)) \qquad a \in A$$

も準同型写像である．

**証明**
$$\begin{aligned}(gf)(a+a')&=g(f(a+a'))=g(f(a)+f(a'))\\&=g(f(a))+g(f(a'))=(gf)(a)+(gf)(a')\end{aligned}$$ ∎

**命題 90** $A, B, C$ を加群とし, $f: A \to B$, $g: A \to C$ を準同型写像とする. このとき写像 $h: A \to B \oplus C$

$$h(a) = (f(a), g(a))$$

は準同型写像である.

**証明** $$h(a+a') = (f(a+a'), g(a+a')) = (f(a)+f(a'), g(a)+g(a')) \\ = (f(a), g(a)) + (f(a'), g(a')) = h(a)+h(a') \quad \|$$

**命題 91** $A, B$ を加群とする. このとき, 写像

$$p: A \oplus B \to A, \qquad p(a, b) = a$$
$$q: A \oplus B \to B, \qquad q(a, b) = b$$

はともに全射準同型写像であり, また, 写像

$$i: A \to A \oplus B, \qquad i(a) = (a, 0)$$
$$j: B \to A \oplus B, \qquad j(b) = (0, b)$$

は単射準同型写像である. この 4 つの写像 $p, q, i, j$ の間には

$$pi = 1, \qquad qj = 1$$
$$pj = 0, \qquad qi = 0$$

の関係がある.

証明は殆んど自明である. ‖ この写像 $p: A \oplus B \to A$, $q: A \oplus B \to B$ を**射影**(**準同型写像**)という.

最後に自明な命題を 1 つあげておく.

**命題 92** $A$を加群とし, $B$を$A$の部分加群とする. このとき, 写像 $i: B \to A$

$$i(b) = b \qquad b \in B$$

は単射準同型写像である.

この写像 $i: B \to A$ を**包含**(**準同型**)**写像**という.

## 5 加群の同型

2 つの加群 $A, B$ の元の数が同じで, また加群の構造も同じならば, 加群 $A, B$ は同じものとみなしたい. このことを厳密に定義しよう.

### (1) 加群の同型

**定義** 2 つの加群 $A, B$ の間に(加群)同型写像 $f: A \to B$ が存在するとき, $A, B$ は**(加群として)同型**であるといい, 記号

$$A \cong B$$

で表わす.

**例 93** 加群 $\boldsymbol{Z}=\{\cdots, -2, -1, 0, 1, 2, 3, \cdots\}$ と偶数全体のつくる部分加群 $2\boldsymbol{Z}=\{\cdots, -4, -2, 0, 2, 4, 6, \cdots\}$ は同型である：

$$\boldsymbol{Z}\cong 2\boldsymbol{Z}$$

もっと一般に，加群 $\boldsymbol{Z}$ と部分加群 $n\boldsymbol{Z}=\{\cdots, -2n, -n, 0, n, 2n, 3n, \cdots\}$ は同型である：

$$\boldsymbol{Z}\cong n\boldsymbol{Z} \qquad n=1, 2, \cdots$$

実際，$f: \boldsymbol{Z}\to n\boldsymbol{Z}$, $f(a)=na$ は同型写像である．

この例と定理 44 よりつぎの定理を得る．

**定理 94** 加群 $\boldsymbol{Z}$ の部分加群 $B(\neq 0)$ は $\boldsymbol{Z}$ と同型である：$B\cong\boldsymbol{Z}$.

この定理からわかるように，加群 $\boldsymbol{Z}$ は自分自身に同型な部分加群を無数に含んでおり，かつそれ以外の部分加群 $(\neq 0)$ を含み得ない．また，$\boldsymbol{Z}$ の部分加群 $B(B\neq 0)$ は無限に続く真部分加群の列をもっている．たとえば

$$\boldsymbol{Z}\supset 2\boldsymbol{Z}\supset 4\boldsymbol{Z}\supset 8\boldsymbol{Z}\supset 16\boldsymbol{Z}\supset\cdots$$

のようである．この辺にも，整数加群 $\boldsymbol{Z}$ の易しさと難しさの混在する所がみえるような気がする．

加群 $\boldsymbol{Z}_n$ については，定理 94 に対応するものとしてつぎの定理がなりたつ．

**定理 95** 加群 $\boldsymbol{Z}_n$ の部分加群 $B(B\neq 0)$ は，加群

$$\boldsymbol{Z}_m \qquad m\text{ は } n\text{ の約数}$$

に同型である．

**証明** 定理 45 より，加群 $\boldsymbol{Z}_n$ の部分加群 $B$ は

$$B=\{0, a, 2a, \cdots, (m-1)a\} \qquad m\text{ は } n\text{ の約数}$$

の形をしていた．さて，写像 $f: B\to\boldsymbol{Z}_m$ を

$$f(ka)=k \qquad k=0, 1, \cdots, m-1$$

と定義すると，$f$ は同型写像である．よって，加群 $B$ は加群 $\boldsymbol{Z}_m$ に同型である：$B\cong\boldsymbol{Z}_m$. ∎

定理 94, 95 を併せるとつぎのようにいうことができる．ただし，0 も巡回加群ということにする．

**定理 96** 巡回加群の部分加群はまた巡回加群である．

**例 97** 加群 $\boldsymbol{Z}_n$ の部分加群の Hasse の図式を同型の意味で書いてみよう．たとえば，$\boldsymbol{Z}_4$ の部分加群 $\{0, 2\}$ は加群 $\boldsymbol{Z}_2=\{0, 1\}$ と同型であるから，$\{0, 2\}$ を $\boldsymbol{Z}_2$ と書くのである．この書き方は正しくないかもしれない．たとえば，加群 $\boldsymbol{Z}_4\oplus\boldsymbol{Z}_4$ は，$\boldsymbol{Z}_2$ に同型な部分加群 $\{(0,0), (2,0)\}$, $\{(0,0), (0,2)\}$, $\{(0,0), (2,2)\}$ をもつが，これらは部分加群としては確かに違っている．しかし，この書き方は，部分加群の加群構造のみを問題とするときには

便利がよい．

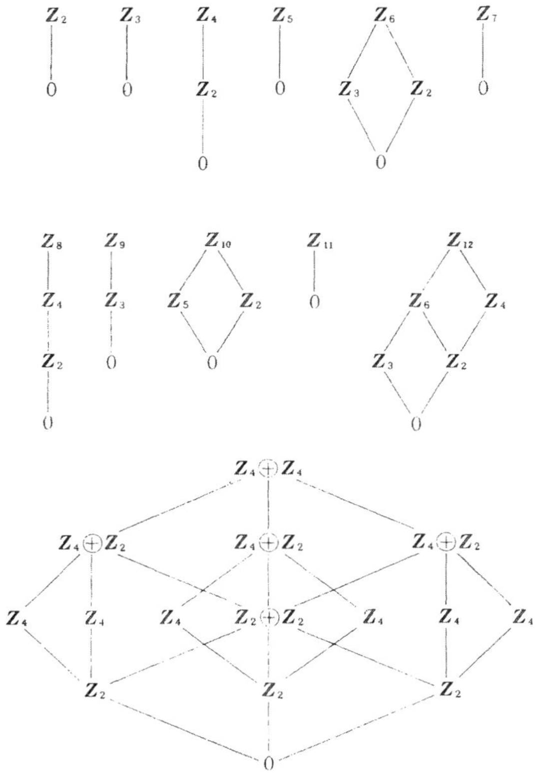


## (2)　自由加群の部分加群

自由加群 $\boldsymbol{Z}^n=\boldsymbol{Z}\oplus\cdots\oplus\boldsymbol{Z}$ の部分加群を同型の意味において分類しよう．

**定理 98**　加群 $\boldsymbol{Z}\oplus\boldsymbol{Z}$ の部分加群 $B$ は，加群

$$\boldsymbol{Z}\oplus\boldsymbol{Z},\ \boldsymbol{Z},\ 0$$

のいずれかに同型である．

**証明**　加群 $\boldsymbol{Z}\oplus\boldsymbol{Z}$ の部分加群 $B$ の元 $\boldsymbol{b}$ は，ある元 $\boldsymbol{p},\boldsymbol{q}\in B$ を用いて，一通りに

$$\boldsymbol{b}=m\boldsymbol{p}+n\boldsymbol{q} \qquad m,n\in\boldsymbol{Z}$$

と表わされた(定理 51)． $\boldsymbol{b}=\boldsymbol{q}=\boldsymbol{0}$ ならば $B=0$ である． $\boldsymbol{p}\neq\boldsymbol{0},\boldsymbol{q}=\boldsymbol{0}$ ならば，$B$ の元は $\boldsymbol{b}=m\boldsymbol{p}$, $m\in\boldsymbol{Z}$ と一通りに表わされているので，写像 $f: B\rightarrow\boldsymbol{Z}$ を

$$f(mp)=m$$

と定義すると，$f$ は同型写像になる．よって $B$ は加群 $\boldsymbol{Z}$ に同型である：$B\cong\boldsymbol{Z}$．また $p\neq 0$, $q\neq 0$ のときには，写像 $f: B\to\boldsymbol{Z}\oplus\boldsymbol{Z}$ を

$$f(mp+nq)=(m, n)$$

と定義すると，$f$ は同型写像になる．よって $B$ は加群 $\boldsymbol{Z}\oplus\boldsymbol{Z}$ に同型である：$B\cong\boldsymbol{Z}\oplus\boldsymbol{Z}$．以上で定理が証明された．‖

定理 52 を用いると，定理 98 を一般にしたつぎの定理を証明することができる．

**定理 99**　加群 $\boldsymbol{Z}^n$ の部分加群は，加群

$$\boldsymbol{Z}^m \ (m は\ 1\leqq m\leqq n\ の整数),\ 0$$

のいずれかに同型である．

**定義**　加群 $\boldsymbol{Z}^n=\boldsymbol{Z}\oplus\cdots\oplus\boldsymbol{Z}$ に同型な加群 $A$ を**自由加群**という（便宜上 0 も自由加群ということにしておく）．

自由加群という用語を用いると，定理 99 はつぎのようにいうことができる．

**定理 100**　自由加群の部分加群はまた自由加群である．

**注意**　ここで定義した自由加群 $\boldsymbol{Z}^n$ は有限生成な自由加群のことであるが，定理 100 はもっと拡張してもなりたっている．すなわち，加群 $\boldsymbol{Z}$ の任意個数の直和（この定義は後で述べる）を自由加群ということにしても，自由加群の部分加群は再び自由加群となる．このことは自由加群の著しい性質であるが，その証明はそれほど簡単ではない．

### (3)　加群の直和分解

前に，2 つの加群 $B, C$ から直和加群 $B\oplus C$ をつくることを述べたが，逆に，与えられた加群 $A$ を直和加群 $B\oplus C$ に分解することについて考えよう．

**例 101**　加群 $\boldsymbol{Z}_6$ は直和加群 $\boldsymbol{Z}_2\oplus\boldsymbol{Z}_3$ に同型である：

$$\boldsymbol{Z}_6\cong\boldsymbol{Z}_2\oplus\boldsymbol{Z}_3$$

実際，右の写像 $f$ は同型写像である．また，別証明として次頁のような同型写像を与えてもよい．

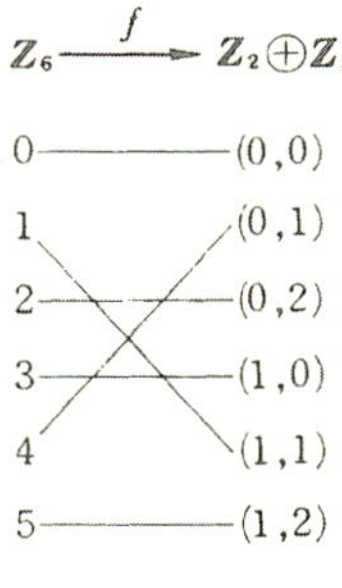


これらの同型対応は，$\boldsymbol{Z}_6$ の位数 6 の元 1 に $\boldsymbol{Z}_2\oplus\boldsymbol{Z}_3$ の位数 6 の元 $(1,1)$, $(1,2)$ を対応させてつくられている．なお，加群 $\boldsymbol{Z}_2\oplus\boldsymbol{Z}_3$ には位数 6 の元は $(1,1)$, $(1,2)$ の 2 つしかないから，同型対応の与え方はこの 2 つしかない．このうち，対応 $1\to(1,1)$ からつくられる同型写像 $f: \boldsymbol{Z}_6\to\boldsymbol{Z}_2\oplus\boldsymbol{Z}_3$ は

$$f(a)=([a]_2,\ [a]_3)$$

(たとえば $5\to(1,2)$) となっていることに注意しよう.

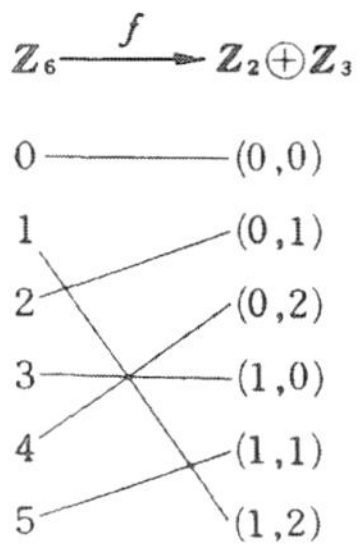


この例を一般化したつぎの定理がなりたつ.

**定理 102**　$m, n$ が互いに素な自然数ならば, 加群 $\mathbf{Z}_{mn}$ は直和加群 $\mathbf{Z}_m\oplus\mathbf{Z}_n$ に同型である：

$$\mathbf{Z}_{mn}\cong\mathbf{Z}_m\oplus\mathbf{Z}_n$$

**証明**　$1\in\mathbf{Z}_m$, $1\in\mathbf{Z}_n$ はそれぞれ位数 $m, n$ の元であり, $m, n$ は互いに素であるから, 元 $(1,1)\in\mathbf{Z}_m\oplus\mathbf{Z}_n$ の位数は $mn$ である(命題 23). したがって, $mn$ 個の元

$$(0,0),\ (1,1),\ 2(1,1),\ 3(1,1),\ \cdots,\ (mn-1)(1,1)$$

は互いに異なるが, $\mathbf{Z}_m\oplus\mathbf{Z}_n$ の元の数は $mn$ であるから, これらが $\mathbf{Z}_m\oplus\mathbf{Z}_n$ の元のすべてである. すなわち, $\mathbf{Z}_m\oplus\mathbf{Z}_n$ は $(1,1)$ を生成元とする巡回加群である. よって, 写像 $f: \mathbf{Z}_{mn}\to\mathbf{Z}_m\oplus\mathbf{Z}_n$ を

$$f(k)=k(1,1)$$

と定義すると, $f$ は同型写像になる. したがって, 加群 $\mathbf{Z}_{mn}$ は加群 $\mathbf{Z}_m\oplus\mathbf{Z}_n$ に同型である. なお, この同型写像 $f$ は

$$f(k)=([k]_m,\ [k]_n)$$

となっている(命題 84 参照). ∥

**例 103**　加群 $\mathbf{Z}_{360}$ に定理 102 を繰り返し用いると,

$$\mathbf{Z}_{360}=\mathbf{Z}_{8\cdot9\cdot5}\cong\mathbf{Z}_8\oplus\mathbf{Z}_9\oplus\mathbf{Z}_5$$

の同型を得る. 一般に, 自然数 $n$ を $n=p^aq^b\cdots r^c$ ($p, q, \cdots, r$ は異なる素数) と素因数分解するとき, 加群 $\mathbf{Z}_n$ は

$$\mathbf{Z}_n=\mathbf{Z}_{p^aq^b\cdots r^c}\cong\mathbf{Z}_{p^a}\oplus\mathbf{Z}_{q^b}\oplus\cdots\oplus\mathbf{Z}_{r^c}$$

のような直和加群に分解される.

**例 104**　複素数加群 $\mathbf{C}$ は, 2つの実数加群 $\mathbf{R}$ の直和加群 $\mathbf{R}\oplus\mathbf{R}$ に同型である：

$$\mathbf{C}\cong\mathbf{R}\oplus\mathbf{R}$$

実際, 写像 $f: \mathbf{C}\to\mathbf{R}\oplus\mathbf{R}$, $f(a+bi)=(a,b)$, $a, b\in\mathbf{R}$ は同型写像である.

### (4)　同型でない加群

いままで加群が同型になる場合について述べてきたが, つぎに同型にならない加群の例

をあげてみよう.

**例 105**　2つの加群 $\boldsymbol{Z}_4$ と $\boldsymbol{Z}_6$ は同型でない：

$$\boldsymbol{Z}_4 \not\cong \boldsymbol{Z}_6$$

もっと一般に，位数の異なる2つの加群 $A, B$ は同型になり得ない．実際，元の数が異なると，$A$ と $B$ の間に全単射が存在しないから，当然同型写像も存在し得ない．

位数の等しい2つの加群でも同型でない例はいくらでもある．

**例 106**　2つの加群 $\boldsymbol{Z}_4$, $\boldsymbol{Z}_2 \oplus \boldsymbol{Z}_2$ は同型でない：

$$\boldsymbol{Z}_4 \not\cong \boldsymbol{Z}_2 \oplus \boldsymbol{Z}_2$$

実際，$\boldsymbol{Z}_4$ には位数4の元1があるが，$\boldsymbol{Z}_2 \oplus \boldsymbol{Z}_2$ の元の位数はすべて2である．これは $\boldsymbol{Z}_4$ と $\boldsymbol{Z}_2 \oplus \boldsymbol{Z}_2$ が同型になり得ないことを示している．

**例 107**　3つの加群 $\boldsymbol{Z}_8$, $\boldsymbol{Z}_2 \oplus \boldsymbol{Z}_4$, $\boldsymbol{Z}_2 \oplus \boldsymbol{Z}_2 \oplus \boldsymbol{Z}_2$ は互いに同型でない．実際，$\boldsymbol{Z}_8$ は位数8の元1をもつが，他の加群は位数8の元を持たない．また，$\boldsymbol{Z}_4 \oplus \boldsymbol{Z}_2$ は位数4の元 $(1, 0)$ をもつが，$\boldsymbol{Z}_2 \oplus \boldsymbol{Z}_2 \oplus \boldsymbol{Z}_2$ は位数4の元をもたない．

例 106, 107 を一般化するとつぎの定理を得る．

**定理 108**　加群 $\boldsymbol{Z}_{p^r}$ は直和加群 $\boldsymbol{Z}_{p^i} \oplus \cdots \oplus \boldsymbol{Z}_{p^j}$ に同型にならない：

$$\boldsymbol{Z}_{p^r} \not\cong \boldsymbol{Z}_{p^i} \oplus \cdots \oplus \boldsymbol{Z}_{p^j} \qquad i+\cdots+j=r,\ i>0,\ \cdots,\ j>0$$

さらに $p$ が素数であるときには，加群 $\boldsymbol{Z}_{p^r}$ は2つ(以上)の加群の直和に決して分解されない：

$$\boldsymbol{Z}_{p^r} \not\cong A \oplus B \qquad A \neq 0,\ B \neq 0$$

**証明**　定理の前半は，例107のように元の位数を比較すると証明できる．定理の後半を示そう．仮りに同型写像

$$f : A \oplus B \to \boldsymbol{Z}_{p^r}$$

があったとしよう．このとき，$A \oplus B$ の部分加群 $A' = \{(a, 0) \mid a \in A\}$ の像 $f(A')$ は $A$ に同型な $\boldsymbol{Z}_{p^r}$ の部分加群になるが，定理95より $f(A')$ は $\boldsymbol{Z}_{p^r}$ の巡回部分加群になる．しかも，加群 $f(A')$ の位数は $p^r$ の約数であるが，$p$ が素数であるから，それは $p^i$ である．したがって，加群の同型 $A \cong f(A') \cong \boldsymbol{Z}_{p^i}$ が存在する．同様に，加群の同型 $B \cong \boldsymbol{Z}_{p^j}$ がある．これより加群の同型

$$\boldsymbol{Z}_{p^r} \cong A \oplus B \cong \boldsymbol{Z}_{p^i} \oplus \boldsymbol{Z}_{p^j}$$

を得るが，これは上記より起らない．以上で定理が証明された．

**例 109**　加群 $\boldsymbol{Z} \oplus \boldsymbol{Z}$ と加群 $\boldsymbol{Z}$ とは同型でない：

$$\boldsymbol{Z} \oplus \boldsymbol{Z} \not\cong \boldsymbol{Z}$$

実際，仮りに同型写像 $f: \boldsymbol{Z}\oplus\boldsymbol{Z}\to\boldsymbol{Z}$ が存在したとしよう．このとき

$$f(1, 0)=a,\quad f(0, 1)=b$$

とおくと

$$f(b, -a)=f(b(1, 0)-a(0, 1))=bf(1,0)-af(0, 1)=ba-ab=0$$

となるが，$f$ は単射であるから，$(b, -a)=0$ となる．これより $a=0$ $(b=0)$，よって $f(1, 0)=0$ を得るが，これは $f$ が単射であることに反する．よって $\boldsymbol{Z}\oplus\boldsymbol{Z}\not\cong\boldsymbol{Z}$ である．∎

この例を一般化するとつぎの定理がなりたつ．

**定理 110**　$m, n$ を異なる自然数とするとき，加群 $\boldsymbol{Z}^m$ と加群 $\boldsymbol{Z}^n$ は同型でない：

$$\overbrace{\boldsymbol{Z}\oplus\cdots\oplus\boldsymbol{Z}}^{m}\not\cong\overbrace{\boldsymbol{Z}\oplus\cdots\oplus\boldsymbol{Z}}^{n}\qquad m\neq n$$

この定理を証明するためにつぎの補題を用意しておく

**補題 111**　加群 $\boldsymbol{Z}^n$ において，$n+1$ 個以上の元 $\boldsymbol{a}_1, \boldsymbol{a}_2, \cdots, \boldsymbol{a}_m$ は $\boldsymbol{Z}$ 上1次従属である．すなわち，すべては0でない整数 $a_1, a_2, \cdots, a_m$ が存在して

$$a_1\boldsymbol{a}_1+a_2\boldsymbol{a}_2+\cdots+a_m\boldsymbol{a}_m=\boldsymbol{0}$$

となる．

**証明**　$n$ に関する帰納法で証明する．$n=1$ のときは直ぐにわかるから，加群 $\boldsymbol{Z}^{n-1}$ では主張が正しいと仮定する．さて，$\boldsymbol{Z}^n$ の $m$ 個 $(m>n)$ の元

$$\begin{cases} \boldsymbol{a}_1=(a_{11}, a_{12}, \cdots, a_{1n}) \\ \boldsymbol{a}_2=(a_{21}, a_{22}, \cdots, a_{2n}) \\ \cdots\cdots\cdots\cdots\cdots \\ \boldsymbol{a}_m=(a_{m1}, a_{m2}, \cdots, a_{mn}) \end{cases}$$

を考えよう．すべての $a_{ij}$ が0ならば明らかに補題はなりたつので，$a_{ij}$ のうちの1つは0でないとしてよいが，$a_{11}\neq 0$ としても一般性を失なわないのでそうしておく．さて，$m-1$ 個の元

$$\boldsymbol{b}_i=a_{11}\boldsymbol{a}_i-a_{i1}\boldsymbol{a}_1\qquad i=2, \cdots, m$$

を考えると，これらの元の第1成分は0となるから，これらは $\boldsymbol{Z}^{n-1}$ の元と考えられる．したがって，帰納法の仮定より，すべては0でない整数 $b_2, \cdots, b_m$ が存在して

$$b_2\boldsymbol{b}_2+\cdots+b_m\boldsymbol{b}_m=\boldsymbol{0}$$

$$b_2(a_{11}\boldsymbol{a}_2-a_{21}\boldsymbol{a}_1)+\cdots+b_m(a_{11}\boldsymbol{a}_m-a_{m1}\boldsymbol{a}_1)=\boldsymbol{0}$$

となる．$a_1=-\sum_{i=2}^{m} b_i a_{i1}$，$a_i=b_i a_{11}$，$i=2, \cdots, m$ とおくと

$$a_1\boldsymbol{a}+a_2\boldsymbol{a}_2+\cdots+a_m\boldsymbol{a}_m=\boldsymbol{0}$$

となるが，$a_i=b_ia_{11}$ であるから $a_2, \cdots, a_m$ の中に0でないものがある．以上で補題が証明された．∎

**定理110の証明** $m>n$ とし，同型写像

$$f:\ \boldsymbol{Z}^m \to \boldsymbol{Z}^n$$

が存在したとしよう．$\boldsymbol{Z}^m$ の元

$$e_1=(1, 0, \cdots, 0),\ e_2=(0, 1, 0, \cdots, 0),\ \cdots,\ e_m=(0, \cdots, 0, 1)$$

の $f$ による像 $\boldsymbol{a}_1, \boldsymbol{a}_2, \cdots, \boldsymbol{a}_m \in \boldsymbol{Z}^n$ は，補題111より $\boldsymbol{Z}$ 上1次従属であるから，すべては0でない整数 $a_1, a_2, \cdots, a_m$ が存在して

$$a_1\boldsymbol{a}_1+a_2\boldsymbol{a}_2+\cdots+a_m\boldsymbol{a}_m=0$$

となる．これより

$$a_1f(e_1)+a_2f(e_2)+\cdots+a_mf(e_m)=0$$
$$f(a_1e_1+a_2e_2+\cdots+a_me_m)=0$$
$$f(a_1, a_2, \cdots, a_m)=0$$

となるが，$f$ が単射であるから，$(a_1, a_2, \cdots, a_m)=0$，すなわち

$$a_1=a_2=\cdots=a_m=0$$

となる．これは $a_1, a_2, \cdots, a_m$ がすべては0でないという仮定に反する．以上で定理が証明された．∎

**(5) 同型に関する簡単な性質**

**命題112** 2つの加群 $A, B$ が同型であるための必要十分条件は

$$gf=1, \qquad fg=1$$

をみたす準同型写像 $f:\ A\to B$, $g:\ B\to A$ が存在することである．

**証明** 加群 $A, B$ が同型であるとすると，同型写像 $f:\ A\to B$ が存在する．$f$ は全単射であるから，$f$ の逆写像 $g:\ B\to A$ が存在して

$$gf=1, \qquad fg=1$$

をみたしている(補題68)．この $g$ が準同型写像であることを示そう．$b, b'\in B$ に対して

$$f(g(b+b'))=b+b'=f(g(b))+f(g(b'))=f(g(b)+g(b'))$$

となるが，$f$ が単射であるから

$$g(b+b')=g(b)+g(b')$$

となる．以上で必要条件が証明された．逆に，$f, g$ が定理の条件をみたすと，$f$ は全単射になる(補題68)から，$f$ は同型写像である．∎

**定理 113** 加群の集合において，同型の関係は同値法則をみたす．すなわち，加群 $A$, $B$, $C$ に対して

(1) $A\cong A$

(2) $A\cong B$ ならば $B\cong A$

(3) $A\cong B$, $B\cong C$ ならば $A\cong C$

がなりたつ．

**証明** 命題112を用いると容易に証明できる(命題89も用いる．)∥(実はこの定理を今までに証明なしに何度か用いていた)．

**定理 114** $A, B, C$ を加群とするとき，つぎの同型が存在する．

(1) $A\oplus B\cong B\oplus A$

(2) $A\oplus(B\oplus C)\cong(A\oplus B)\oplus C\cong A\oplus B\oplus C$

(3) $A\oplus 0\cong A$

**証明** (1) 写像 $f: A\oplus B\to B\oplus A$

$$f(a, b)=(b, a)$$

は同型写像である．

(2) 写像 $f: A\oplus(B\oplus C)\to A\oplus B\oplus C$

$$f((a, b), c)=(a, b, c)$$

は同型写像である．$(A\oplus B)\oplus C\cong A\oplus B\oplus C$ も同様である．

(3) 写像 $f: A\oplus 0\to A$

$$f(a, 0)=a$$

は同型写像である．∥

**注意** 定理114は，加群全体の集合 $\mathfrak{M}$ を同型の意味で類別した等化集合 $\mathfrak{M}/\sim$(次節参照)が半加群になることを示している．

## 6 剰 余 加 群

剰余加群 $A/B$ を定義する前に，類別と同値法則について説明しよう．これらは数学で最も重要な基本概念であるから，ていねいに説明することにする．

### (1) 類別と代表系

**定義** 集合$X$を互いに共通元がなく，空でない部分集合 $A, B, C, \cdots$ に分けること

$$X=A\cup B\cup C\cup\cdots$$

を$X$を**類別**するという．各部分集合 $A, B, C, \cdots$ を**類**という．$X$の元$a$はどれか1つの類に含まれており，かつ$a$を含む類はただ1つであることは明らかである．$X$の元$a$が類$A$に含まれるとき，$A$を$a$を含む類といい，記号

$$A=[a]$$

で表わす．各類 $A, B, C, \cdots$ からそれぞれ1つずつ元 $a, b, c, \cdots$ をとってきてできる集合

$$\{a, b, c, \cdots\}$$

を類別の**代表系**といい，$a, b, c, \cdots$ をそれぞれ類 $A, B, C, \cdots$ の**代表元**という．

**例 115** $\boldsymbol{Z}=\{\cdots, -2, -1, 0, 1, 2, 3, \cdots\}$ を整数全体の集合とする．偶数全体の集合および奇数全体の集合を

$$A_0=\{\cdots, -2, 0, 2, 4, \cdots\}$$
$$A_1=\{\cdots, -1, 1, 3, 5, \cdots\}$$

とおくと，$A_0$ と $A_1$ には共通元がなくて

$$\boldsymbol{Z}=A_0\cup A_1$$

となっている．すなわち，集合 $\boldsymbol{Z}$ は2つの類 $A_0, A_1$ に類別されたわけである． 1を含む類は $A_1$ である．したがって $[1]=A_1$である． 7を含む類も$A_1$であるから，$[7]=A_1$ でもある．一般に，$a$が偶数ならば $[a]=A_0$ であり，$a$が奇数ならば $[a]=A_1$ である．集合 $\{0,1\}$ はこの類別の代表系であり，集合 $\{-6,7\}$ も代表系である． この例では代表系の選び方は無数にある．

**例 116** 例115を一般化しよう．$\boldsymbol{Z}=\{\cdots, -2, -1, 0, 1, 2, 3, \cdots\}$ を整数全体の集合とし，$n$を自然数とする．このとき

$$A_0=\{\cdots, -n, 0, n, 2n, \cdots\}$$
$$A_1=\{\cdots, -n+1, 1, n+1, 2n+1, \cdots\}$$
$$A_2=\{\cdots, -n+2, 2, n+2, 2n+2, \cdots\}$$
$$\cdots\cdots\cdots\cdots\cdots\cdots\cdots\cdots\cdots$$
$$A_{n-1}=\{\cdots, -1, n-1, 2n-1, 3n-1, \cdots\}$$

とおくと，集合 $\boldsymbol{Z}$ の類別

$$\boldsymbol{Z}=A_0\cup A_1\cup\cdots\cup A_{n-1}$$

を得る．集合 $\{0, 1, 2, \cdots, n-1\}$ はこの類別の1つの代表系である．

**例 117** 集合 $\boldsymbol{Z}_6=\{0, 1, 2, 3, 4, 5\}$ において

$$A_0=\{0, 3\}, \quad A_1=\{1, 4\}, \quad A_2=\{2, 5\}$$

とおくと，集合 $\boldsymbol{Z}_6$ の類別

$$\boldsymbol{Z}_6=A_0\cup A_1\cup A_2$$

ができる．集合 $\{0,1,2\}$ はこの類別の1つの代表系である．

**(2) 同値法則**

**定義** 集合$X$に記号～で表わされる関係が定義されていて，$X$の任意の元 $x, y$ に対

して，$x \sim y$ であるか $x \sim y$ でないかのいずれかがなりたち，つぎの3つの条件

(1)　$x \sim x$　　　　　　　　　**(反射法則)**

(2)　$x \sim y$ ならば $y \sim x$　　　**(対称法則)**

(3)　$x \sim y,\ y \sim z$ ならば $x \sim z$　**(推移法則)**

をみたすとき，関係 ～ は**同値法則**をみたすという．$x \sim y$ であるとき，$x$ と $y$ は**同値**であるという．

集合 $X$ に同値法則をみたす関係 ～ が与えられているとき，同値な元をひとまとめにすると $X$ の類別ができることを示そう．

**補題 118**　集合 $X$ に同値関係 ～ が与えられているとき

$$X_a = \{x \in X \mid x \sim a\}$$

とおくと，つぎの (1), (2) がなりたつ．

(1)　$a \in X_a$

(2)　2つの $X_a, X_b$ に対して，$X_a = X_b$ か $X_a \cap X_b = \phi$ ($\phi$ は空集合) のいずれかがなりたつ．

**証明**　(1)　$a \sim a$ であるから $a \in X_a$ である．

(2) を示すためには，$X_a \cap X_b \neq \phi$ ならば $X_a = X_b$ を示すとよい．$X_a \cap X_b \neq \phi$ であるから，元 $c \in X_a \cap X_b$ を1つ選んでおく．さて，$x \in X_a$ とすると定義より $x \sim a$ である．一方，$c \in X_a$ であるから $c \sim a$ であるが，これに対称法則 (2) を用いると $a \sim c$ となる．$x \sim a,\ a \sim c$ となったから推移法則 (3) より $x \sim c$ となる．また，$c \in X_b$ であるから $c \sim b$ である．$x \sim c,\ c \sim b$ となったから再び推移法則 (3) を用いて $x \sim b$ となり，$x \in X_b$ となる．以上で $X_a \subset X_b$ が示された．$a$ と $b$ をいれかえて考えると $X_b \subset X_a$ もなりたつ．したがって $X_a = X_b$ である．▌

このようにして，互いに同値な元を1つにまとめれば $X$ を類別することができる：

$$X = X_a \cup X_b \cup X_c \cup \cdots$$

こうしてできた $X$ の類の集合 $\{X_a, X_b, X_c, \cdots\}$ を $X/\sim$ で表わし，$X/\sim$ を関係 ～ による $X$ の**等化集合**（または**商集合**）という．

**例 119**　整数全体の集合 $\boldsymbol{Z}$ において

$$a \sim b \iff a-b \text{ が2で割り切れる}$$

と定義すると，関係 ～ は同値法則をみたす．偶数同志および奇数同志は互いに同値であるが，偶数と奇数は同値でない．この同値関係 ～ による $\boldsymbol{Z}$ の類別が得られるが，この類別は例 115 の類別にほかならない：

$$\boldsymbol{Z} = A_0 \cup A_1$$

この等化集合は $\mathbb{Z}/\sim=\{A_0, A_1\}=\{[0], [1]\}$ であるが，［0］を0，［1］を1と略記するならば

$$\mathbb{Z}/\sim=\{0, 1\}$$

となる．

**例 120**　$\mathbb{Z}$ を整数全体の集合とし，$n$ を自然数とする．$\mathbb{Z}$ において

$$a\sim b \iff a-b \text{ が } n \text{ で割り切れる}$$

と定義すると，関係 $\sim$ は同値法則をみたす．この関係による $\mathbb{Z}$ の類別は例116の類別にほかならない：

$$\mathbb{Z}=A_0\cup A_1\cup A_2\cup\cdots\cup A_{n-1}$$

この等化集合は $\mathbb{Z}/\sim=\{A_0, A_1, A_2, \cdots, A_{n-1}\}=\{[0], [1], [2], \cdots, [n-1]\}$ であるが，$[0]=0, [1]=1, [2]=2, \cdots, [n-1]=n-1$ と略記するならば

$$\mathbb{Z}/\sim=\{0, 1, 2, \cdots, n-1\}$$

となる．

**例 121**　加群 $\mathbb{Z}_6=\{0, 1, 2, 3, 4, 5\}$ において

$$a\sim b \iff a-b\in\{0, 3\}$$

と定義すると，関係 $\sim$ は同値法則をみたす．この関係による $\mathbb{Z}_6$ の類別は例117の類別にほかならない：

$$\mathbb{Z}_6=A_0\cup A_1\cup A_2$$

この等化集合は $\mathbb{Z}_6/\sim=\{A_0, A_1, A_2\}=\{[0], [1], [2]\}$ であるが，$[0]=0, [1]=1, [2]=2$ と略記すると

$$\mathbb{Z}_6/\sim=\{0, 1, 2\}$$

となる．

### (3)　剰余加群

加群$A$とその部分加群$B$とから新しい加群 $A/B$ をつくろう．

$A$を加群とし，$B$を$A$の部分加群とする．$A$において

$$a\sim a' \iff a-a'\in B$$

と定義すると，関係 $\sim$ は同値法則をみたす．実際，$a-a=0\in B$ であるから $a\sim a$ である．$a\sim a'$ すなわち $a-a'\in B$ とすると，$a'-a=-(a-a')\in B$ であるから $a'\sim a$ となる．最後に，$a\sim a', a'\sim a''$ すなわち $a-a'\in B, a'-a''\in B$ とすると，$a-a''=(a-a')+(a'-a'')\in B$ となるから $a\sim a''$ となる．

さて，加群 $A$ をこの同値関係 $\sim$ により類別した等化集合 $A/\sim$ を $A/B$ で表わす．

この集合 $A/B$ に和をつぎのように定義して $A/B$ に加群の構造を入れよう.

$$[a]+[a']=[a+a']$$

この和に関して $A/B$ が加群になることを示す前に，この和が意味あることを示さなければならない．それは，$A/B$の類の代表元のとり方はいろいろあるからで，$[a]$ は $[a_1]$ であるかもしれない．だから $[a]=[a_1]$, $[a']=[a_1']$ ならば $[a+a']=[a_1+a_1']$ となること，すなわち

$$a\sim a_1,\ a'\sim a_1' \quad \text{ならば} \quad a+a'\sim a_1+a_1'$$

を示す必要がある．しかし，これは $a-a_1\in B$, $a'-a_1'\in B$ ならば, $(a+a')-(a_1+a_1')=(a-a_1)+(a'-a_1')\in B$ であるからよい．よって，和は類の代表元のとり方によらずに定義されたことになる．さて，$A/B$ がこの和に関して加群になることは，

(1)　$[a]+[a']=[a+a']=[a'+a]=[a']+[a]$

(2)　$[a]+([a']+[a''])=[a]+[a'+a'']=[a+(a'+a'')]=[(a+a')+a'']=[a+a']+[a'']=([a]+[a'])+[a'']$

(3)　$[a]+[0]=[a+0]=[a]$.

(4)　$[a]+[-a]=[a+(-a)]=[0]$

よりよい．以上のことを定義としてまとめておこう．

**定義**　$A$を加群とし，$B$を$A$の部分加群とする．$A$を

$$a\sim a' \iff a-a'\in B$$

の同値関係によって類別した等化集合 $A/B$ において，和を

$$[a]+[a']=[a+a']$$

と定義すると，$A/B$ は加群になる．この加群 $A/B$ を$A$の$B$による**剰余加群**という．

**例 122**　整数加群 $\mathbb{Z}$ のその部分加群 $2\mathbb{Z}$ による剰余加群 $\mathbb{Z}/2\mathbb{Z}$ を考えよう．$a, a'\in\mathbb{Z}$ に対して

$$\begin{aligned} a\sim a' &\iff a-a' \text{ が } 2 \text{ で割り切れる} \\ &\iff a-a'\in 2\mathbb{Z} \end{aligned}$$

であるから，例 119 の類別 $\mathbb{Z}/\sim$ は $\mathbb{Z}/2\mathbb{Z}$ のことにほかならない．$\mathbb{Z}/2\mathbb{Z}$ の 2 元 $[0]$, $[1]$ の和は

$$[0]+[0]=[0],\quad [1]+[1]=[0]$$
$$[0]+[1]=[1]+[0]=[1]$$

となるから，剰余加群 $\mathbb{Z}/2\mathbb{Z}$ は加群 $\mathbb{Z}_2$ に同型である：

$$\mathbb{Z}/2\mathbb{Z}\cong\mathbb{Z}_2$$

**例 123**　整数加群 $\boldsymbol{Z}$ のその部分加群 $n\boldsymbol{Z}$ による剰余加群 $\boldsymbol{Z}/n\boldsymbol{Z}$ を考えよう．$a, a' \in \boldsymbol{Z}$ に対して

$$a \sim a' \iff a-a' \text{ が } n \text{ で割り切れる}$$
$$\iff a-a' \in n\boldsymbol{Z}$$

であるから，例 120 の類別 $\boldsymbol{Z}/\sim$ は $\boldsymbol{Z}/n\boldsymbol{Z}$ のことであり，剰余加群 $\boldsymbol{Z}/n\boldsymbol{Z}$ の構造は加群 $\boldsymbol{Z}_n$ と同じである．すなわち，剰余加群 $\boldsymbol{Z}/n\boldsymbol{Z}$ は加群 $\boldsymbol{Z}_n$ に同型である：

$$\boldsymbol{Z}/n\boldsymbol{Z} \cong \boldsymbol{Z}_n$$

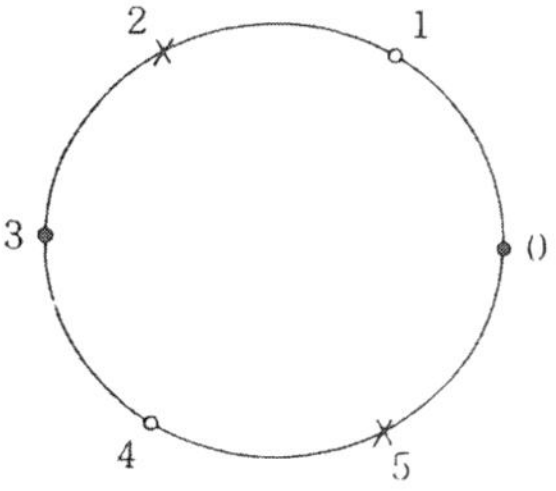


**注意**　例 123 で加群同型 $\boldsymbol{Z}/n\boldsymbol{Z} \cong \boldsymbol{Z}_n$ を示したが，実は，加群 $\boldsymbol{Z}_n$ の定義を剰余加群 $\boldsymbol{Z}/n\boldsymbol{Z}$ であるとする方が何かと都合がよい．そうすると，今までの苦しい述べ方（たとえば，$\boldsymbol{Z}_n$ の元 $a$ を一旦整数と思って…など）をしなくてすむ．

**例 124**　加群 $\boldsymbol{Z}_6$ の部分加群 $\{0, 3\}$ による剰余加群 $\boldsymbol{Z}_6/\{0, 3\} = \{A_0, A_1, A_2\} = \{0, 1, 2\}$（例 121）は加群 $\boldsymbol{Z}_3$ に同型である：

$$\boldsymbol{Z}_6/\{0, 3\} \cong \boldsymbol{Z}_3 \qquad (\boldsymbol{Z}_6/\boldsymbol{Z}_2 \cong \boldsymbol{Z}_3 \,!!)$$

**例 125**　加群 $\boldsymbol{Z} \oplus \boldsymbol{Z}$ の部分加群 $\{(m, 2m) \mid m \in \boldsymbol{Z}\}$ による剰余加群は加群 $\boldsymbol{Z}$ に同型である：

$$\boldsymbol{Z} \oplus \boldsymbol{Z}/\{(m, 2m)\} \cong \boldsymbol{Z}$$

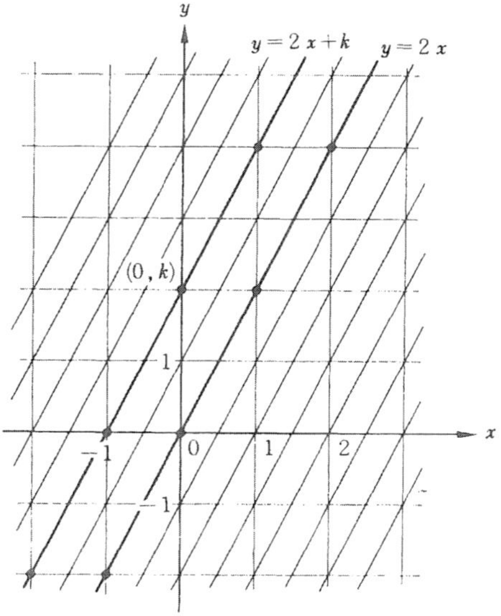

実際，前図において，直線 $y=2x+k$ 上の格子点が同じ類に属し，各類の代表元に $y$ 軸上の格子点 $(0, k)$ を選ぶことができる．だから，集合として

$$\boldsymbol{Z}\oplus\boldsymbol{Z}/\{(m, 2m)\}=\{[(0, k)]\mid k\in\boldsymbol{Z}\}$$

となっている．しかも，類の和は

$$[(0, k)]+[(0, l)]=[(0, k+l)]$$

となっているから，$[(0, k)]$ に $k\in\boldsymbol{Z}$ を対応させることにより，剰余加群 $\boldsymbol{Z}\oplus\boldsymbol{Z}/\{(m, 2m)\}$ は加群 $\boldsymbol{Z}$ に同型になる．

**例 126** 加群 $\boldsymbol{Z}\oplus\boldsymbol{Z}$ の部分加群 $\{(2m, 4m)\mid m\in\boldsymbol{Z}\}$ による剰余加群は加群 $\boldsymbol{Z}_2\oplus\boldsymbol{Z}$ に同型である：

$$\boldsymbol{Z}\oplus\boldsymbol{Z}/\{(2m, 4m)\}\cong\boldsymbol{Z}_2\oplus\boldsymbol{Z}$$

実際，下図において，直線 $y=2x+k$ の上の格子点は１つおきに同じ類の元である．一方

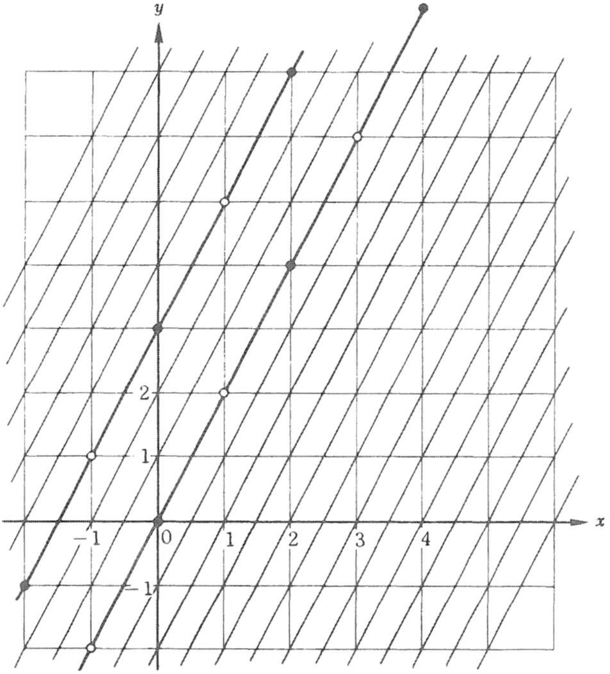


の類（黒丸の方）の代表元は $(0, k)$ に選べる．他方の類（白丸の方）の代表元は $(1, k+2)=(1, 2)+(0, k)$ に選べるが，類 $[(1, 2)]$ は

$$2[(1, 2)]=[(2, 4)]=0$$

となるから，位数2の元である．このことに注意して

$$[(1, 2)] \quad \text{に対し} \quad \boldsymbol{Z}_2 \text{ の } 1 \text{ を}$$
$$[(0, k)] \quad \text{に対し} \quad \boldsymbol{Z} \text{ の } k \text{ を}$$

対応させると，$\boldsymbol{Z}\oplus\boldsymbol{Z}/\{(m, 2m)\}$ が $\boldsymbol{Z}_2\oplus\boldsymbol{Z}$ に同型になることが示される．

もう少し剰余加群の例をあげておこう．

**例 127**
$$\boldsymbol{Z}\oplus\boldsymbol{Z}/\{(m, 0)\mid m\in\boldsymbol{Z}\}\cong\boldsymbol{Z}$$

以後，分母の $m\in\boldsymbol{Z}$ 等を省略してかくことにする．

$$\boldsymbol{Z}\oplus\boldsymbol{Z}/\{(2m, 0)\}\cong\boldsymbol{Z}_2\oplus\boldsymbol{Z}$$
$$\boldsymbol{Z}\oplus\boldsymbol{Z}/\{(2m, n)\}\cong\boldsymbol{Z}_2$$
$$\boldsymbol{Z}\oplus\boldsymbol{Z}/\{(2m, 3m)\}\cong\boldsymbol{Z}_2\oplus\boldsymbol{Z}_3$$
$$\boldsymbol{Z}\oplus\boldsymbol{Z}/\{(m+n, m-n)\}\cong\boldsymbol{Z}_2$$
$$\boldsymbol{Z}\oplus\boldsymbol{Z}/\{(4m-2n, 2m+2n)\}\cong\boldsymbol{Z}_2\oplus\boldsymbol{Z}_6$$
$$\boldsymbol{Z}\oplus\boldsymbol{Z}/\{(2m+4n, 8m+11n)\}\cong\boldsymbol{Z}_2\oplus\boldsymbol{Z}_5$$
$$\boldsymbol{Z}\oplus\boldsymbol{Z}\oplus\boldsymbol{Z}/\{(2k+2m+4n, -8k+4m-4n, -6k+6m)\}\cong\boldsymbol{Z}_2\oplus\boldsymbol{Z}_{12}\oplus\boldsymbol{Z}$$

読者のなかには，例 126 などの同型の証明を説明不十分と感じた方もおられたかもしれない．また，証明を与えることよりも，上の左のような剰余加群を与えられたとき，右の加群を見つけることの方が難しいのではないかと思う．そこでこれらのことについて説明するのが次節からの話題となる．

## 7　準同型定理

剰余加群 $A/B$ の構造をみるには，つぎに述べる準同型定理を用いるのがよい．この準同型定理は群論の重要な基本定理であるから，写像についてもう少し補足し，詳しく説明しよう．

### (1)　誘導された写像

**定義**　集合 $X, Y$ と写像 $f: X\to Y$ が与えられ，さらに $X$ に同値関係～が与えられているとする．さて，写像 $f: X\to Y$ が条件

$$x\sim x' \quad \text{ならば} \quad f(x)=f(x')$$

をみたしているとする．(このとき，写像 $f$ は関係 ～ に関して **well-defined** であるという)．この仮定は，等化集合 $X/\sim$ の各類に対して，その代表元 $x$ の選び方に関係せずに $f(x)$ の値が一定であることを示している．したがって

$$\bar{f}([x])=f(x)$$

と定義すると，写像 $\bar{f}: X/\sim \to Y$ が得られる．この写像 $\bar{f}$ を，$f$ より**誘導された写像**という．

**補題 128** 条件と記号を上記の通りとすると，つぎの (1), (2) がなりたつ．

(1) $f: X \to Y$ が全射ならば，$\bar{f}: X/\sim \to Y$ も全射である．

(2) $f: X \to Y$ が条件

$$x \sim x' \iff f(x) = f(x')$$

をみたすならば，$\bar{f}: X/\sim \to Y$ は単射である．

**証明** (1) $y \in Y$ に対して，$f$ が全射であるから，$f(x)=y$ となる $x \in X$ がある．$[x] \in X/\sim$ を考えると，$\bar{f}([x]) = f(x) = y$ となる．よって $\bar{f}$ は全射である．

(2) $\bar{f}([x]) = \bar{f}([x'])$ とすると，定義より $f(x) = f(x')$ である．条件より $x \sim x'$ となるから $[x] = [x']$ である．よって $\bar{f}$ は単射である．‖

誘導された写像の例として，準同型写像から誘導される準同型写像について述べよう．

**命題 129** $A, A'$ を加群とし，$B, B'$ をそれぞれ $A, A'$ の部分加群とし，さらに $f: A \to A'$ を

$$f(B) \subset B'$$

をみたす準同型写像とする．このとき，写像 $\bar{f}: A/B \to A'/B'$ を

$$f([a]) = [f(a)]$$

と定義すると，$\bar{f}$ は準同型写像になる．なお，$f$ が全射(準同型写像)ならば $\bar{f}$ も全射 (準同型写像)である．

**証明** まず，写像 $\bar{f}: A/B \to A'/B'$ が well-defined であること，すなわち，$a_1, a_2 \in A$ に対して

$$a_1 \sim a_2 \quad \text{ならば} \quad [f(a_1)] = [f(a_2)]$$

となることを示そう．$a_1 \sim a_2$ ならば $a_1 - a_2 \in B$ であるから，$f$ の条件より，$f(a_1) - f(a_2) = f(a_1 - a_2) \in f(B) \subset B'$ となる．よって $[f(a_1)] = [f(a_2)]$ である．さて，$\bar{f}$ が準同型写像であることは

$$\begin{aligned} \bar{f}([a_1]+[a_2]) &= \bar{f}([a_1+a_2]) = [f(a_1+a_2)] = [f(a_1)+f(a_2)] \\ &= [f(a_1)] + [f(a_2)] = \bar{f}([a_1]) + \bar{f}([a_2]) \end{aligned}$$

よりよい．なお，$f$ が全射ならば $\bar{f}$ も全射になることは 補題 128 (1) である．‖

**例 130** 加群 $\mathbb{Z}$ とその部分加群 $6\mathbb{Z}$ と $3\mathbb{Z}$ を考えよう．恒等写像 $f: \mathbb{Z} \to \mathbb{Z}$

$$f(a) = a$$

は明らかに $f(6\mathbb{Z}) \subset 3\mathbb{Z}$ をみたしている．よって命題 129 より，$f$ は全射準同型写像

$$\bar{f}: \boldsymbol{Z}_6 = \boldsymbol{Z}/6\boldsymbol{Z} \to \boldsymbol{Z}/3\boldsymbol{Z} = \boldsymbol{Z}_3$$

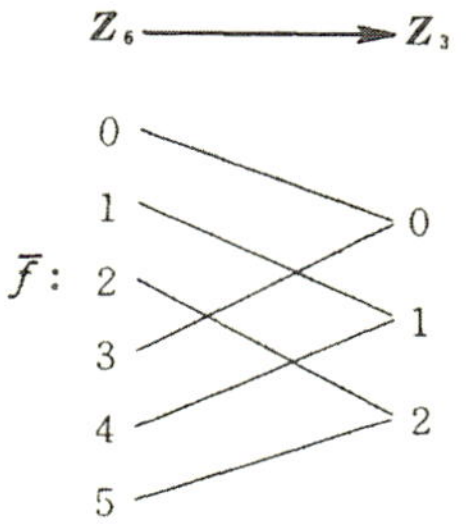


を誘導する．もっと一般に，恒等写像 $f: \boldsymbol{Z} \to \boldsymbol{Z}$ は全射準同型写像

$$\bar{f}: \boldsymbol{Z}_{mn} = \boldsymbol{Z}/mn\boldsymbol{Z} \to \boldsymbol{Z}/n\boldsymbol{Z} = \boldsymbol{Z}_n, \quad \bar{f}([k]) = [k]$$

を誘導する（命題84参照）

**例 131** 加群 $\boldsymbol{Z}$ とその部分加群 $6\boldsymbol{Z}$ と $4\boldsymbol{Z}$ を考えよう．準同型写像 $f: \boldsymbol{Z} \to \boldsymbol{Z}$

$$f(a) = 2a$$

は $f(6\boldsymbol{Z}) = 12\boldsymbol{Z} \subset 4\boldsymbol{Z}$ をみたしている． よって命題 129 より，$f$ は準同型写像

$$\bar{f}: \boldsymbol{Z}_6 = \boldsymbol{Z}/6\boldsymbol{Z} \to \boldsymbol{Z}/4\boldsymbol{Z} = \boldsymbol{Z}_4$$

を誘導する．

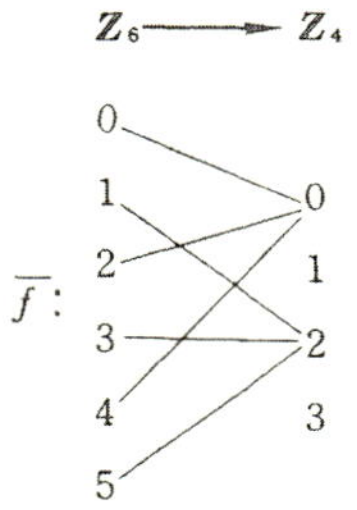


### (2) 準同型定理

加群 $A$ の部分加群 $B$ による剰余加群 $A/B$ を考え，$a \in A$ に $a$ を含む類 $[a] \in A/B$ を対応させる写像

$$p: A \to A/B, \quad p(a) = [a]$$

をつくると，$p$ は全射準同型写像になっている．実際，$p$ が全射であることは自明であり，$p$ が準同型写像であることは

$$p(a+a') = [a+a'] = [a] + [a'] = p(a) + p(a')$$

となるからである．この $p$ を**自然な射影（準同型写像）**という．つぎの準同型定理はこの逆がなりたつことを主張する定理である．

**定理 132（準同型定理）** $A, C$ を加群とし，$f: A \to C$ を全射準同型写像とする．このとき，$f$ の核を $B = \mathrm{Ker}\, f = \{a \in A \mid f(a) = 0\}$ とし，写像 $\bar{f}: A/B \to C$ を

$$\bar{f}([a]) = f(a)$$

と定義すると，$\bar{f}$ は同型写像となる．したがって，加群 $A/B$ と加群 $C$ は同型である：

$$A/B \cong C$$

**証明** $a, a' \in A$ に対し

$$a \sim a' \iff f(a) = f(a')$$

がなりたつ． 実際，$a \sim a'$ ならば，定義より $a - a' \in B = \mathrm{Ker}\, f$ である．したがって $f(a-a') = 0$, $f(a) - f(a') = 0$ より $f(a) = f(a')$ となる．逆は今の計算を逆にたどればよ

い．このことと $f$ が全射であるという仮定より，$f$ は全単射 $\bar{f}$: $A/B \to C$, $\bar{f}([a])=f(a)$ を誘導する(補題128)．この $\bar{f}$ は準同型写像である．実際，

$$\bar{f}([a]+[a])=\bar{f}([a+a'])=f(a+a')=f(a)+f(a')=\bar{f}([a])+\bar{f}([a'])$$

となるからである．よって $\bar{f}$ は同型写像であり，定理が証明された．∎

**例 133** 写像 $f$: $\boldsymbol{Z} \to \boldsymbol{Z}_2$

$$f(2k)=0, \quad f(2k+1)=1$$

は全射準同型写像であった(例71)．$f$ の核は $2\boldsymbol{Z}$ であるから，準同型定理より，$f$ は加群の同型

$$\boldsymbol{Z}/2\boldsymbol{Z} \cong \boldsymbol{Z}_2$$

を誘導する(例 122 参照)．

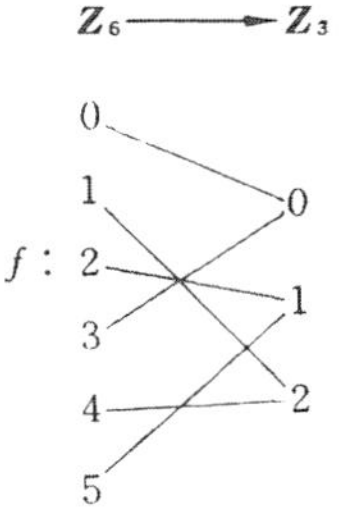


**例 134** 右の図の写像 $f$: $\boldsymbol{Z}_6 \to \boldsymbol{Z}_3$ は全射準同型写像であった(例80)．$f$ の核は $\{0, 3\}$ であるから，準同型定理より，$f$ は加群の同型

$$\boldsymbol{Z}_6/\{0, 3\} \cong \boldsymbol{Z}_3$$

を誘導する(例 124 参照)

**例 135** 写像 $f$: $\boldsymbol{Z} \oplus \boldsymbol{Z} \to \boldsymbol{Z}$

$$f(m, n)=n$$

は明らかに全射準同型写像である．$f$ の核は $\{(m, 0) \mid m \in \boldsymbol{Z}\}$ であるから，準同型定理より，$f$ は加群の同型

$$\boldsymbol{Z} \oplus \boldsymbol{Z}/\{(m, 0)\} \cong \boldsymbol{Z}$$

を誘導する．

この例はつぎの命題の特別の場合である．

**命題 136** 直和加群 $A \oplus B$ の部分加群 $A'=\{(a, 0) \mid a \in A\}$ による剰余加群 $A \oplus B/A'$ は加群 $B$ に同型である：

$$A \oplus B/A' \cong B$$

**証明** 写像 $f$: $A \oplus B \to B$ を

$$f(a, b)=b$$

と定義すると，$f$ は全射準同型写像である．$f$ の核は $A'=\{(a, 0) \mid a \in A\}$ であるから，準同型定理より，加群の同型 $A \oplus B/A' \cong B$ を得る．∎

**例 137** 写像 $f$: $\boldsymbol{Z} \oplus \boldsymbol{Z} \to \boldsymbol{Z}_2 \oplus \boldsymbol{Z}_3$ を

$$f(a, b)=([a]_2, [b]_3)$$

と定義すると，$f$ は全射準同型写像である．$f$ の核は $B=\{(2m, 3n)\,|\,m, n\in\mathbb{Z}\}$ である．実際，$f(B)=0$ は明らかであり，逆に，$f(a, b)=0$ とすると，$([a]_2, [b]_3)=0$, $[a]_2=0$, $[b]_3=0$ より $a=2m$, $b=3n$ と表わされるからである．よって準同型定理より，$f$ は加群の同型

$$\mathbb{Z}\oplus\mathbb{Z}/\{(2m, 3n)\}\cong\mathbb{Z}_2\oplus\mathbb{Z}_3$$

を誘導する．

この例はつぎの命題の特別の場合である．

**命題 138** $A, A'$ を加群とし，$B, B'$ をそれぞれ $A, A'$ の部分加群とする．このとき，直和加群 $A\oplus A'$ の部分加群 $B\oplus B'$ による剰余加群 $A\oplus A'/B\oplus B'$ は加群 $A/B\oplus A'/B'$ に同型である：

$$A\oplus A'/B\oplus B'\cong A/B\oplus A'/B'$$

**証明**

$$p: A\to A/B,\quad p(a)=[a]$$
$$p': A'\to A'/B',\quad p'(a')=[a']$$

が全射準同型写像であることに注意して，写像 $f: A\oplus A'\to A/B\oplus A'/B'$ を

$$f(a, a')=(p(a), p'(a'))$$

と定義すると，$f$ は全射準同型写像になる．$f$ の核は明らかに $B\oplus B'$ であるから，準同形定理より，$f$ は加群の同型 $A\oplus A'/B\oplus B'\cong A/B\oplus A'/B'$ を誘導する．∎

この命題を繰り返し用いるとつぎの定理を得る．この定理は後でしばしば用いられる．

**定理 139** $d_1, \cdots, d_n$ を 0 または正の整数とするとき，加群 $\mathbb{Z}^n$ の部分加群 $\{(d_1m_1, \cdots, d_nm_n)\,|\,m_i\in\mathbb{Z}\}=d_1\mathbb{Z}\oplus\cdots\cdots\oplus d_n\mathbb{Z}$ による剰余加群は加群 $\mathbb{Z}_{d_1}\oplus\cdots\oplus\mathbb{Z}_{d_n}$ に同型である：

$$\mathbb{Z}\oplus\cdots\oplus\mathbb{Z}/\{(d_1m_1, \cdots, d_nm_n)\}=\mathbb{Z}\oplus\cdots\oplus\mathbb{Z}/d_1\mathbb{Z}\oplus\cdots\oplus d_n\mathbb{Z}\cong\mathbb{Z}_{d_1}\oplus\cdots\oplus\mathbb{Z}_{d_n}$$

だたし，$\mathbb{Z}_0=\mathbb{Z}$, $\mathbb{Z}_1=0$ と約束する．なお，この同型は，全射準同型写像 $f: \mathbb{Z}\oplus\cdots\oplus\mathbb{Z}\to\mathbb{Z}_{d_1}\oplus\cdots\oplus\mathbb{Z}_{d_n}$

$$f(a_1, \cdots, a_n)=([a_1]_{d_1}, \cdots, [a_n]_{d_n})$$

（ただし，$[a]_0=a$, $[a]_1=0$ と約束する）から誘導されている．

**例 140** 例 125 の加群の同型

$$\mathbb{Z}\oplus\mathbb{Z}/\{(m, 2m)\}\cong\mathbb{Z}$$

を準同型定理を用いて証明しよう．写像 $f: \mathbb{Z}\oplus\mathbb{Z}\to\mathbb{Z}$ を

$$f(m, n)=-2m+n$$

と定義すると，$f$ は全射準同型写像である．実際，$n\in\mathbb{Z}$ に対し，$(0, n)\in\mathbb{Z}\oplus\mathbb{Z}$ をとると，$f(0, n)=0+n=n$ となるから $f$ は全射である．また

$$f((m,n)+(m',n'))=f(m+m',n+n')=-2(m+m')+(n+n')$$
$$=(-2m+n)+(-2m'+n')=f(m,n)+f(m',n')$$

より $f$ は準同型写像である．$f$ の核 $\mathrm{Ker}\, f$ は $B=\{(m,2m)\mid m\in\boldsymbol{Z}\}$ である．実際，$(m,2m)\in B$ ならば $f(m,2m)=-2m+2m=0$ となるから $B\subset\mathrm{Ker}\, f$ である．逆に，$(m,n)\in\mathrm{Ker}\, f$ ならば，$0=f(m,n)=-2m+n$ より $n=2m$ となるから，$(m,n)=(m,2m)\in B$ となる．よって $\mathrm{Ker}\, f\subset B$ となり，$\mathrm{Ker}\, f=B$ が示された．よって準同型定理より，$f$ は加群の同型 $\boldsymbol{Z}\oplus\boldsymbol{Z}/\{(m,2m)\}\cong\boldsymbol{Z}$ を誘導する．

**例 141**　例 126 の加群の同型

$$\boldsymbol{Z}\oplus\boldsymbol{Z}/\{2m,4m\}\cong\boldsymbol{Z}_2\oplus\boldsymbol{Z}$$

を準同型定理を用いて証明しよう．写像 $f:\boldsymbol{Z}\oplus\boldsymbol{Z}\to\boldsymbol{Z}_2\oplus\boldsymbol{Z}$ を

$$f(a,b)=([a]_2,-2a+b)$$

と定義すると，$f$ は全射準同型写像である．実際，$\boldsymbol{Z}_2\oplus\boldsymbol{Z}$ の生成系 $(1,0),(0,1)$ に対して，$(1,2),(0,1)\in\boldsymbol{Z}\oplus\boldsymbol{Z}$ を考えると

$$f(1,2)=([1]_2,-2+2)=(1,0),\ f(0,1)=(0,1)$$

となるから $f$ は全射である(命題 88)．$f$ が準同型写像であることを示すのは容易である．$f$ の核 $\mathrm{Ker}\, f$ は

$$B=\{(2m,4m)\mid m\in\boldsymbol{Z}\}$$

である．実際，$(2m,4m)\in B$ ならば $f(2m,4m)=([2m]_2,-2\cdot 2m+4m)=(0,0)$ となるから $B\subset\mathrm{Ker}\, f$ である．逆に，$(a,b)\in\mathrm{Ker}\, f$ ならば，$(0,0)=f(a,b)=([a]_2,-2a+b)$，$[a]_2=0,\ b=2a$ より $a=2m,\ b=4m$ と表わせるから，$(a,b)=(2m,4m)\in B$ となる．よって $\mathrm{Ker}\, f\subset B$ となり，$\mathrm{Ker}\, f=B$ が示された．よって準同型定理より，$f$ は加群の同型 $\boldsymbol{Z}\oplus\boldsymbol{Z}/\{(2m,4m)\}\cong\boldsymbol{Z}_2\oplus\boldsymbol{Z}$ を誘導する．

**例 142**　例 127 の加群の同型

$$\boldsymbol{Z}\oplus\boldsymbol{Z}/\{(m+n,m-n)\}\cong\boldsymbol{Z}_2$$

を証明しよう．写像 $f:\boldsymbol{Z}\oplus\boldsymbol{Z}\to\boldsymbol{Z}_2$ を

$$f(a,b)=[a+b]_2$$

と定義すると，$f$ は全射準同型写像である．$f$ が全射であることは

$$f(1,0)=1$$

よりよい．$f$ の核 $\mathrm{Ker}\, f$ は

$$B=\{(m+n,m-n)\mid m,n\in\boldsymbol{Z}\}$$

である．実際，$f(m+n,m-n)=[2m]_2=0$ より $B\subset\mathrm{Ker}\, f$ である．逆に，$(a,b)\in\mathrm{Ker}\, f$

とすると，$0=f(a,b)=[a+b]_2$ より $a+b=2m$ と書ける．$a-m=n$ とおくと，$b=m-n$ となるので $(a,b)=(m+n,m-n)\in B$ となる．よって $B=\mathrm{Ker}\,f$ である．よって準同型定理より，$f$ は加群の同型 $\mathbb{Z}\oplus\mathbb{Z}/\{(m+n,m-n)\}\cong\mathbb{Z}_2$ を誘導する．

**例 143**　例 127 の加群の同型

$$\mathbb{Z}\oplus\mathbb{Z}/\{(4m-2n,2m+2n)\}\cong\mathbb{Z}_2\oplus\mathbb{Z}_6$$

を証明しよう．写像 $f:\mathbb{Z}\oplus\mathbb{Z}\to\mathbb{Z}_2\oplus\mathbb{Z}_6$ を

$$f(a,b)=([b]_2,[a+b]_6)$$

と定義すると，$f$ は全射準同型写像である．実際，$\mathbb{Z}_2\oplus\mathbb{Z}_6$ の生成系 $(1,0),(0,1)$ に対して $(-1,1),(1,0)\in\mathbb{Z}\oplus\mathbb{Z}$ を考えると

$$f(-1,1)=(1,0),\qquad f(1,0)=(0,1)$$

となるから $f$ は全射である．$f$ が準同型写像であることを示すのは容易である．$f$ の核 $\mathrm{Ker}\,f$ は

$$B=\{(-2k+6l,2k)\mid k,l\in\mathbb{Z}\}$$

である．実際，$f(-2k+6l,2k)=([2k]_2,[6l]_6)=(0,0)$ より $B\subset\mathrm{Ker}\,f$ である．逆に，$(a,b)\in\mathrm{Ker}\,f$ ならば，$(0,0)=f(a,b)=([b]_2,[a+b]_6)$，$[b]_2=0[a+b]_6=0$ より $b=2k$，$a+b=6l$ とかけるから，$(a,b)=(-2k+6l,2k)\in B$ となる．よって $B=\mathrm{Ker}\,f$ である．しかるに，この部分加群 $B$ は部分加群

$$\{(4m-2n,2m+2n)\mid m,n\in\mathbb{Z}\}$$

と同じであった(例50)．よって準同型定理より，$f$ は加群の同型 $\mathbb{Z}\oplus\mathbb{Z}/\{(4m-2n,2m+2n)\}\cong\mathbb{Z}_2\oplus\mathbb{Z}_6$ を誘導する．

なお，例 127 の加群の同型

$$\mathbb{Z}\oplus\mathbb{Z}/\{(2m+4n,8m+11n)\}\cong\mathbb{Z}_2\oplus\mathbb{Z}_5$$

を証明するには，全射準同型写像 $f:\mathbb{Z}\oplus\mathbb{Z}\to\mathbb{Z}_2\oplus\mathbb{Z}_5$

$$f(a,b)=([a]_2,[4a-b]_5)$$

を用いるとできるので，各自確かめておいて下さい．

上記のようにすると加群同型の証明ができたが，例 127 のような剰余加群 $A/B$ がどのような加群になるのか，またそれを証明するための全射準同型写像 $f:A\to C$ をどのようにして見つけたらよいのかということについては未だ触れていない．それがこれからの主な話題となる．

## 8　完全系列

剰余加群 $A/B=C$ をつぎのような図式

$$0 \longrightarrow B \xrightarrow{f} A \xrightarrow{g} C \longrightarrow 0$$

で表わすことを考えよう．$A/B=C$ と書くのと $0\to B\to A\to C\to 0$ と書くのとは同じ内容であるが，剰余加群をこのような系列で表わすと考え易くて何かと便利である．事実，代数位相幾何学やホモロジー代数学等はこの完全系列に負う所が非常に大きい．数学の発展に記号の発明，発見が大きな貢献をすることがしばしばあるが，この完全系列もその1つといえるであろう．

（1）**完全系列**

**定義**　加群 $A_n$ と準同型写像 $f_n: A_n\to A_{n-1}$ の系列

$$\cdots \longrightarrow A_{n+1} \xrightarrow{f_{n+1}} A_n \xrightarrow{f_n} A_{n-1} \longrightarrow \cdots$$

において，すべての $n$ に対して

$$\mathrm{Im} f_{n+1} = \mathrm{Ker} f_n$$

がなりたつとき，この系列は**完全**であるという．

条件 $\mathrm{Im} f_{n+1}=\mathrm{Ker} f_n$ はつぎの2つの条件(1),(2)と同じ内容である．

(1)　$f_n(f_{n+1}(b))=0 \qquad b\in A_{n+1}$

(2)　$a\in A_n$ が $f_n(a)=0$ ならば，$f_{n+1}(b)=a$ となる $b\in A_{n+1}$ が存在する．

まず，つぎの簡単な命題から始めよう．

**命題 144**　$A, B$ を加群とし，$f: A\to B$ を準同型写像とする．このときつぎの(1),(2)がなりたつ．

(1)　　$f$ が単射 $\iff$ $0 \longrightarrow A \xrightarrow{f} B$ が完全

(2)　　$f$ が全射 $\iff$ $A \xrightarrow{f} B \longrightarrow 0$ が完全

**注意**　準同型写像 $g: 0\to A$, $h: B\to 0$ は零写像に限るので，$g, h$ を省略してある．

**命題 144 の証明**　(1)　$0\to A\xrightarrow{f} B$ が完全であることは $\ker f=0$ を意味する．これは $f$ が単射と同じ条件である（命題87）．

(2)　$A\xrightarrow{f} B\to 0$ が完全であることは $\mathrm{Im} f=B$ を意味する．これは $f$ が全射と同じ条件である．∎

### (2) **短完全系列**

加群の完全系列のうち

$$0 \longrightarrow B \xrightarrow{f} A \xrightarrow{g} C \longrightarrow 0$$

の形の完全系列を**短完全系列**ということがある．

**例 145**

$$0 \longrightarrow \boldsymbol{Z} \xrightarrow{f} \boldsymbol{Z} \xrightarrow{g} \boldsymbol{Z}_2 \longrightarrow 0$$

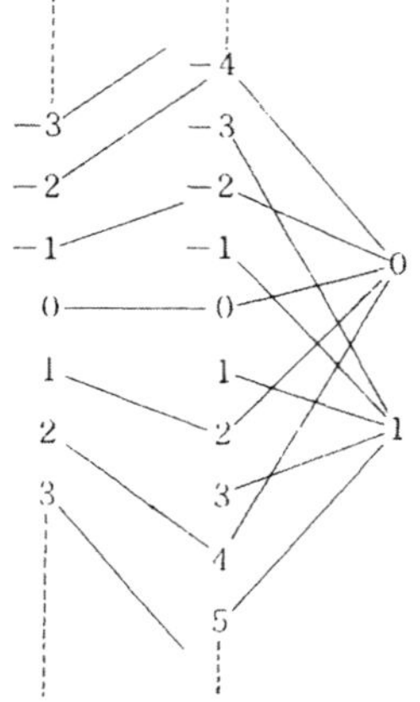


は完全系列である。

**例 146**

$$0 \longrightarrow \boldsymbol{Z}_2 \xrightarrow{f} \boldsymbol{Z}_4 \xrightarrow{g} \boldsymbol{Z}_2 \longrightarrow 0$$

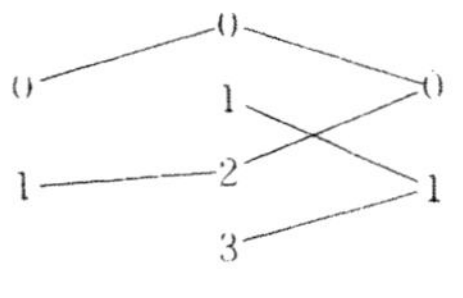


は完全系列である。

また

$$0 \longrightarrow \boldsymbol{Z}_2 \xrightarrow{f} \boldsymbol{Z}_2 \dotplus \boldsymbol{Z}_2 \xrightarrow{g} \boldsymbol{Z}_2 \longrightarrow 0$$

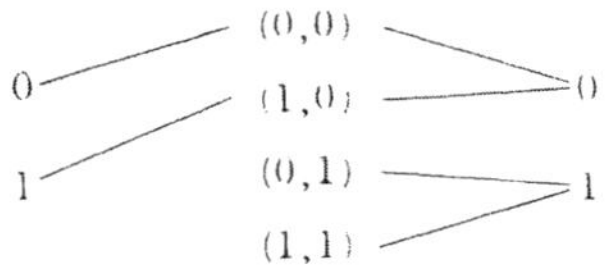


も完全系列である。

**例 147**

$$0 \longrightarrow \boldsymbol{Z}_2 \xrightarrow{f} \boldsymbol{Z}_6 \xrightarrow{g} \boldsymbol{Z}_3 \longrightarrow 0$$

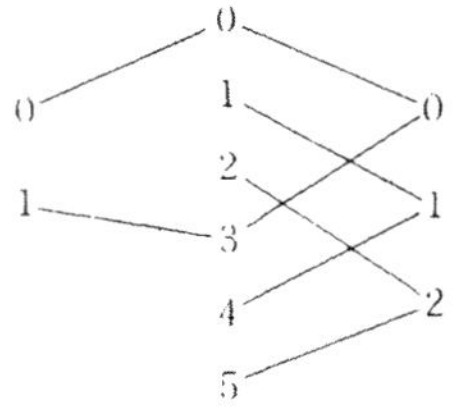


は完全系列である．

また

$$0 \longleftarrow \boldsymbol{Z}_2 \xleftarrow{k} \boldsymbol{Z}_6 \xleftarrow{h} \boldsymbol{Z}_3 \longleftarrow 0$$

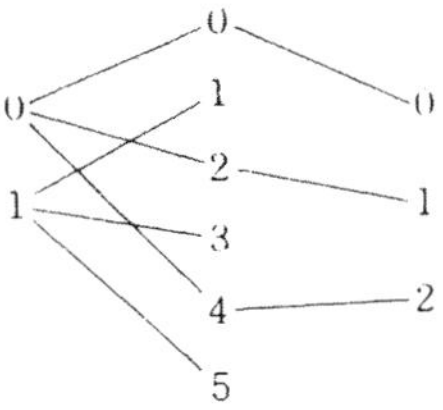


も完全系列である（向きが逆になっていることに注意）．

つぎの定理は，剰余加群と短完全系列と本質的に同じであることを示している．

**定理 148**　(1)　$A$を加群とし，$B$を$A$の部分加群とするとき

$$0 \longrightarrow B \xrightarrow{i} A \xrightarrow{p} A/B \longrightarrow 0$$

は短完全系列である．ここに $i$ は包含写像，$p$ は自然な射影である：

$$i(b)=b \qquad b\in B, \qquad\qquad p(a)=[a] \qquad a\in A$$

(2)

$$0 \longrightarrow B \xrightarrow{f} A \xrightarrow{g} C \longrightarrow 0$$

を加群の短完全系列とするとき，加群の同型

$$A/B' \cong C$$

が存在する．ここに $B'=\mathrm{Im}\, f=f(B)$ である．（$B'$ は$B$に同型な$A$の部分加群である）．

**証明**　(1)　$i$ が単射準同型写像であり，$p$ が全射準同型写像である．また，明らかに $\mathrm{Im}\, i=B=\mathrm{Ker}\, p$ がなりたっている．

(2)　全射準同型写像 $g: A\to C$ に対して準同型定理を用いると，$A/B'=A/\mathrm{Im}\, f=A/\mathrm{Ker}\, g\cong C$ を得る．∎

**命題 149**

$$A \xrightarrow{f} A \xrightarrow{g} C \longrightarrow 0$$

を加群の完全系列とするとき，加群の同型

$$A/f(A)\cong C$$

が存在する.

**証明**　全射準同型写像 $g: A\to C$ に対して準同型定理を用いると, $A/f(A)=A/\mathrm{Im}\,f=A/\mathrm{Ker}\,g\cong C$ を得る. ∎

最後に, 練習問題的なやさしい命題を1つあげておく. これを剰余加群 $A/B$ の構造を知るために後で用いる.

**命題150**　加群と準同型写像の図形

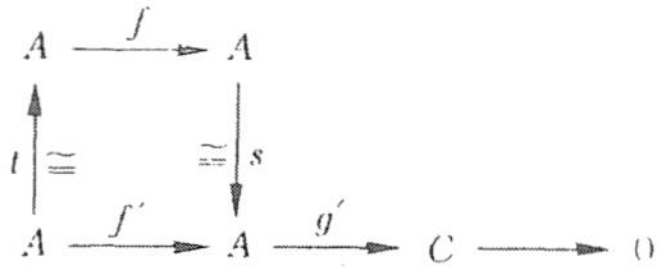


において, $s, t: A\to A$ は同型写像で, $f$ と $f'$ は

$$f'=sft$$

の関係にあり, さらに, 下段の系列 $A\xrightarrow{f'}A\xrightarrow{g'}C\to 0$ は完全であるとする. このときつぎの加群の同型が存在する.

$$A/f(A)\cong C$$

**証明**　準同型写像 $g: A\to C$ を $g=g's$ で定義すると

$$A\xrightarrow{\ f\ }A\xrightarrow{\ g\ }C\longrightarrow 0$$

は完全系列である. 証明は殆んど明らかであるが, 一応与えておこう. $g$ は全射である. 実際, $c\in C$ に対して, $g'$が全射であるから, $g'(a)=c$ となる$a\in A$ がある. $s^{-1}(a)\in A$ を考えると $gs^{-1}(a)=g'ss^{-1}(a)=g(a)=c$ となる. よって$g$は全射である. つぎに, $gf=g'sf=g'f't^{-1}=0t^{-1}=0$ となるから $\mathrm{Im}\,f\subset\mathrm{Ker}\,g$ である. 逆に, $a\in A$ が$g(a)=0$, $g's(a)=0$とすると, 完全性より$f'(b)=s(a)$となる$b\in A$がある. このとき $s(ft(b))=f'(b)=s(a)$となるが, $s$が単射より, $f(t(b))=a$ となる. よって $\mathrm{Ker}\,g\subset\mathrm{Im}\,f$ となる. 以上で完全性が示された. これがわかると, 命題149より加群の同型 $A/f(A)\cong C$ を得る. ∎

### (3)　分裂する完全系列

加群$A$が直和加群 $B\oplus C$ に分解されるための条件を完全系列のことを用いて表わしてみよう. (Abel 群の基本定理の証明に直接の関係がないかもしれないが).

**定義**　加群の短完全系列

$$0 \longrightarrow B \xrightarrow{\ f\ } A \underset{h}{\overset{g}{\rightleftarrows}} C \longrightarrow 0$$

において

$$gh=1$$

をみたす準同型写像 $h: C \to A$ が存在するとき，この完全系列は**分裂**するという．

**例 151**　完全系列

$$0 \longrightarrow \boldsymbol{Z}_2 \xrightarrow{\ f\ } \boldsymbol{Z}_6 \underset{h}{\overset{g}{\rightleftarrows}} \boldsymbol{Z}_3 \longrightarrow 0$$

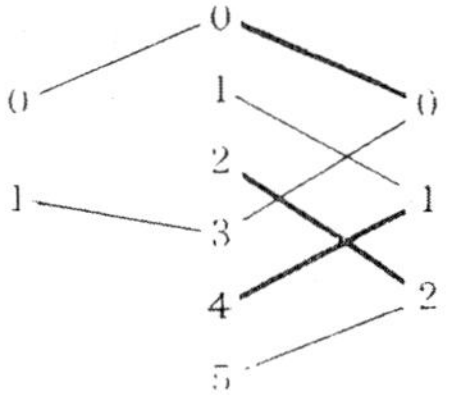


は分裂している．実際，上図の太線の写像 $h: \boldsymbol{Z}_3 \to \boldsymbol{Z}_6$ は $gh=1$ をみたす準同型写像である(例 147 参照)．

**例 152**

$$0 \longrightarrow \boldsymbol{Z}_2 \xrightarrow{\ f\ } \boldsymbol{Z}_4 \xrightarrow{\ g\ } \boldsymbol{Z}_2 \longrightarrow 0$$

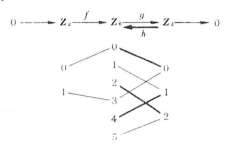

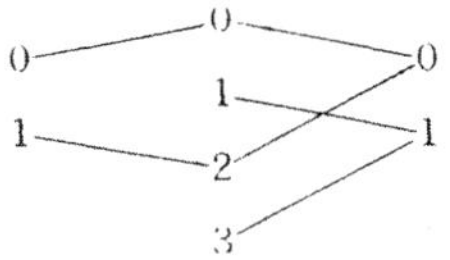

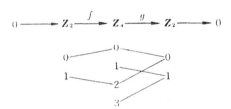

は分裂しない完全系列である．分裂しないことを各自確かめて下さい(定理 154(2) および例 106 参照)．

つぎの補題はつぎの定理 154 を証明するための準備である．

**補題 153**　加群の完全系列

$$0 \longrightarrow B \underset{k}{\overset{f}{\rightleftarrows}} A \underset{h}{\overset{g}{\rightleftarrows}} C \longrightarrow 0$$

が分裂するための必要十分条件は

$$kf=1$$

をみたす準同型写像 $k: A \to B$ が存在することである．なお，この $f, g, h, k$ の間には

$$fk(a)+hg(a)=a \qquad a\in A, \qquad\qquad kh(c)=0 \qquad c\in C$$

の関係がある.

**証明** この系列が分裂しているとする. すなわち $gh=1$ をみたす準同型写像 $h: C\to A$ が存在したとする. $a\in A$ に対し元 $a-hg(a)\in A$ を考えると

$$g(a-hg(a))=g(a)-(gh)g(a)=g(a)-g(a)=0$$

となるから, 完全性より

$$f(b)=a-hg(a) \tag{i}$$

となる $b\in B$ が存在する. $f$ が単射であるから, このような $b$ は $a$ に対してただ1つ定まる. よって, $a\in A$ に対し(i)をみたす $b\in B$ を対応させることにより, 写像

$$k: A\to B \qquad k(a)=b$$

が定義できる. $g, h$ が準同型写像であるから, この $k$ も準同型写像であることがわかる. 実際, $k(a)=b$, $k(a')=b'$ とすると $f(b)=a-hg(a)$, $f(b')=a'-hg(a')$ であるから

$$f(b+b')=f(b)+f(b')=(a-hg(a))+(a'-hg(a'))=(a+a')-hg(a+a')$$

となり, $k(a+a')=b+b'=k(a)+k(a')$ が示された. よって $k$ は準同型写像である. このとき(i)式は

$$fk(a)+hg(a)=a \tag{ii}$$

となる. そして $kf=1$ となることは, (ii)式において $a=f(b)$, $b\in B$ とおくと $fkf(b)+hgf(b)=f(b)$, $fkf(b)=f(b)$ となるが, $f$ の単射より $kf(b)=b$, よって $kf=1$ となる. また $c\in C$ を $c=g(a)$, $a\in A$ とおくならば

$$kh(c)=khg(a)=k(a-fk(a))\,(\mathrm{ii})=k(a)-kfk(a)=k(a)-k(a)\,(kf=1)=0$$

となるから $kh=0$ である. 逆に $kf=1$ をみたす $k$ を与えて, $gh=1$ をみたす $h$ をつくる方法は, $c\in C$ に対し $g(a)=c$ をみたす $a\in A$ をとり

$$h: C\to A, \qquad h(c)=a-fk(a)$$

と定義すればよい. 詳しいことは各自確かめて下さい. ▮

**定理 154** $A, B, C$ を加群とする.

(1) $0 \longrightarrow B \xrightarrow{\ f\ } B\oplus C \xrightarrow{\ g\ } C \longrightarrow 0 \qquad f(b)=(b, 0), \quad g(b, c)=c$

は分裂する完全系列である.

(2)
$$0 \longrightarrow B \xrightarrow{\ f\ } A \underset{h}{\overset{g}{\rightleftarrows}} C \longrightarrow 0$$

が分裂する完全系列ならば, 加群 $A$ は加群 $B, C$ の直和に同型である:

$$A \cong B \oplus C$$

**証明**　(1)　この系列が完全であることは直ぐわかる．分裂していることは，写像 $h$: $C \to B \oplus C$ を

$$h(c) = (0, c)$$

と定義すると，$h$ は準同型写像であって，$gh = 1$ をみたすからである．

(2)　系列が分裂しているから，補題 153 の準同型写像 $k$: $A \to B$ が存在する．さて，写像

$$\varphi:\ A \to B \oplus C,\quad \varphi(a) = (k(a), g(a))$$

$$\psi:\ B \oplus C \to A,\quad \psi(b, c) = f(b) + h(c)$$

は準同型写像であって，$\psi\varphi = 1$, $\varphi\psi = 1$ をみたしている．実際，

$$\psi\varphi(a) = \psi(k(a), g(a)) = fk(a) + hg(a) = a \quad (\text{補題 } 153)$$

$$\varphi\psi(b, c) = \varphi(f(b) + h(c)) = (k(f(b) + h(c)), g(f(b) + h(c))$$

$$= (kf(b), gh(c)) \qquad (\text{補題 } 153) = (b, c)$$

である．よって $A$ と $B \oplus C$ は加群同型である(命題 112)．

## 9　行列の基本変形

後で使う範囲内で，行列について説明しておこう．内容は，行列の積，行列式，正則行列と逆行列，行列の基本変形などであって，線型代数学でよく知られている通りである．

### (1)　行列の積

整数を成分にもつ $n$ 次の行列

$$P = \begin{pmatrix} p_{11} \cdots p_{1n} \\ \cdots\cdots\cdots \\ p_{n1} \cdots p_{nn} \end{pmatrix} \qquad p_{ij} \in \boldsymbol{Z}$$

全体の集合を $M(n, \boldsymbol{Z})$ で表わす．

**定義**　2つの行列 $P, Q \in M(n, \boldsymbol{Z})$ の積 $PQ = R \in M(n, \boldsymbol{Z})$ を

$$\begin{pmatrix} p_{11} \cdots p_{1n} \\ \cdots\cdots\cdots \\ p_{n1} \cdots p_{nn} \end{pmatrix}\begin{pmatrix} q_{11} \cdots q_{1n} \\ \cdots\cdots\cdots \\ q_{n1} \cdots q_{nn} \end{pmatrix} = \begin{pmatrix} r_{11} \cdots r_{1n} \\ \cdots\cdots\cdots \\ r_{n1} \cdots r_{nn} \end{pmatrix} \qquad r_{ij} = p_{i1}q_{1j} + \cdots + p_{in}q_{nj}$$

と定義する．行列の積に関しては，結合法則

$$(PQ)R = P(QR)$$

がなりたっている．

**例 155**

$$\begin{pmatrix} p & q \\ r & s \end{pmatrix}\begin{pmatrix} 1 & l \\ 0 & 1 \end{pmatrix}=\begin{pmatrix} p & pl+q \\ r & rl+s \end{pmatrix}$$ （列を $l$ 倍して他の列に加える）

$$\begin{pmatrix} p & q \\ r & s \end{pmatrix}\begin{pmatrix} 0 & 1 \\ 1 & 0 \end{pmatrix}=\begin{pmatrix} q & p \\ s & r \end{pmatrix}$$ （列のいれかえ）

$$\begin{pmatrix} p & q \\ r & s \end{pmatrix}\begin{pmatrix} -1 & 0 \\ 0 & 1 \end{pmatrix}=\begin{pmatrix} -p & q \\ -r & s \end{pmatrix}$$ （列の符号がえ）

$$\begin{pmatrix} 1 & l \\ 0 & 1 \end{pmatrix}\begin{pmatrix} p & q \\ r & s \end{pmatrix}=\begin{pmatrix} p+lr & q+ls \\ r & s \end{pmatrix}$$ （行を $l$ 倍して他の行に加える）

$$\begin{pmatrix} 0 & 1 \\ 1 & 0 \end{pmatrix}\begin{pmatrix} p & q \\ r & s \end{pmatrix}=\begin{pmatrix} r & s \\ p & q \end{pmatrix}$$ （行のいれかえ）

$$\begin{pmatrix} -1 & 0 \\ 0 & 1 \end{pmatrix}\begin{pmatrix} p & q \\ r & s \end{pmatrix}=\begin{pmatrix} -p & -q \\ r & s \end{pmatrix}$$ （行の符号がえ）

**定義** 行列 $P\in M(n, \boldsymbol{Z})$ とベクトル $\boldsymbol{a}\in\boldsymbol{Z}^n$ の積 $P\boldsymbol{a}=\boldsymbol{b}\in\boldsymbol{Z}^n$ を

$$\begin{pmatrix} p_{11}\cdots p_{1n} \\ \cdots\cdots\cdots \\ p_{n1}\cdots p_{nn} \end{pmatrix}\begin{pmatrix} a_1 \\ \vdots \\ a_n \end{pmatrix}=\begin{pmatrix} b_1 \\ \vdots \\ b_n \end{pmatrix} \qquad b_i=p_{i1}a_1+\cdots+p_{in}a_n$$

と定義する．

**命題 156** 行列 $P\in M(n, \boldsymbol{Z})$ とベクトル $\boldsymbol{a}, \boldsymbol{b}\in\boldsymbol{Z}^n$ に対して

$$P(\boldsymbol{a}+\boldsymbol{b})=P\boldsymbol{a}+P\boldsymbol{b}$$

がなりたつ．これは，行列 $P$ を，ベクトル $\boldsymbol{a}\in\boldsymbol{Z}^n$ にベクトル $P\boldsymbol{a}\in\boldsymbol{Z}^n$ を対応させる写像

$$P:\ \boldsymbol{Z}^n \longrightarrow \boldsymbol{Z}^n$$

とみなすと，$P$ が準同型写像であることを示している（これは例 74 でも示した）．そして，$\boldsymbol{Z}^n$ の部分加群 $B$ は，ある行列 $P\in M(n, \boldsymbol{Z})$ による準同型写像 $P:\ \boldsymbol{Z}^n\to\boldsymbol{Z}^n$ の像

$$B=\mathrm{Im}\,P=P(\boldsymbol{Z}^n)=\{P\boldsymbol{a}\,|\,\boldsymbol{a}\in\boldsymbol{Z}^n\}$$

となっていることを定理 52 が示している．

### (2) 行列式と正則行列

行列の行列式と正則行列について述べるのであるが，これらは普通の線型代数学のときと同じである．しかし，行列の成分が（体の元ではなくて）整数であるから少し注意を必要とする所があるかもしれない．

**定義** 行列 $P=\begin{pmatrix} p_{11}\cdots p_{1n} \\ \cdots\cdots\cdots \\ p_{n1}\cdots p_{nn} \end{pmatrix}\in M(n, \boldsymbol{Z})$ に対し，整数 $\det P$ を

$$\det P=\sum_{\sigma\in\mathfrak{S}_n}\operatorname{sgn}\sigma\, p_{1i_1}p_{2i_2}\cdots p_{ni_n}\qquad \sigma=\begin{pmatrix}1 & 2 & \cdots & n\\ i_1 & i_2 & \cdots & i_n\end{pmatrix}$$

で定義し，$\det P$ を行列 $P$ の**行列式**という．ここに $\mathfrak{S}_n$ は $n$ 次の置換全体の集合（対称群）であり，$\operatorname{sgn}\sigma$ は置換 $\sigma$ の符号を表わす．

**例 157**

$$\det\begin{pmatrix}p_{11} & p_{12}\\ p_{21} & p_{22}\end{pmatrix}=p_{11}p_{22}-p_{12}p_{21}$$

**例 158**

$$\det\begin{pmatrix}p_{11} & p_{12} & p_{13}\\ p_{21} & p_{22} & p_{23}\\ p_{31} & p_{32} & p_{33}\end{pmatrix}=\begin{matrix}p_{11}p_{22}p_{33}+p_{12}p_{23}p_{31}+p_{13}p_{21}p_{32}\\ -p_{13}p_{22}p_{31}-p_{12}p_{21}p_{33}-p_{11}p_{23}p_{32}\end{matrix}$$

行列式に関してつぎの命題はよく知られている（証明は省略した）．

**命題 159**　行列 $P, Q\in M(n, \boldsymbol{Z})$ に対して

$$\det(PQ)=\det P\det Q$$

がなりたつ．

**定義**　行列 $S\in M(n, \boldsymbol{Z})$ に対し

$$ST=TS=E$$

をみたす行列 $T\in M(n, \boldsymbol{Z})$ が存在するとき，$S$ を**正則行列**という．また，この行列 $T$ を $S$ の**逆行列**といい，$S^{-1}$ で表わす．ただし，$E$ は単位行列 $\begin{pmatrix}1 & & & 0\\ & 1 & & \\ & & \ddots & \\ 0 & & & 1\end{pmatrix}$ を表わすものとする．

つぎの命題は，正則行列の写像としての意味づけをしている命題である．

**命題 160**　行列 $S\in M(n, \boldsymbol{Z})$ を命題 156 のように準同型写像　$S: \boldsymbol{Z}^n\to\boldsymbol{Z}^n$ とみなすとき

$$S\text{が正則行列}\quad\text{ならば}\quad S: \boldsymbol{Z}^n\to\boldsymbol{Z}^n\ \text{は同型写像}$$

がなりたつ．（実は逆も正しい）．

**証明**　$S$ が正則行列であるから

$$ST=E,\qquad TS=E$$

をみたす行列 $T$ が存在する．$S, T, E$ を準同型写像：$\boldsymbol{Z}^n\to\boldsymbol{Z}^n$ とみるとき，$E$ が恒等写像に対応しているので，上の関係は，$S$ が同型写像であることを示している（命題 112）．∎

**命題 161**　行列 $S\in M(n, \boldsymbol{Z})$ に対して

$$S\text{が正則行列}\iff \det S=1\ \text{または}\ \det S=-1$$

がなりたつ.

**証明** $S$が正則行列ならば $ST=E$ となる行列 $T\in M(n,\boldsymbol{Z})$ が存在するから，この行列式をとると

$$\det S\det T=\det(ST)\text{(命題 159)}=\det E=1$$

となる．しかるに $\det S, \det T$ は整数であるから $\det S=\pm1$ となる．逆に，$\det S=\pm1$ とするとき

$$S_{ij}=(-1)^{i+j}\det\begin{pmatrix} s_{11}\cdots & \cdots s_{1n} \\ \cdots\cdots & \cdots\cdots \\ \cdots\cdots & \cdots\cdots \\ \cdots\cdots & \cdots\cdots \\ s_{n1}\cdots & \cdots s_{nn}\end{pmatrix}\text{(}i\text{ 行，}j\text{ 列を除いた行列の行列式)}$$

とおいて，行列 $\tilde{S}\in M(n,\boldsymbol{Z})$

$$\tilde{S}=\frac{1}{\det S}\begin{pmatrix} S_{11}\cdots S_{n1} \\ \cdots\cdots\cdots \\ S_{1n}\cdots S_{nn}\end{pmatrix}$$

をつくると，$S\tilde{S}=\tilde{S}S=E$ となっている(証明は線型代数学でよく知られている通りである)ので，$S$は正則である．∎

**命題 162** 行列 $S, T\in M(n,\boldsymbol{Z})$ が正則ならば，行列 $ST\in M(n,\boldsymbol{Z})$ も正則である．

**証明** $\det(ST)=\det S\det T$ (命題159) $=(\pm1)(\pm1)=\pm1$

となるから，$ST$ も正則である(命題161)．∎

最後に，加群 $\boldsymbol{Z}^n$ の部分加群 $B$ の表示を正則行列 $T$ によって変えることについて述べよう．

**命題 163** 加群 $\boldsymbol{Z}^n$ の部分加群 $B$ が行列 $P\in M(n,\boldsymbol{Z})$ を用いて

$$B=\{P\boldsymbol{a}\mid\boldsymbol{a}\in\boldsymbol{Z}^n\}$$

と書けているとする(命題156)．このとき，正則行列 $T\in M(n,\boldsymbol{Z})$ を用いて集合

$$B'=\{PT\boldsymbol{a}\mid\boldsymbol{a}\in\boldsymbol{Z}^n\}$$

をつくると，$B'$ も $A$ の部分加群になるが，この $B'$ は $B$ に一致する: $B'=B$.

**証明** $PT\boldsymbol{a}=P(T\boldsymbol{a})$ であるから $B'\subset B$ は明らかである． 逆の包含関係 $B\subset B'$ も $P\boldsymbol{a}=PT(T^{-1}\boldsymbol{a})$ よりよい．よって $B=B'$ である．∎

**例 164** 加群 $\boldsymbol{Z}\oplus\boldsymbol{Z}=\boldsymbol{Z}^2$ の部分加群

$$B=\left\{\begin{pmatrix}4m-2n\\2m+2n\end{pmatrix}=\begin{pmatrix}4&-2\\2&2\end{pmatrix}\begin{pmatrix}m\\n\end{pmatrix}\middle|\begin{pmatrix}m\\n\end{pmatrix}\in\boldsymbol{Z}^2\right\}$$

を正則行列 $\begin{pmatrix} 0 & 1 \\ 1 & -1 \end{pmatrix}$ を用いて命題163のように書き直すと

$$B=\left\{\begin{pmatrix} 4 & -2 \\ 2 & 2 \end{pmatrix}\begin{pmatrix} 0 & 1 \\ 1 & -1 \end{pmatrix}\begin{pmatrix} k \\ l \end{pmatrix} \middle| \begin{pmatrix} k \\ l \end{pmatrix}\in \boldsymbol{Z}^2\right\}=\left\{\begin{pmatrix} -2 & 6 \\ 2 & 0 \end{pmatrix}\begin{pmatrix} k \\ l \end{pmatrix}=\begin{pmatrix} -2k+6l \\ 2k \end{pmatrix} \middle| k, l\in \boldsymbol{Z}\right\}$$

となる(例50参照).

### (3)　行列の基本変形

行列に基本変形と名付ける変形を行なって，標準形という簡単な行列に変形することを考えよう．これも Abel 群の基本定理を証明する準備と思っていただきたい．

**定義**　行列に対して，つぎの3つの変形を**基本変形**という．

(1)　ある列(または行)を整数倍して他の列(または行)に加える．

(2)　2つの列(または行)をいれかえる．

(3)　ある列(または行)の符号をかえる．

**補題 165**　行列の基本変形は，それぞれつぎの形の行列を右(または左)から掛けて得られる(例155参照)．

$$\begin{pmatrix} 1 & & & & \\ & \ddots & & & \\ & & 1 & \cdots & l \\ & & & \ddots & \vdots \\ & & & & 1 \\ & & & & & \ddots \\ & & & & & & 1 \end{pmatrix},\quad \begin{pmatrix} 1 & & & & & & \\ & \ddots & & & & & \\ & & 1 & & & & \\ & & & 0 & \cdots & 1 & \\ & & & \vdots & 1 & & \\ & & & & & \ddots & \\ & & & & & 1 & \\ & & & 1 & \cdots & 0 & \\ & & & & & & 1 \\ & & & & & & & \ddots \\ & & & & & & & & 1 \end{pmatrix},\quad \begin{pmatrix} 1 & & & & \\ & \ddots & & & \\ & & 1 & & \\ & & & -1 & \\ & & & & 1 \\ & & & & & \ddots \\ & & & & & & 1 \end{pmatrix}$$

これら3種の行列はいずれも正則行列であることに注意しよう．実際，これらの行列の行列式が順に 1, −1, −1 であるからである(命題161)．

以上のことを準備として，当面の目的とするつぎの定理を証明しよう．

**定理 166**　行列 $P\in M(n, \boldsymbol{Z})$ に基本変形を有限回行なって，つぎの対角線形の行列に変形することができる．

$$\begin{pmatrix} d_1 & & & & & & \\ & d_2 & & & & 0 & \\ & & \ddots & & & & \\ & & & d_m & & & \\ & & & & 0 & & \\ & 0 & & & & \ddots & \\ & & & & & & 0 \end{pmatrix}$$

ここに $d_i$ は

$$0<d_1\leqq d_2\leqq\cdots\leqq d_m$$

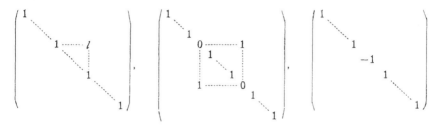

をみたす整数で，順に $d_{i+1}$ は $d_i$ で割り切れる．

定理のような行列を**標準形**ということにしよう．行列の基本変形は正則行列を右または左から掛けて得られる（補題165）から，この定理をつぎのようにいうこともできる．

行列 $P\in M(n, \mathbf{Z})$ は，ある正則行列 $S, T\in M(n, \mathbf{Z})$ により

$$SPT=\text{標準形}$$

に変形できる．

**証明**　行列 $P$ の成分に0でない元があるものとし，$P$ に基本変形を行なって得られる行列のうちで，その成分の絶対値が最小の正整数となる元を $d_1$ とし，$P'$ を $d_1$ を成分にもつ $P$ から基本変形された行列とする．行列の行や列をいれかえることにより，この $d_1$ が $P'$ の $(1,1)$-成分にあるとしてよいし，さらに符号をかえて $d_1>0$ としてよい．このとき，$P'$ の第1行，第1列の成分は $d_1$ で割り切れる．実際，第1行の成分 $p'_{1j}$ を $d_1$ で割って

$$p'_{1j}=a_{1j}d_1+r_{1j} \qquad 0\leqq r_{1j}<d_1$$

と表わすとき，もし $r_{1j}\neq 0$ ならば，第1列を $-a_{1j}$ 倍して第 $j$ 列に加えると $(1,j)$-成分に $r_{1j}$ が現われるので，$d_1$ が最小正整数であることに反する． よって $r_{1j}=0$ でなければならない．第1列についても同様である．$p'_{1j}=a_{1j}d_1$ となったから， 第1列を $-a_{1j}$ 倍して第 $j$ 列に加えると $(1,j)$-成分が0になる．第1行についても同じことをすると，$P'$ は

$$\begin{pmatrix} d_1 & 0\cdots 0 \\ 0 & \\ \vdots & Q \\ 0 & \end{pmatrix}$$

の形の行列に変形される．このとき，$Q$ の各成分 $q_{ij}$ も $d_1$ で割り切れる． 実際，$q_{ij}$ を $d_1$ で割って

$$q_{ij}=b_{ij}d_1+s_{ij} \qquad 0\leqq s_{ij}<d_1$$

と表わすとき，第1列を $-b_{ij}$ 倍して第 $j$ 列に加え，更にその第1行を第 $i$ 行に加えると，$Q$ の $(i,j)$-成分に $s_{ij}$ が現われるから，$d_1$ が $P$ の基本変形の行列の最小正整数の成分であることから，$s_{ij}=0$ でなければならない．さて，$Q$ が0成分のみからなる行列ならば定理は証明されているから，そうでないとして，行列 $Q$ に対して上記と同様な操作を行なうと，$Q$ は

$$\begin{pmatrix} d_2 & 0\cdots 0 \\ 0 & \\ \vdots & R \\ 0 & \end{pmatrix} \qquad d_2 \text{ および } R \text{ の成分は } d_1 \text{ で割り切れる}$$

の形の行列に変形される．以下この操作を繰り返し行うと，行列 $P$ は定理の形の行列まで

変形される． ∎

**例 167**　行列 $P=\begin{pmatrix}1 & 0\\ 2 & 0\end{pmatrix}$ は，第 1 行を $-2$ 倍して第 2 行に加える基本変形をすると，標準形 $\begin{pmatrix}1 & 0\\ 0 & 0\end{pmatrix}$ になる．

この変形は行列 $P$ の左から正則行列 $\begin{pmatrix}1 & 0\\ -2 & 1\end{pmatrix}$ を掛けることによって得られる．すなわち

$$\begin{pmatrix}1 & 0\\ -2 & 1\end{pmatrix}\begin{pmatrix}1 & 0\\ 2 & 0\end{pmatrix}=\begin{pmatrix}1 & 0\\ 0 & 0\end{pmatrix}$$

となる(例 140 参照)．行列 $\begin{pmatrix}2 & 0\\ 4 & 0\end{pmatrix}$ についても同様にすると

$$\begin{pmatrix}1 & 0\\ -2 & 1\end{pmatrix}\begin{pmatrix}2 & 0\\ 4 & 0\end{pmatrix}=\begin{pmatrix}2 & 0\\ 0 & 0\end{pmatrix}$$

となる(例 141 参照)．

**例 168**　行列 $P=\begin{pmatrix}1 & 1\\ 1 & -1\end{pmatrix}$ を基本変形して標準形に導こう(例 142 参照)

$\begin{pmatrix}1 & 1\\ 1 & -1\end{pmatrix}$　第 1 行を第 2 行に加える　(左より $\begin{pmatrix}1 & 0\\ 1 & 1\end{pmatrix}$ を掛ける)

$\longrightarrow \begin{pmatrix}1 & 1\\ 2 & 0\end{pmatrix}$　第 2 列を第 1 列から引く　(右より $\begin{pmatrix}1 & 0\\ -1 & 1\end{pmatrix}$ を掛ける)

$\longrightarrow \begin{pmatrix}0 & 1\\ 2 & 0\end{pmatrix}$　第 1 列と第 2 列をいれかえる　(右より $\begin{pmatrix}0 & 1\\ 1 & 0\end{pmatrix}$ を掛ける)

$\longrightarrow \begin{pmatrix}1 & 0\\ 0 & 2\end{pmatrix}$

この変形を行列の算法で書くと

$$\begin{pmatrix}1 & 0\\ 1 & 1\end{pmatrix}\begin{pmatrix}1 & 1\\ 1 & -1\end{pmatrix}\begin{pmatrix}1 & 0\\ -1 & 1\end{pmatrix}\begin{pmatrix}0 & 1\\ 1 & 0\end{pmatrix}=\begin{pmatrix}1 & 0\\ 1 & 1\end{pmatrix}\begin{pmatrix}1 & 1\\ 1 & -1\end{pmatrix}\begin{pmatrix}0 & 1\\ 1 & -1\end{pmatrix}=\begin{pmatrix}1 & 0\\ 0 & 2\end{pmatrix}$$

となる．すなわち，行列 $P=\begin{pmatrix}1 & 1\\ 1 & -1\end{pmatrix}$ は正則行列 $S=\begin{pmatrix}1 & 0\\ 1 & 1\end{pmatrix}$，$T=\begin{pmatrix}0 & 1\\ 1 & -1\end{pmatrix}$ を両側に掛けることによって，標準形 $\begin{pmatrix}1 & 0\\ 0 & 2\end{pmatrix}$ に変形される．なお，つぎの行列計算

$$\begin{pmatrix}0 & 1\\ 1 & -1\end{pmatrix}\begin{pmatrix}1 & 1\\ 1 & -1\end{pmatrix}\begin{pmatrix}1 & 1\\ 0 & 1\end{pmatrix}=\begin{pmatrix}1 & 0\\ 0 & 2\end{pmatrix}$$

ｯもわかるように，行列 $P$ を標準形に導く正則行列 $S, T$ の選び方はいろいろあって一

通りではない．

**例 169**　行列 $\begin{pmatrix} 4 & -2 \\ 2 & 2 \end{pmatrix}$ を基本変形して標準形に導こう（例 143 参照）．

$$\begin{pmatrix} 4 & -2 \\ 2 & 2 \end{pmatrix}$$ 第 2 行を第 1 列に加える　（左より $\begin{pmatrix} 1 & 1 \\ 0 & 1 \end{pmatrix}$ を掛ける）

$$\longrightarrow \begin{pmatrix} 6 & 0 \\ 2 & 2 \end{pmatrix}$$ 第 2 列を第 1 列から引く　（右より $\begin{pmatrix} 1 & 0 \\ -1 & 1 \end{pmatrix}$ を掛ける）

$$\longrightarrow \begin{pmatrix} 6 & 0 \\ 0 & 2 \end{pmatrix}$$ 第 1 列と第 2 列を入れかえる　（右より $\begin{pmatrix} 0 & 1 \\ 1 & 0 \end{pmatrix}$ を掛ける）

$$\longrightarrow \begin{pmatrix} 0 & 6 \\ 2 & 0 \end{pmatrix}$$ 第 1 行と第 2 行を入れかえる　（左より $\begin{pmatrix} 0 & 1 \\ 1 & 0 \end{pmatrix}$ を掛ける）

$$\longrightarrow \begin{pmatrix} 2 & 0 \\ 0 & 6 \end{pmatrix}$$

この変形を行列の算法で書くと

$$\begin{pmatrix} 0 & 1 \\ 1 & 0 \end{pmatrix}\begin{pmatrix} 1 & 1 \\ 0 & 1 \end{pmatrix}\begin{pmatrix} 4 & -2 \\ 2 & 2 \end{pmatrix}\begin{pmatrix} 1 & 0 \\ -1 & 1 \end{pmatrix}\begin{pmatrix} 0 & 1 \\ 1 & 0 \end{pmatrix}=\begin{pmatrix} 0 & 1 \\ 1 & 1 \end{pmatrix}\begin{pmatrix} 4 & -2 \\ 2 & 2 \end{pmatrix}\begin{pmatrix} 0 & 1 \\ 1 & -1 \end{pmatrix}=\begin{pmatrix} 2 & 0 \\ 0 & 6 \end{pmatrix}$$

となる．

**例 170**　行列 $\begin{pmatrix} 2 & 4 \\ 8 & 11 \end{pmatrix}$ を基本変形して標準形に導こう．

$$\begin{pmatrix} 2 & 4 \\ 8 & 11 \end{pmatrix} \xrightarrow{\text{列}:\,-2} \begin{pmatrix} 2 & 0 \\ 8 & -5 \end{pmatrix} \xrightarrow{\text{行}:\,-4} \begin{pmatrix} 2 & 0 \\ 0 & -5 \end{pmatrix} \longrightarrow \begin{pmatrix} 2 & 0 \\ 0 & 5 \end{pmatrix}$$

ここまでの変形を行列の算法でかくと

$$\begin{pmatrix} 1 & 0 \\ -4 & 1 \end{pmatrix}\begin{pmatrix} 2 & 4 \\ 8 & 11 \end{pmatrix}\begin{pmatrix} 1 & -2 \\ 0 & 1 \end{pmatrix}\begin{pmatrix} 1 & 0 \\ 0 & -1 \end{pmatrix}=\begin{pmatrix} 1 & 0 \\ -4 & 1 \end{pmatrix}\begin{pmatrix} 2 & 4 \\ 8 & 11 \end{pmatrix}\begin{pmatrix} 1 & 2 \\ 0 & -1 \end{pmatrix}=\begin{pmatrix} 2 & 0 \\ 0 & 5 \end{pmatrix}$$

となる．この右端の行列 $\begin{pmatrix} 2 & 0 \\ 0 & 5 \end{pmatrix}$ は対角線形の行列でよい形をしているので，剰余加群 $\boldsymbol{Z}\oplus\boldsymbol{Z}/\{(2m+4n,\ 8m+11n)\}$ の構造を知るためには，このような変形で十分であるが（例 143 後半参照），この行列は標準形でないので更に変形しよう．

$$\begin{pmatrix} 2 & 0 \\ 0 & 5 \end{pmatrix} \xrightarrow{\text{行}:\,1} \begin{pmatrix} 2 & 5 \\ 0 & 5 \end{pmatrix} \xrightarrow{\text{列}:\,-2} \begin{pmatrix} 2 & 1 \\ 0 & 5 \end{pmatrix} \xrightarrow{\text{行}:\,-5} \begin{pmatrix} 2 & 1 \\ -10 & 0 \end{pmatrix} \xrightarrow{\text{列}:\,-2} \begin{pmatrix} 0 & 1 \\ -10 & 0 \end{pmatrix}$$

$$\longrightarrow \begin{pmatrix} 1 & 0 \\ 0 & -10 \end{pmatrix} \longrightarrow \begin{pmatrix} 1 & 0 \\ 0 & 10 \end{pmatrix}$$

この変形を行列の算法でかくと

$$\begin{pmatrix} 1 & 0 \\ -5 & 1 \end{pmatrix}\begin{pmatrix} 1 & 1 \\ 0 & 1 \end{pmatrix}\begin{pmatrix} 2 & 0 \\ 0 & 5 \end{pmatrix}\begin{pmatrix} 1 & -2 \\ 0 & 1 \end{pmatrix}\begin{pmatrix} 1 & 0 \\ -2 & 1 \end{pmatrix}\begin{pmatrix} 0 & 1 \\ 1 & 0 \end{pmatrix}\begin{pmatrix} 1 & 0 \\ 0 & -1 \end{pmatrix}=\begin{pmatrix} 1 & 0 \\ 0 & 10 \end{pmatrix}$$

となる．始めからの計算を併せると

$$\begin{pmatrix} -3 & 1 \\ 11 & -4 \end{pmatrix}\begin{pmatrix} 2 & 4 \\ 8 & 11 \end{pmatrix}\begin{pmatrix} 0 & -1 \\ -1 & -2 \end{pmatrix}=\begin{pmatrix} 1 & 0 \\ 0 & 10 \end{pmatrix}$$

となる．なお，上記の変形手順は最短の手順ではない．

**例 171**　行列 $\begin{pmatrix} 2 & 2 & 4 \\ -8 & 4 & -4 \\ -6 & 6 & 0 \end{pmatrix}$ を基本変形して標準形に導こう．

$$\begin{pmatrix} 2 & 2 & 4 \\ -8 & 4 & -4 \\ -6 & 6 & 0 \end{pmatrix} \longrightarrow \begin{pmatrix} 2 & 2 & 4 \\ -8 & 4 & -4 \\ 2 & 2 & 4 \end{pmatrix} \longrightarrow \begin{pmatrix} 2 & 2 & 2 \\ -8 & 4 & 4 \\ 2 & 2 & 2 \end{pmatrix} \longrightarrow \begin{pmatrix} 2 & 2 & 2 \\ -8 & 4 & 4 \\ 0 & 0 & 0 \end{pmatrix}$$

$$\longrightarrow \begin{pmatrix} 2 & 2 & 0 \\ -8 & 4 & 0 \\ 0 & 0 & 0 \end{pmatrix} \longrightarrow \begin{pmatrix} 2 & 2 & 0 \\ 0 & 12 & 0 \\ 0 & 0 & 0 \end{pmatrix} \longrightarrow \begin{pmatrix} 2 & 0 & 0 \\ 0 & 12 & 0 \\ 0 & 0 & 0 \end{pmatrix}$$

この変形を行列の算法でかくと

$$\begin{pmatrix} 1 & 0 & 0 \\ 4 & 1 & 0 \\ 0 & 0 & 1 \end{pmatrix}\begin{pmatrix} 1 & 0 & 0 \\ 0 & 1 & 0 \\ -1 & 0 & 1 \end{pmatrix}\begin{pmatrix} 1 & 0 & 0 \\ 0 & 1 & 0 \\ 0 & -1 & 1 \end{pmatrix}\begin{pmatrix} 2 & 2 & 4 \\ -8 & 4 & -4 \\ -6 & 6 & 0 \end{pmatrix}\begin{pmatrix} 1 & 0 & -1 \\ 0 & 1 & 0 \\ 0 & 0 & 1 \end{pmatrix}\begin{pmatrix} 1 & 0 & 0 \\ 0 & 1 & -1 \\ 0 & 0 & 1 \end{pmatrix}$$

$$\times\begin{pmatrix} 1 & -1 & 0 \\ 0 & 1 & 0 \\ 0 & 0 & 1 \end{pmatrix}=\begin{pmatrix} 1 & 0 & 0 \\ 4 & 1 & 0 \\ -1 & -1 & 1 \end{pmatrix}\begin{pmatrix} 2 & 2 & 4 \\ -8 & 4 & -4 \\ -6 & 6 & 0 \end{pmatrix}\begin{pmatrix} 1 & -1 & -1 \\ 0 & 1 & -1 \\ 0 & 0 & 1 \end{pmatrix}=\begin{pmatrix} 2 & 0 & 0 \\ 0 & 12 & 0 \\ 0 & 0 & 0 \end{pmatrix}$$

となる。

## 10　Abel 群の基本定理

加群がいろいろあるうちで，今まで整数加群 $\boldsymbol{Z}$ とその剰余加群 $\boldsymbol{Z}_n$ を中心に述べてきた．この加群の重要性はつぎの「Abel 群の基本定理」を見ていただくと一目でわかるであろう．この章の冒頭にも述べたように，有限生成な加群は $\boldsymbol{Z}$ や $\boldsymbol{Z}_n$ の直和に同型であるという意味で完全にその構造がわかっている．だから，有限生成という条件のある加群では，加群

$\boldsymbol{Z}$ と $\boldsymbol{Z}_n$ を調べれば十分であったわけで，これが今まで加群 $\boldsymbol{Z}$ と $\boldsymbol{Z}_n$ を重視した理由である．さて有限生成な加群の定義を与えることから始めよう．

### (1)　有限生成な加群

**定義**　$A$ を加群とする．$A$ が有限個の生成系をもつとき，すなわち $A$ に有限個の元 $a_1, \cdots, a_n$ が存在して，$A$ の任意の元 $a$ が

$$a = m_1a_1 + \cdots + m_na_n \qquad m_i \in \boldsymbol{Z}$$

と表わされるとき，$A$ を**有限生成な加群**という．

**例 172**　加群 $\boldsymbol{Z}, \boldsymbol{Z}_n$ は 1 つの元から生成されているから，当然有限生成な加群である．さらに，これらの加群の有限個の直和

$$\boldsymbol{Z}_{d_1} \oplus \cdots \oplus \boldsymbol{Z}_{d_r} \oplus \boldsymbol{Z} \oplus \cdots \oplus \boldsymbol{Z}$$

も有限生成な加群である．この例の逆がなりたつことを主張するのが「Abel 群の基本定理」である．

**例 173**　実数加群 $\boldsymbol{R}$ は有限生成でない．実際，（容易にわかるように）有限生成な加群の元の個数は高々可算個でなければならないが，$\boldsymbol{R}$ は実数濃度の元を含むからである．同じ理由で，複素数加群 $\boldsymbol{C}$ も有限生成でない．

**命題 174**　$A$ が有限生成な加群ならば，（有限生成な）自由加群 $\boldsymbol{Z} \oplus \cdots \oplus \boldsymbol{Z}$ からの全射準同型写像 $f$

$$\boldsymbol{Z} \oplus \cdots \oplus \boldsymbol{Z} \xrightarrow{f} A \longrightarrow 0$$

が存在する．したがって，有限生成な加群 $A$ は加群 $\boldsymbol{Z} \oplus \cdots \oplus \boldsymbol{Z}$ のある剰余加群に同型である：

$$(\boldsymbol{Z} \oplus \cdots \oplus \boldsymbol{Z})/B \cong A$$

**証明**　加群 $A$ の生成系 $a_1, \cdots, a_n$ をとり，写像 $f: \boldsymbol{Z} \oplus \cdots \oplus \boldsymbol{Z} \to A$ を

$$f(m_1, \cdots, m_n) = m_1a_1 + \cdots + m_na_n$$

と定義すると，明らかに $f$ は全射準同型写像である．よって，$f$ の核を $B$ とおくと，準同型定理より，加群の同型 $(\boldsymbol{Z} \oplus \cdots \oplus \boldsymbol{Z})/B \cong A$ を得る．

**例 175**　加群 $\boldsymbol{Z}_n$ は 1 つの元から生成される加群であるから，加群 $\boldsymbol{Z}$ の剰余加群で表わされている筈である（命題174）が，実際に $\boldsymbol{Z}_n = \boldsymbol{Z}/n\boldsymbol{Z}$ と書けている．なお，命題 174 のような全射準同型写像 $f: \boldsymbol{Z} \to \boldsymbol{Z}_n$ は

$$f(m) = [m]_n$$

で与えられる．

### (2) Abel 群の基本定理

さて本章の目的であったつぎの定理を証明しよう．

**定理 176** （**Abel 群の基本定理その 1**）有限生成な加群 $A$ はつぎのような加群の直和に同型である．

$$A \cong \boldsymbol{Z}_{d_1} \oplus \cdots \oplus \boldsymbol{Z}_{d_r} \oplus \overbrace{\boldsymbol{Z} \oplus \cdots \oplus \boldsymbol{Z}}^{m}$$

$$2 \leqq d_1 \leqq \cdots \leqq d_r,\ \text{順に}\ d_{i+1}\ \text{は}\ d_i\ \text{で割り切れる}$$

しかも，加群$A$のこのような分解は一意的である．すなわち

$$A \cong \boldsymbol{Z}_{d'_1} \oplus \cdots \oplus \boldsymbol{Z}_{d'_{r'}} \oplus \overbrace{\boldsymbol{Z} \oplus \cdots \oplus \boldsymbol{Z}}^{m'}$$

$$2 \leqq d'_1 \leqq \cdots \leqq d'_{r'},\ \text{順に}\ d'_{j+1}\ \text{は}\ d'_j\ \text{で割り切れる}$$

とすると

$$\begin{cases} r = r'\ \ \text{で，かつ}\ \ d_1 = d'_1,\ \cdots,\ d_r = d'_{r'} \\ \qquad\qquad m = m' \end{cases}$$

となる．

**証明** $A$ は有限生成な加群であるから，全射準同型写像 $f: \boldsymbol{Z}^n \to A$ が存在する（命題 174）．$f$ の核を$B$とおくと，$B$ は $\boldsymbol{Z}^n$ の部分加群であるから，$B$はある行列 $P \in M(n, \boldsymbol{Z})$ を用いて

$$B = \{P\boldsymbol{a} \mid \boldsymbol{a} \in \boldsymbol{Z}^n\}$$

と表わされている（定理 52）．この行列$P$を準同型写像 $P: \boldsymbol{Z}^n \to \boldsymbol{Z}^n$ とみなす（命題 156）と，完全系列

$$\boldsymbol{Z}^n \xrightarrow{\ P\ } \boldsymbol{Z}^n \xrightarrow{\ f\ } A \longrightarrow 0$$

を得る．このとき，加群の同型

$$A \cong \boldsymbol{Z}^n / P(\boldsymbol{Z}^n)$$

がある（命題 149）．加群 $\boldsymbol{Z}^n/P(\boldsymbol{Z}^n)$ の構造を知るために，行列$P$を正則行列 $S, T \in M(n, \boldsymbol{Z})$ を用いて

$$SPT = \begin{pmatrix} 1 & & & & & & & \\ & \ddots & & & & 0 & & \\ & & 1 & & & & & \\ & & & d_1 & & & & \\ & & & & \ddots & & & \\ & & & & & d_r & & \\ & & 0 & & & & 0 & \\ & & & & & & & \ddots \\ & & & & & & & & 0 \end{pmatrix} \begin{matrix} \}k \\ \\ \\ \\ \\ \}m \end{matrix} = D$$

$$2 \leqq d_1 \leqq \cdots \leqq d_r,\ \text{順に}\ d_{i+1}\ \text{は}\ d_i\ \text{で割り切れる}$$

に変形し（定理 166），加群と準同型写像の図式

$$
\begin{array}{ccccc}
\boldsymbol{Z}^n & \xrightarrow{P} & \boldsymbol{Z}^n & & \\
T\uparrow\cong & & \cong\downarrow S & & \\
\boldsymbol{Z}^n & \xrightarrow{D} & \boldsymbol{Z}^n & \xrightarrow{g} & \boldsymbol{Z}_{d_1}\oplus\cdots\oplus\boldsymbol{Z}_{d_r}\oplus\overbrace{\boldsymbol{Z}\oplus\cdots\oplus\boldsymbol{Z}}^{m} \longrightarrow 0
\end{array}
$$

$$g(a_1, \cdots, a_n)=([a_{k+1}]_{d_1}, \cdots, [a_{k+r}]_{d_r}, a_{k+r+1}, \cdots, a_n)$$

を考えようこの図式は命題 150 の条件をみたしている（定理 139 参照）. よって命題 150 より

$$A\cong\boldsymbol{Z}^n/P(\boldsymbol{Z}^n)\cong\boldsymbol{Z}_{d_1}\oplus\cdots\oplus\boldsymbol{Z}_{d_r}\oplus\boldsymbol{Z}\oplus\cdots\oplus\boldsymbol{Z}$$

となり，定理の前半が証明された．つぎに分解の一意性を示そう．加群 $A$ が定理のように

$$\boldsymbol{Z}_{d_1}\oplus\cdots\oplus\boldsymbol{Z}_{d_r}\oplus\boldsymbol{Z}^m\cong A\cong\boldsymbol{Z}_{d'_1}\oplus\cdots\oplus\boldsymbol{Z}_{d'_{r'}}\oplus\boldsymbol{Z}^{m'}$$

と 2 通りに分解されたとしよう．$A$ の Torsion 部分加群 $T$ を比較すると

$$\boldsymbol{Z}_{d_1}\oplus\cdots\oplus\boldsymbol{Z}_{d_r}\cong\boldsymbol{Z}_{d'_1}\oplus\cdots\oplus\boldsymbol{Z}_{d'_{r'}} \tag{i}$$

を得る．これから $d_1=d'_1, \cdots, d_r=d'_{r'}$ を示すのであるが，そうでないとして

$$d_r=d'_{r'}, \cdots, d_{r-i+1}=d'_{r'-i+1}, \ d_{r-i}\neq d'_{r'-i}$$

さらに $d_{r-i}<d'_{r'-i}$ と仮定しよう．このとき (i) 式を $d_{r-i}$ 倍すると，$d_1, \cdots, d_{r-i-1}$ は $d_{r-i}$ の約数であるから $d_{r-i}\boldsymbol{Z}_{d_j}=0$, $j=1, \cdots, r-i+1$ となるが，一方 $d_{r-i}<d'_{r'-i}$ より $d_{r-i}\boldsymbol{Z}_{d'_{r'-i}}\neq 0$ である．よって

$$d_{r-i}(\boldsymbol{Z}_{d_1}\oplus\cdots\oplus\boldsymbol{Z}_{d_r})\cong d_{r-i}(\boldsymbol{Z}_{d'_1}\oplus\cdots\oplus\boldsymbol{Z}_{d'_{r'}})$$

の両辺の元の個数を比較すると異なっている（右辺の元の数が左辺の数よりも多い）．これは矛盾である．これで $r=r'$ であってかつ

$$d_1=d_1', \ \cdots\cdots, \ d_r=d'_{r'}$$

であることが示された．最後に，$A$ の Torsion 部分加群 $T$ による剰余加群を考えると

$$\overbrace{\boldsymbol{Z}\oplus\cdots\oplus\boldsymbol{Z}}^{m}\cong\overbrace{\boldsymbol{Z}\oplus\cdots\oplus\boldsymbol{Z}}^{m'}$$

を得るが，定理 110 より $m=m'$ となる．以上で一意性が示されて定理の証明が完成した．▌

自然数 $d$ を素因数分解

$$d=p_1{}^a p_2{}^b\cdots p_s{}^c \qquad p_1, p_2, \cdots, p_s \ \text{は異なる素数}$$

するとき

$$\boldsymbol{Z}_d\cong\boldsymbol{Z}_{p_1{}^a}\oplus\boldsymbol{Z}_{p_2{}^b}\oplus\cdots\oplus\boldsymbol{Z}_{p_s{}^c}$$

となる（例 103）ことを用いると，Abel 群の基本定理はつぎのようにいうことができる．

**定理 177　（Abel 群の基本定理　その 2）** 有限生成な加群 $A$ はつぎのような加群の直和に

同型である.

$$A \cong \boldsymbol{Z}_{p^\alpha} \oplus \boldsymbol{Z}_{q^\beta} \oplus \cdots \oplus \boldsymbol{Z}_{r^\gamma} \oplus \overbrace{\boldsymbol{Z} \oplus \cdots \oplus \boldsymbol{Z}}^{m}$$

$p, q, \cdots, r$ は素数

しかも, 加群$A$のこのような分解は一意的である. すなわち

$$A \cong \boldsymbol{Z}_{p'^{\alpha'}} \oplus \boldsymbol{Z}_{q'^{\beta'}} \oplus \cdots \oplus \boldsymbol{Z}_{r'^{\gamma'}} \oplus \overbrace{\boldsymbol{Z} \oplus \cdots \oplus \boldsymbol{Z}}^{m'}$$

$p', q', \cdots, r'$ は素数

とすると, $p', q', \cdots, r'$ の順序を適当にいれかえると

$$p^\alpha = p'^{\alpha'},\ q^\beta = q'^{\beta'},\ \cdots,\ r^\gamma = r'^{\gamma'}$$

$$m = m'$$

となる.

**証明** 加群 $A$ が定理のような直和加群に分解されることは上に述べた通りである. 分解の一意性を示そう. $A$ の Torsion 部分加群を比較すると

$$\boldsymbol{Z}_{p^\alpha} \oplus \boldsymbol{Z}_{q^\beta} \oplus \cdots \oplus \boldsymbol{Z}_{r^\gamma} \cong \boldsymbol{Z}_{p'^{\alpha'}} \oplus \boldsymbol{Z}_{q'^{\beta'}} \oplus \cdots \oplus \boldsymbol{Z}_{r'^{\gamma'}}$$

となる. ある素数 $p$ に注目して, 位数が $p$ の巾(べき)である元全体のつくる部分加群を比較すると

$$\boldsymbol{Z}_{p^{\alpha_1}} \oplus \boldsymbol{Z}_{p^{\alpha_2}} \oplus \cdots \cong \boldsymbol{Z}_{p^{\alpha'_1}} \oplus \boldsymbol{Z}_{p^{\alpha'_2}} \oplus \cdots$$

($\alpha_1 \leqq \alpha_2 \leqq \cdots,\ \alpha'_1 \leqq \alpha'_2 \leqq \cdots$ としておく)

となる (例 60 参照). さらに元の位数を比較することにより, すなわち定理の証明 176 と同じようにすると

$$p^{\alpha_1} = p^{\alpha_1'},\ p^{\alpha_2} = p^{\alpha_2'},\ \cdots$$

を得る (定理 108 も参照). このことを各素数について行なえば, Torsion 部分の一意性を得る. なお, 自由加群の部分の一意性 : $m = m'$ の証明は定理 176 の通りである. ∎

加群 $\boldsymbol{Z}, \boldsymbol{Z}_n$ は巡回加群であるから, Abel 群の基本定理の前半をつぎのようにいうことができる.

**定理 178** 有限生成な加群$A$は巡回群の直和に同型である.

**定義** 有限生成な加群$A$を Abel 群の基本定理その 1 のように

$$A \cong \boldsymbol{Z}_{d_1} \oplus \cdots \oplus \boldsymbol{Z}_{d_r} \oplus \overbrace{\boldsymbol{Z} \oplus \cdots \oplus \boldsymbol{Z}}^{m}$$

$d_1 \leqq d_2 \leqq \cdots \leqq d_r$ 　 $d_{i+1}$ は $d_i$ で割り切れる

と直和分解するとき

$$m \text{ を } A \text{ の階数}$$

$$(d_1, d_2, \cdots, d_r) \text{ を} A \text{の不変系}$$

という．また，$A$を Abel 群の基本定理その 2 のように

$$A \cong \boldsymbol{Z}_{p^{\alpha_1}} \oplus \cdots \oplus \boldsymbol{Z}_{p^{\alpha_k}} \oplus \boldsymbol{Z}_{q^{\beta}} \oplus \cdots \oplus \boldsymbol{Z}_{r^{\gamma}} \oplus \overbrace{\boldsymbol{Z} \oplus \cdots \oplus \boldsymbol{Z}}^{m}$$

$$p,\ q,\ \cdots,\ r \quad \text{は異なる素数}$$

と直和分解するとき

$$\boldsymbol{Z}_{p^{\alpha_1}} \oplus \cdots \oplus \boldsymbol{Z}_{p^{\alpha_k}} \text{ を} A \text{の } p\text{-成分（部分加群）}$$

という．

**例 179** 加群 $A = \boldsymbol{Z}_4 \oplus \boldsymbol{Z}_6 \oplus \boldsymbol{Z}_{18} \oplus \boldsymbol{Z}$ は

$$A \cong \boldsymbol{Z}_2 \oplus \boldsymbol{Z}_6 \oplus \boldsymbol{Z}_{36} \oplus \boldsymbol{Z}$$

となるので，$A$の階数は 1 であり，$A$の不変系は (2, 6, 36) である．また，加群$A$は

$$A \cong \boldsymbol{Z}_2 \oplus \boldsymbol{Z}_2 \oplus \boldsymbol{Z}_4 \oplus \boldsymbol{Z}_3 \oplus \boldsymbol{Z}_9 \oplus \boldsymbol{Z}$$

となるので，$A$の2-成分は $\boldsymbol{Z}_2 \oplus \boldsymbol{Z}_2 \oplus \boldsymbol{Z}_4$ であり，3-成分は $\boldsymbol{Z}_3 \oplus \boldsymbol{Z}_9$ である．

**例 180** 加群 $A \cong \boldsymbol{Z}_2 \oplus \boldsymbol{Z}_4 \oplus \boldsymbol{Z}_6 \oplus \boldsymbol{Z}_{12} \oplus \boldsymbol{Z}_{20}$ は

$$A \cong \boldsymbol{Z}_2 \oplus \boldsymbol{Z}_2 \oplus \boldsymbol{Z}_4 \oplus \boldsymbol{Z}_{12} \oplus \boldsymbol{Z}_{60}$$

となるので，$A$の不変系は (2, 2, 4, 12, 60) である．また，加群$A$は

$$A \cong \boldsymbol{Z}_2 \oplus \boldsymbol{Z}_2 \oplus \boldsymbol{Z}_4 \oplus \boldsymbol{Z}_4 \oplus \boldsymbol{Z}_4 \oplus \boldsymbol{Z}_3 \oplus \boldsymbol{Z}_5$$

となるので，$A$の2-成分は $\boldsymbol{Z}_2 \oplus \boldsymbol{Z}_2 \oplus \boldsymbol{Z}_4 \oplus \boldsymbol{Z}_4 \oplus \boldsymbol{Z}_4$ であり，$A$の3-成分は $\boldsymbol{Z}_3$ であり，$A$ の 5-成分は $\boldsymbol{Z}_5$ である．

ここで前から宿題になっていた例 127 のような剰余加群の求め方をつぎの例を用いて説明しよう．

**例 181** 例 127 の剰余加群

$$A = \boldsymbol{Z} \oplus \boldsymbol{Z} / \{(2m+4n,\ 8m+11n)\}$$

の構造を決定しよう．そのために，まず行列 $P = \begin{pmatrix} 2 & 4 \\ 8 & 11 \end{pmatrix}$ を正則行列 $S, T \in M((2, \boldsymbol{Z})$ により，標準形

$$SPT = \begin{pmatrix} -3 & 1 \\ 11 & -4 \end{pmatrix} \begin{pmatrix} 2 & 4 \\ 8 & 11 \end{pmatrix} \begin{pmatrix} 0 & -1 \\ -1 & -2 \end{pmatrix} = \begin{pmatrix} 1 & 0 \\ 0 & 10 \end{pmatrix}$$

に変形する（例 170）．このとき，標準形の対角線上に現われる整数をみて

$$A \cong \boldsymbol{Z}_{10}$$

がわかる．この同型を例 140-142 のように準同型定理を用いて証明したければ，全射準同型写像 $f : \boldsymbol{Z} \oplus \boldsymbol{Z} \to \boldsymbol{Z}_{10}$

$$f\begin{pmatrix} a \\ b \end{pmatrix}=f(\boldsymbol{a})=g(S\boldsymbol{a})=g\left(\begin{pmatrix} -3 & 1 \\ 11 & -4 \end{pmatrix}\begin{pmatrix} a \\ b \end{pmatrix}\right)=g\begin{pmatrix} -3a+b \\ 11a-4b \end{pmatrix}=[11a-4b]_{10}$$

($g$ は定理 176または命題 139 の写像)を用いるとよい．　なお，分母の部分加群 $B$ は $B=\{P\boldsymbol{a} \mid \boldsymbol{a}\in\boldsymbol{Z}^2\}=\{PT\boldsymbol{a} \mid \boldsymbol{a}\in\boldsymbol{Z}^2\}$ である（命題 163）から，行列 $T$ は $A\cong\boldsymbol{Z}_{10}$ を証明するのに直接には関係がない．

**例 182**　例 127 の剰余加群

$$A=\boldsymbol{Z}\oplus\boldsymbol{Z}\oplus\boldsymbol{Z}/\{(2k+2m+4n,\ -8k+4m-4n,\ -6k+6m)\}$$

の構造を決定しよう．そのために，行列 $P=\begin{pmatrix} 2 & 2 & 4 \\ -8 & 4 & -4 \\ -6 & 6 & 0 \end{pmatrix}$ を正則行列 $S, T\in M(3, \boldsymbol{Z})$ により標準形

$$SPT=\begin{pmatrix} 1 & 0 & 0 \\ 4 & 1 & 0 \\ -1 & -1 & 0 \end{pmatrix}\begin{pmatrix} 2 & 2 & 4 \\ -8 & 4 & -4 \\ -6 & 6 & 0 \end{pmatrix}\begin{pmatrix} 1 & -1 & -1 \\ 0 & 1 & 1 \\ 0 & 0 & 1 \end{pmatrix}=\begin{pmatrix} 2 & 0 & 0 \\ 0 & 12 & 0 \\ 0 & 0 & 0 \end{pmatrix}$$

に変形する（例 171）．このとき，標準形の対角線上に現われる整数をみて

$$A\cong\boldsymbol{Z}_2\oplus\boldsymbol{Z}_{12}\oplus\boldsymbol{Z}$$

がわかる．この同型を準同型定理を用いて直接証明したければ，全射準同型写像 $f:\boldsymbol{Z}\oplus\boldsymbol{Z}\oplus\boldsymbol{Z}\to\boldsymbol{Z}_2\oplus\boldsymbol{Z}_{12}\oplus\boldsymbol{Z}$

$$f(a, b, c)=g\left(\begin{pmatrix} & & \\ & S & \\ & & \end{pmatrix}\begin{pmatrix} a \\ b \\ c \end{pmatrix}\right)=g\begin{pmatrix} a \\ 4a+b \\ -a+b \end{pmatrix}=([a]_2,\ [4a+b]_{12},\ -a+b)$$

を用いるとよい．

## 11　付　録

加群 $A, B$ から直和加群 $A\oplus B$ を構成したように，加群 $A, B$ から新しい加群をつくろう．しかし証明はすべて省略して，定義と性質だけを述べるにとどめた．

### (1)　テンソル積加群

テンソル加群を定義するための準備として自由加群の定義を与えることから始める．

**定義**　$S$を集合とする．形式的な有限和

$$\sum m_s s \qquad m_s\in\boldsymbol{Z},\ s\in S$$

(記号 $\sum m_s s$ において，有限個の $s$ を除いて $m_s=0$ であり，また 2 つの $\sum m_s s$, $\sum n_s s$ が等しいとは，すべての $s\in S$ に対して $m_s=n_s$ のことであると約束する）全体の集合を $F(S)$ とする．$F(S)$ において

$$\sum m_s s + \sum n_s s = \sum (m_s + n_s) s$$

と定義すると，$F(S)$ は加群になる．この加群 $F(S)$を，集合$S$の各元を基とする**自由加群**という．

**定義**　$A, B$ を加群とする．　直積集合 $A \times B$ の各元を基とする自由加群を $F(A, B)$ とする．加群 $F(A, B)$ において

$$(a+a', b)-(a, b)-(a', b) \qquad a, a' \in A$$

$$(a, b+b')-(a, b)-(a, b') \qquad b, b' \in B$$

の形の元全体を含む最小の部分加群を $I(A, B)$ とおき，剰余加群

$$A \otimes B = F(A, B)/I(A, B)$$

を加群$A$と$B$の**テンソル積(加群)**という．なお元 $(a, b) \in F(A, B)$ を含む類を $a \otimes b$ で表わす．

**定理 183**　加群 $A, B, C$ に対してつぎの加群の同型が存在する．

(1)　$A \otimes B \cong B \otimes A$

(2)　$A \otimes (B \otimes C) \cong (A \otimes B) \otimes C$

(3)　$A \otimes (B \oplus C) \cong (A \otimes B) \oplus (A \otimes C)$

(4)　$\mathbb{Z} \otimes A \cong A$,　$\mathbb{Z}_n \otimes A \cong A/nA$

つぎの定理は定理 183 (4)の結果である．なお，$(m, n)$ で自然数 $m, n$ の最大公約数を表わすものとする．

**定理 184**　つぎの加群の同型が存在する．

$$\mathbb{Z} \otimes \mathbb{Z} \cong \mathbb{Z}, \quad \mathbb{Z} \otimes \mathbb{Z}_n \cong \mathbb{Z}_n, \quad \mathbb{Z}_n \otimes \mathbb{Z}_m \cong \mathbb{Z}_{(n,m)}$$

あとの必要のために，準同型写像 $f, g$ のテンソル積 $f \otimes g$ も定義しておく．

**定義**　$A, A', B, B'$ を加群とし，$f: A \to A'$, $g: B \to B'$ を準同型写像とする．このとき

$$h(a, b) = (f(a), g(b)) \qquad (a, b) \in A \times B$$

をみたす準同型写像 $h$: $F(A, B) \to F(A', B')$ は $h(I(A, B)) \subset I(A', B')$ をみたすので，$h$ は準同型写像

$$\bar{h}: A \otimes B = F(A, B)/I(A, B) \longrightarrow F(A', B')/I(A', B') = A' \otimes B'$$

を誘導する．この準同型写像 $\bar{h}$: $A \otimes B \to A' \otimes B'$ を $f \otimes g$ で表わす．なお $f \otimes g$ は

$$(f \otimes g)(a \otimes b) = f(a) \otimes g(b) \qquad a \in A,\ b \in B$$

をみたしている．

### (2)　準同型写像のつくる加群

**定義**　$A, B$ を加群とする．準同型写像 $f: A \to B$ 全体のつくる集合

$$\mathrm{Hom}(A,B)=\{f \mid f:\ A\to B \text{ は準同型写像}\}$$

において，$f, g$ の和を

$$(f+g)(a)=f(a)+g(a)$$

と定義すると，$\mathrm{Hom}(A, B)$ は加群になる．この加群 $\mathrm{Hom}(A, B)$ を$A$から$B$への**準同型写像全体のつくる加群**という．

**定理 185**　加群 $A, B, C$ に対してつぎの加群の同型が存在する．

(1)　$\mathrm{Hom}(A, B\oplus C)\cong\mathrm{Hom}(A, B)\oplus\mathrm{Hom}(A, C)$

(2)　$\mathrm{Hom}(B\oplus C, A)\cong\mathrm{Hom}(B, A)\oplus\mathrm{Hom}(C, A)$

(3)　$\mathrm{Hom}(\boldsymbol{Z}, A)\cong A$，$\mathrm{Hom}(\boldsymbol{Z}_n, A)\cong {}_nA$

つぎの定理は定理 185 (3)の結果である．

**定理 186**　つぎの加群の同型が存在する．

$\mathrm{Hom}(\boldsymbol{Z}, \boldsymbol{Z})\cong\boldsymbol{Z}$,　$\mathrm{Hom}(\boldsymbol{Z}, \boldsymbol{Z}_n)\cong\boldsymbol{Z}_n$, $\mathrm{Hom}(\boldsymbol{Z}_n, \boldsymbol{Z})=0$,　$\mathrm{Hom}(\boldsymbol{Z}_n, \boldsymbol{Z}_m)\cong\boldsymbol{Z}_{(n,m)}$

あとの必要のために，準同型写像 $f, g$ の $\mathrm{Hom}(f, g)$ も定義しておく．

**定義**　$A, A', B, B'$ を加群と，$f:\ A\to A'$, $g: B'\to B$ を準同型写像とする．このとき，準同型写像 $\mathrm{Hom}(f, g)$を

$$\mathrm{Hom}(f, g):\ \mathrm{Hom}(A', B') \longrightarrow \mathrm{Hom}(A, B)$$

$$\mathrm{Hom}(f, g)\xi=g\xi f:\ A \xrightarrow{f} A' \xrightarrow{\xi} B' \xrightarrow{g} B$$

で定義する．

**(3)　Torsion 積加群**

**定義**　$A, B$ を加群とする．加群$A$に対して

$$0 \longrightarrow R \xrightarrow{f} F \xrightarrow{g} A \longrightarrow 0$$

が完全系列となるような自由加群 $F, R$ をとる．（このような $F, R$ は$A$に対して一意に決まらないが，つねに存在する）．さて，準同型写像 $f\otimes 1:\ R\otimes B\to F\otimes B$ の核

$$\mathrm{Tor}(A, B)=\mathrm{Ker}(f\otimes 1)$$

（または $A*B$ ともかく）を，加群 $A, B$ の **Torsion 積（加群）**という．（$\mathrm{Tor}(A, B)$ は $F, R$ のとり方によらず，$A, B$ に対して同型を除いて一意に決る）．

**定理 187**　加群 $A, B, C$ に対してつぎの加群の同型が存在する．

(1)　$\mathrm{Tor}(A, B)\cong\mathrm{Tor}(B, A)$

(2)　$\mathrm{Tor}(A, B\oplus C)\cong\mathrm{Tor}(A, B)\oplus\mathrm{Tor}(A, C)$

(3)　$\mathrm{Tor}(\boldsymbol{Z}, A)=0$,　$\mathrm{Tor}(\boldsymbol{Z}_n, A)\cong {}_nA$

つぎの定理は定理 187 (3)の結果である.

**定理 188**　つぎの加群の同型が存在する.

$$\mathrm{Tor}(\boldsymbol{Z}, \boldsymbol{Z})=0, \quad \mathrm{Tor}(\boldsymbol{Z}, \boldsymbol{Z}_n)=0, \quad \mathrm{Tor}(\boldsymbol{Z}_n, \boldsymbol{Z}_m)=\boldsymbol{Z}_{(n,m)}$$

### (4)　拡大加群

**定義**　$A, B$ を加群とする. 加群$A$に対して

$$0 \longrightarrow R \xrightarrow{f} F \xrightarrow{g} A \longrightarrow 0$$

が完全系列となるような自由加群 $F, R$ をとる. さて, 準同型写像 $\mathrm{Hom}(f, 1)$: $\mathrm{Hom}(F, B) \to \mathrm{Hom}(R, B)$ を考え, 剰余加群

$$\mathrm{Ext}(A, B)=\mathrm{Hom}(R, B)/\mathrm{ImHom}(f, 1)$$

を加群$B$の加群$A$による**拡大加群**という. ($\mathrm{Ext}(A, B)$ は $F, R$ のとり方によらず, $A$, $B$ に対して同型を除いて一意に決る).

**定理 189**　加群 $A, B, C$ に対してつぎの加群の同型が存在する.

(1)　$\mathrm{Ext}(A, B\oplus C)\cong\mathrm{Ext}(A, B)\oplus\mathrm{Ext}(A, C)$

(2)　$\mathrm{Ext}(B\oplus C, A)\cong\mathrm{Ext}(B, A)\oplus\mathrm{Ext}(C, A)$

(3)　$\mathrm{Ext}(\boldsymbol{Z}, A)=0, \quad \mathrm{Ext}(\boldsymbol{Z}_n, A)\cong A/nA$

つぎの定理は定理 189 (3)の結果である.

**定理 190**　つぎの加群の同型が存在する.

$$\mathrm{Ext}(\boldsymbol{Z}, \boldsymbol{Z})=0, \quad \mathrm{Ext}(\boldsymbol{Z}, \boldsymbol{Z}_n)=0, \quad \mathrm{Ext}(\boldsymbol{Z}_n, \boldsymbol{Z})\cong\boldsymbol{Z}_n, \quad \mathrm{Ext}(\boldsymbol{Z}_n, \boldsymbol{Z}_m)\cong\boldsymbol{Z}_{(n,m)}$$

拡大加群 $\mathrm{Ext}(A, B)$ はつぎに定義する加群と同型である.

加群 $A, B$ を固定し, つぎのような完全系列

$$\xi:\ 0 \longrightarrow B \xrightarrow{i} X \xrightarrow{f} A \longrightarrow 0$$

全体の集合を $\mathrm{Ext}(A, B)$ で表わす. ただし, 2つの完全系列 $\xi, \xi'$ の間に

$$\begin{array}{ccccccccc}
0 & \longrightarrow & B & \xrightarrow{i} & X & \xrightarrow{f} & A & \longrightarrow & 0 \\
 & & \cong\downarrow\varphi_B & & \cong\downarrow\varphi & & \cong\downarrow\varphi_A & & \\
0 & \longrightarrow & B & \xrightarrow{i'} & X' & \xrightarrow{f'} & A & \longrightarrow & 0
\end{array}$$

の図式を可換にする同型写像 $\varphi_B$: $B\to B$, $\varphi$: $X\to X'$, $\varphi_A$: $A\to A$ が存在するとき, $\xi$ と $\xi'$ は同じ(正しくは同値というべきかもしれない)であるとみなす. さて $\mathrm{Ext}(A, B)$の2元 $\xi, \eta$ の和をつぎのように定義しよう.

$$\xi:\ 0 \longrightarrow B \xrightarrow{i} X \xrightarrow{f} A \longrightarrow 0$$

$$\eta:\ 0 \longrightarrow B \xrightarrow{j} Y \xrightarrow{g} A \longrightarrow 0$$

に対して，$X \oplus Y$ の部分加群 $Z'=\{(x, y) \in X \oplus Y \mid f(x)=g(y)\}$ と準同型写像 $l': B \to Z'$, $l'(b)=(-i(b), j(b))$ を定義する．さて剰余加群 $Z=Z'/\mathrm{Im}\, l'$ をつくり

$$\zeta:\ 0 \longrightarrow B \xrightarrow{l} Z \xrightarrow{h} A \longrightarrow 0$$

$$l(b)=[(i(b), 0)]=[(0, j(b))]$$
$$h([x, y])=f(x)=g(y)$$

を考えると，$\zeta$ は完全系列になる．そこで，$\xi$ と $\eta$ の和を

$$\xi+\eta=\zeta$$

と定義すると，$\mathrm{Ext}(A, B)$ は加群になる． この加群 $\mathrm{Ext}(A, B)$ の零元 0 は分裂する完全系列

$$0:\ 0 \longrightarrow B \xrightarrow{i} A \oplus B \xrightarrow{p} A \longrightarrow 0$$

である．

最後に，有限生成な加群 $A$, $B$ に対しては，定理 183–190 を用いると，$A \otimes B$, $\mathrm{Hom}(A, B)$, $\mathrm{Tor}(A, B)$, $\mathrm{Ext}(A, B)$ の加群構造が具体的に求められることを注意して，加群の章を終ることにしよう．

# 第2章　群

1章で加群について調べてきたが，ここでは加群から可換法則を除いた一般の群について述べよう．可換法則を仮定しないだけに，群は加群よりもずっと例が多くなる．また群には Abel の基本定理のような見事な分類定理がないから，理論はずっと複雑になり未知の所も数多い．複雑であって難しいということは，より数学的興味が増すということにつながるのかもしれない．群に位相を導入した位相群や Lie 群についてはここで触れないで，この章では群それ自身の代数的な構造のみを問題にすることとする．なお，この章の命題や定理のなかには加群のそれと同様なものもあるが，それらもなるべく再記するようにした．

## 1　群

### (1)　群の定義

**定義**　集合$G$の任意の2つの元 $x, y$ に対して$G$の元 $xy$ が1意に定まり，つぎの3つの条件

(1)　$x(yz)=(xy)z$　　　　(**結合法則**)

(2)　$G$に1と書かれる特定の元が存在し，$G$の任意の元$x$に対して $x1=1x=x$ がなりたつ．

(3)　$G$のすべての元$x$に対して $xx^{-1}=x^{-1}x=1$ をみたす$G$の元 $x^{-1}$ がある．

をみたすとき，$G$は（積に関して）**群**である，または**群をつくる**という．1を群$G$の**単位元**といい，$x^{-1}$ を元$x$の**逆元**という．

群$G$の任意の2つの元 $x, y$ に対して

(4)　$xy=yx$

がなりたつとき，$G$を**可換群**（または **Abel 群**）という．

加群$A$において，$a+b$ を $ab$ と書き，0を1，$-a$ を $a^{-1}$ と書くと$A$は可換群になる．

加群と可換群とは算法の記号の相違だけであって本質的に全く同じものである．このように加群は可換群として群の特別の場合であるので，群でなりたっていることは当然加群についてもなりたっているわけである．

群$G$の元の個数が有限であるとき$G$を**有限群**といい，有限群$G$の元の個数を群$G$の**位数**という．それに反して，無限個の元を含む群$G$を**無限群**という．

以後，本書ではつねに，$\boldsymbol{R}$ で実数全体の集合を表わし，$\boldsymbol{C}$ で複素数全体の集合を表わすものとする．

| | 1 | −1 |
|---|---|---|
| 1 | 1 | −1 |
| −1 | −1 | 1 |

**例 1**　2つの整数 1, −1 からなる集合　$S^0=\{1, -1\}$ は（積に関して）群をつくる．$S^0$ は位数 2 の可換群である．この群 $S^0$ を以後 $Z_2$ とも書いている．

**例 2**　方程式 $z^n=1$ の根全体の集合

$$Z_n=\{\alpha\in\boldsymbol{C}\,|\,|\alpha|=1\}$$
$$=\{e^{\frac{2k\pi}{n}i}\,|\,k=0,1,\cdots,n-1\}$$
$$=\left\{\cos\frac{2k\pi}{n}+i\sin\frac{2k\pi}{n}\,\middle|\,k=0,1,\cdots,n-1\right\}$$

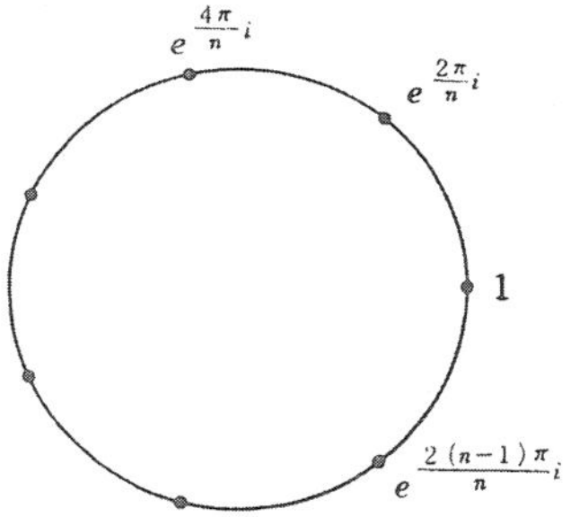


は（積に関して）群をつくる．$Z_n$ は位数$n$の可換群である．なお，例 1 の群 $Z_2$ はこの群 $Z_n$ の $n=2$ の特別の場合である．

**例 3**　0 以外の実数全体の集合　$\boldsymbol{R}^*=\boldsymbol{R}-\{0\}$ は（積に関して）群をつくる．

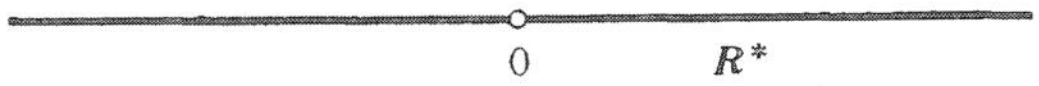


**例 4**　正の実数全体の集合　$\boldsymbol{R}^+=\{x\in\boldsymbol{R}\,|\,x>0\}$　は（積に関して）群をつくる．

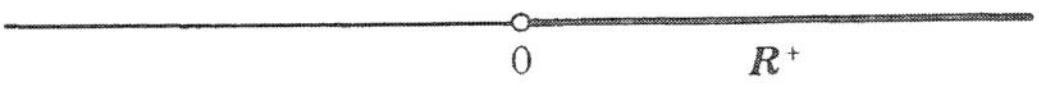


**例 5**　0 以外の複素数全体の集合 $\boldsymbol{C}^*=\boldsymbol{C}-\{0\}$ は（積に関して）群をつくる（次頁左図）．

**例 6**　絶対値 1 の複素数全体の集合（次頁右図）

$$S^1=\{\alpha\in\boldsymbol{C}\,|\,|\alpha|=1\}$$
$$=\{e^{i\theta}\,|\,\theta\in\boldsymbol{R}\}$$
$$=\{\cos\theta+i\sin\theta\,|\,\theta\in\boldsymbol{R}\}$$

は（積に関して）群をつくる．$S^1$ が群であることの証明は容易であるが，$S^1$ の元を $\cos\theta+i\sin\theta$ で表示するとき，$S^1$ が群であることは複素数における **de Moivre の公式**

$$(\cos\theta+i\sin\theta)(\cos\varphi+i\sin\varphi)=\cos(\theta+\varphi)+i\sin(\theta+\varphi),$$
$$(\cos\theta+i\sin\theta)^{-1}=\cos(-\theta)+i\sin(-\theta)$$

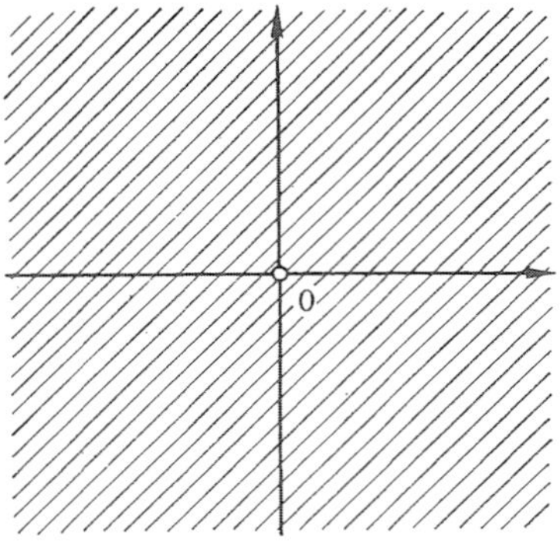


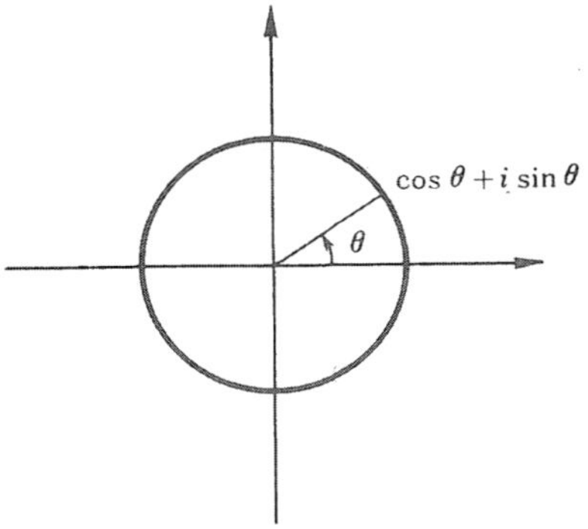


そのものである．

以上の例であげた群 $S^0$, $Z_n$, $\boldsymbol{R}^*$, $\boldsymbol{R}^+$, $\boldsymbol{C}^*$, $S^1$ はいずれも可換群であり，また，$S^0$, $Z_n$ を除けば，$\boldsymbol{R}^*$, $\boldsymbol{R}^+$, $\boldsymbol{C}^*$, $S^1$ はいずれも無限群である．

可換でない群の例は直ぐ後でいくつかあげるが，とりあえずここで可換でない群の例を1つあげておく．（この群がとりわけ重要な群であるというわけでないかもしれないが）．

**例 7**　つぎの8つの元からなる集合

$$Q=\{1,\ -1,\ i,\ -i,\ j,\ -j,\ k,\ -k\}$$

において，積を下の表のように定義するとQは群になる．（この表の読み方はつぎのよう

| | 1 | −1 | $i$ | $-i$ | $j$ | $-j$ | $k$ | $-k$ |
|---|---|---|---|---|---|---|---|---|
| 1 | 1 | −1 | $i$ | $-i$ | $j$ | $-j$ | $k$ | $-k$ |
| −1 | −1 | 1 | $-i$ | $i$ | $-j$ | $j$ | $-k$ | $k$ |
| $i$ | $i$ | $-i$ | −1 | 1 | $k$ | $-k$ | $-j$ | $j$ |
| $-i$ | $-i$ | $k$ | 1 | −1 | $-k$ | $k$ | $j$ | $-j$ |
| $j$ | $j$ | $-j$ | $-k$ | $k$ | −1 | 1 | $i$ | $-i$ |
| $-j$ | $-j$ | $j$ | $k$ | $-k$ | 1 | −1 | $-i$ | $i$ |
| $k$ | $k$ | $-k$ | $j$ | $-j$ | $-i$ | $i$ | −1 | 1 |
| $-k$ | $-k$ | $k$ | $-j$ | $j$ | $i$ | $-i$ | 1 | −1 |

にする．たとえば，積 $ik$ は，$i$ を左端の列から，$k$ を上端の行から探し，この列と行の交点を読んで $ik=-j$ とみるのである．このような表を群の**乗積表**という）．群Qの単位元は1であり，各元に逆元が存在すること（たとえば $i^{-1}=-i$ である）もこの乗積表から

容易にわかる．しかし積が結合法則をみたすことは，逐一確かめてみる以外になかろうと思う．$Q$ は群になったが，$ij=k$, $ji=-k$ の例が示すように$Q$は可換群でない．この群$Q$を4元数群という．

### (2) 群の簡単な性質

群のもつ簡単な性質を2,3あげておこう．

**命題8** 群$G$においてつぎの(1)(2)(3)がなりたつ．

(1) $G$の単位元1はただ1つに定まる．

(2) 元$x$の逆元 $x^{-1}$ は$x$に対してただ1つに定まる．すなわち

$$xy=1 \ (\text{または } yx=1) \quad \text{ならば} \quad y=x^{-1}$$

がなりたつ．

(3) $(x^{-1})^{-1}=x$

**証明** (1) 元$1, 1'$がともにすべての元 $x\in G$ に対して

$$x1=1x=x \qquad x1'=1'x=x$$

をみたすとすると，初めの式において $x=1'$ とおき，第2の式において $x=1$ とおくと

$$1'=11'=1'1=1$$

となり $1=1'$ を得る．

(2) $xy=1$ として群の諸法則を用いると

$$y=1y=(x^{-1}x)y=x^{-1}(xy)=x^{-1}1=x^{-1}$$

となる．$yx=1$ のときも同様である．

(3) $xx^{-1}=1$ に対して(2)の結果を用いると $(x^{-1})^{-1}=x$ を得る．∥

つぎの命題を述べるために記号の約束をしておく．

**定義** $G$を群とする．元 $x\in G$ に対し，$xx$ を $x^2$ で表わし，$xxx$ を $x^3$ で表わす．一般に，自然数$n$に対して

$$\overbrace{xx\cdots x}^{n} \quad \text{を} \quad x^n$$

と書き，$x$を$n$**乗した元**という．さらに，負の整数$n$に対して

$$x^n \quad \text{を} \quad (x^{-1})^{-n}$$

で定義する．たとえば，$x^{-3}$ とは $(x^{-1})^3=x^{-1}x^{-1}x^{-1}$ のことである．なお $x^0$は単位元1を意味するものとする．

**命題9** 群$G$においてつぎの諸法則がなりたつ．

(1) $xa=b$ ならば $x=ba^{-1}$

$ax=b$ ならば $x=a^{-1}b$

(2) $(xy)^{-1}=y^{-1}x^{-1}$

(3) $(x^n)^{-1}=(x^{-1})^n=x^{-n}$ $n$ は整数

(4) $x^m x^n=x^{m+n}$, $(x^m)^n=x^{mn}$ $m, n$ は整数

**証明** (1) $x=x1=x(aa)^{-1}=(xa)a^{-1}=ba^{-1}$

他の式も同様である.

(2) $(y^{-1}x^{-1})(xy)=y^{-1}(x^{-1}x)y=y^{-1}1y=y^{-1}y=1$

となるから，命題8(2)より $y^{-1}x^{-1}=(xy)^{-1}$ を得る.

(3)(4)の証明は省略する. ‖

### (3) 元の位数

**定義** $G$を群とし，元 $a\in G$ の位数をつぎのように定義する.

(1) $a$がどんな自然数$n$に対しても $a^n\neq 1$であるとき，$a$の**位数**は無限大であるという.

(2) $a$がある自然数$n$に対して $a^n=1$ となるとき，このような$n$の最小数$m$を$a$の位数という.

**例10** 群 $\boldsymbol{R}^*=\boldsymbol{R}-\{0\}$ の元 $x(x\neq\pm 1)$ の位数は無限大である. 一方，$-1$ の位数は2である：$(-1)^2=1$.

**例11** 群 $Z_n=\{\alpha\in\boldsymbol{C}\mid\alpha^n=1\}$ の元 $\omega=\cos\frac{2\pi}{n}+i\sin\frac{2\pi}{n}$ の位数は$n$である. 実際,

$$\omega^k\neq 1 \quad 1\leqq k\leqq n-1, \qquad \omega^n=1$$

となるからである.

**例12** 4元数群 $Q=\{\pm 1, \pm i, \pm j, \pm k\}$ の元 $-1$ の位数は2で，$\pm i, \pm j, \pm k$ の位数はいずれも4である. 実際,

$$(-1)^2=1; \qquad i^2=-1, \quad i^3=-i, \quad i^4=1$$

($-i, \pm j, \pm k$ についても同様) となるからである.

**命題13** $G$を群とする. 元 $a\in G$ がある自然数$n$に対して $a^n=1$ となるならば，$n$は元$a$の位数$m$で割り切れる.

**証明** $a^n=1$ となっているから，元$a$の位数$m$は有限である. さて，$n$を$m$で割って

$$n=mq+r \qquad 0\leqq r<m$$

と表わすとき

$$1=a^n=a^{mq+r}=(a^m)^q a^r=a^r$$

となるから，もし $r\neq 0$ ならば，$m$が $a^m=1$ となる最小の自然数であることに反する. よって $r=0$ であり，$n$は$m$で割り切れる. ‖

### (4) 群の直積

2つの群 $G_1, G_2$ から直積群とよばれる新しい群 $G_1\times G_2$ を構成することを考えよう.

**定義** $G_1, G_2$ を群とする. 直積集合 $G_1\times G_2$ において，積を

$$(x_1, x_2)(y_1, y_2)=(x_1y_1, x_2y_2)$$

と定義すると $G_1\times G_2$ は群になる．実際，結合法則がなりたつことを示すのは容易であり，また $(1,1)$ が単位元であり，元 $(x_1, x_2)$ の逆元は $(x_1^{-1}, x_2^{-1})$ である：$(x_1, x_2)^{-1}=(x_1^{-1}, x_2^{-1})$．この群 $G_1\times G_2$ を群 $G_1, G_2$ の**直積**(**群**) という．

群の直積は2つとは限らず有限個の群 $G_1, \cdots, G_n$ に対しても定義できる．直積集合 $G_1\times\cdots\times G_n$ において，積を

$$(x_1, \cdots, x_n)(y_1, \cdots, y_n)=(x_1y_1, \cdots, x_ny_n)$$

と定義すると $G_1\times\cdots\times G_n$ は群になる．この群 $G_1\times\cdots\times G_n$ を $G_1, \cdots, G_n$ の**直積**(**群**)という．

## 2 群の例

群の例がいろいろあるなかで，最も重要であろうと思われる群を2つあげよといわれれば，私は何のためらいもなく，対称群 $\mathfrak{S}_n$ と一般線型群 $GL(n, \boldsymbol{R})$, $GL(n, \boldsymbol{C})$ をあげるであろう．というのは，対称群 $\mathfrak{S}_n$ は有限群を総括する群であり，一般線型群 $GL(n, \boldsymbol{R})$, $GL(n, \boldsymbol{C})$ は Lie 群の頂点に立つ群であるといえるからである．その重要な群の1つである対称群 $\mathfrak{S}_n$ の説明から始めよう．

### (1) 対称群

$\{i_1, i_2, \cdots, i_n\}$ を $n$ 個の自然数 $\{1, 2, \cdots, n\}$ をいれかえたものとし，記号

$$\sigma=\begin{pmatrix}1 & 2 & \cdots & n\\ i_1 & i_2 & \cdots & i_n\end{pmatrix}$$

を $n$ 次の**置換**という．$n$ 次の置換は全部で $n!$ 個ある．

**例 14**　3次の置換は全部で

$$\begin{pmatrix}1&2&3\\1&2&3\end{pmatrix},\ \begin{pmatrix}1&2&3\\1&3&2\end{pmatrix},\ \begin{pmatrix}1&2&3\\2&1&3\end{pmatrix},\ \begin{pmatrix}1&2&3\\2&3&1\end{pmatrix},\ \begin{pmatrix}1&2&3\\3&1&2\end{pmatrix},\ \begin{pmatrix}1&2&3\\3&2&1\end{pmatrix}$$

の6個ある．

$n$ 次の置換全体の集合を $\mathfrak{S}_n$ で表わす．この集合 $\mathfrak{S}_n$ に積を定義して $\mathfrak{S}_n$ に群の構造をいれるのであるが，その前に記号の約束をしておく．置換 $\sigma$ は，上にある文字 $k$ に下の文字 $i_k$ を対応させることを示していると考えて，上下の文字を組にして順序をかえて表わしてもよいものとする．たとえば

$$\begin{pmatrix}1&2&3&4&5\\3&5&2&1&4\end{pmatrix}=\begin{pmatrix}4&2&1&5&3\\1&5&3&4&2\end{pmatrix}$$

のようである．さて，$\mathfrak{S}_n$ の2つの元

$$\sigma=\begin{pmatrix}1 & 2 & \cdots & n\\ i_1 & i_2 & \cdots & i_n\end{pmatrix},\qquad \tau=\begin{pmatrix}i_1 & i_2 & \cdots & i_n\\ j_1 & j_2 & \cdots & j_n\end{pmatrix}$$

に対して，積 $\tau\sigma$ を

$$\tau\sigma=\begin{pmatrix}1 & 2 & \cdots & n\\ j_1 & j_2 & \cdots & j_n\end{pmatrix}$$

と定義する．たとえば $\mathfrak{S}_5$ において

$$\begin{pmatrix}1 & 2 & 3 & 4 & 5\\ 3 & 1 & 2 & 5 & 4\end{pmatrix}\begin{pmatrix}1 & 2 & 3 & 4 & 5\\ 5 & 2 & 4 & 3 & 1\end{pmatrix}=\begin{pmatrix}1 & 2 & 3 & 4 & 5\\ 4 & 1 & 5 & 2 & 3\end{pmatrix}$$

のようである．$\mathfrak{S}_n$ の3つの元 $\sigma, \tau, \rho$ の積に関して結合法則

$$\rho(\tau\sigma)=(\rho\tau)\sigma \tag{i}$$

がなりたつ（各自確かめて下さい．自明に近いことである）．置換 $\begin{pmatrix}1 & 2 & \cdots & n\\ 1 & 2 & \cdots & n\end{pmatrix}$ を1で表わし**恒等置換**（または**単位置換**）という．この恒等置換1は，すべての置換 $\sigma\in\mathfrak{S}_n$ に対して

$$\sigma 1=1\sigma=\sigma \tag{ii}$$

をみたしている．また置換 $\sigma=\begin{pmatrix}1 & 2 & \cdots & n\\ i_1 & i_2 & \cdots & i_n\end{pmatrix}$ に対して（上下を逆さにした）置換 $\begin{pmatrix}i_1 & i_2 & \cdots & i_n\\ 1 & 2 & \cdots & n\end{pmatrix}$ を $\sigma^{-1}$ で表わし，$\sigma^{-1}$ を $\sigma$ の**逆置換**という．このとき，明らかに

$$\sigma\sigma^{-1}=\sigma^{-1}\sigma=1 \tag{iii}$$

がなりたつ．(i)(ii)(iii) の関係がなりたつことは，集合 $\mathfrak{S}_n$ は上に定義した積に関して群をつくることを示している．この群 $\mathfrak{S}_n$ を $n$ 次の**対称群**という．対称群 $\mathfrak{S}_n$ は位数 $n!$ の群である．

対称群 $\mathfrak{S}_n (n\geqq 3)$ は可換群でない．たとえば

$$\begin{pmatrix}1 & 2 & 3\\ 2 & 3 & 1\end{pmatrix}\begin{pmatrix}1 & 2 & 3\\ 1 & 3 & 2\end{pmatrix}=\begin{pmatrix}1 & 2 & 3\\ 2 & 1 & 3\end{pmatrix}\qquad \begin{pmatrix}1 & 2 & 3\\ 1 & 3 & 2\end{pmatrix}\begin{pmatrix}1 & 2 & 3\\ 2 & 3 & 1\end{pmatrix}=\begin{pmatrix}1 & 2 & 3\\ 3 & 2 & 1\end{pmatrix}$$

が示すように，一般には $\sigma\tau=\tau\sigma$ とはならないからである．（しかし2次の対称群 $\mathfrak{S}_2$ は $\begin{pmatrix}1 & 2\\ 1 & 2\end{pmatrix}$, $\begin{pmatrix}1 & 2\\ 2 & 1\end{pmatrix}$ の2つの元からなる位数2の可換群である）．

**例 15**　3次の対称群 $\mathfrak{S}_3$ における乗積表をつくるとつぎのようになる．

$$1=\begin{pmatrix}1 & 2 & 3\\ 1 & 2 & 3\end{pmatrix},\quad \sigma=\begin{pmatrix}1 & 2 & 3\\ 2 & 3 & 1\end{pmatrix},\quad \tau=\begin{pmatrix}1 & 2 & 3\\ 3 & 1 & 2\end{pmatrix},$$

$$\xi=\begin{pmatrix}1&2&3\\1&3&2\end{pmatrix},\quad \eta=\begin{pmatrix}1&2&3\\2&1&3\end{pmatrix},\quad \zeta=\begin{pmatrix}1&2&3\\3&2&1\end{pmatrix}$$

この乗積表から直ぐわかるように，$\xi, \eta, \zeta$ の位数は2であり，$\sigma, \tau$ の位数は3である：

$$\xi^2=\eta^2=\zeta^2=1,$$
$$\sigma^3=\tau^3=1$$

| | 1 | $\sigma$ | $\tau$ | $\xi$ | $\eta$ | $\zeta$ |
|---|---|---|---|---|---|---|
| 1 | 1 | $\sigma$ | $\tau$ | $\xi$ | $\eta$ | $\zeta$ |
| $\sigma$ | $\sigma$ | $\tau$ | 1 | $\eta$ | $\zeta$ | $\xi$ |
| $\tau$ | $\tau$ | 1 | $\sigma$ | $\zeta$ | $\xi$ | $\eta$ |
| $\xi$ | $\xi$ | $\zeta$ | $\eta$ | 1 | $\tau$ | $\sigma$ |
| $\eta$ | $\eta$ | $\xi$ | $\zeta$ | $\sigma$ | 1 | $\tau$ |
| $\zeta$ | $\zeta$ | $\eta$ | $\xi$ | $\tau$ | $\sigma$ | 1 |

置換をある集合における写像とみなすために，つぎのような考察をしよう．

$N$を $n$ 個の自然数 $\{1, 2, \cdots, n\}$ からなる集合とし，置換 $\sigma=\begin{pmatrix}1&2&\cdots&n\\i_1&i_2&\cdots&i_n\end{pmatrix}$ を

$$\sigma:\ \begin{array}{ccc}N&\longrightarrow&N\\1&\text{——}&i_1\\2&\text{——}&i_2\\\vdots&&\vdots\\n&\text{——}&i_n\end{array}$$

$$\sigma(1)=i_1,\quad \sigma(2)=i_2,\quad \cdots,\quad \sigma(n)=i_n$$

をみたす写像 $\sigma: N\to N$ とみなすと，置換 $\sigma$ は全単射 $\sigma: N\to N$ になる．逆に，全単射 $\sigma: N\to N$ は置換 $\sigma\in\mathfrak{S}_n$ を定める．このように置換を集合$N$における写像とみなすとき，置換 $\sigma, \tau$ の積 $\tau\sigma$ は，写像 $\sigma, \tau: N\to N$ の合成写像 $\tau\sigma: N\to N$

$$(\tau\sigma)(k)=\tau(\sigma(k))\qquad k\in N$$

のことにほかならない．このとき，恒等置換1は恒等写像 $1: N\to N$, $1(k)=k$ に対応し，置換 $\sigma$ の逆置換 $\sigma^{-1}$ は全単射 $\sigma: N\to N$ の逆写像 $\sigma^{-1}: N\to N$ に対応している．上記のようにして，対称群 $\mathfrak{S}_n$ を集合$N$における全単射全体が(合成写像の積により)つくる群であるとみることができた．

対称群 $\mathfrak{S}_n$ は Lagrange が代数方程式の根の置換を考察中に考え出したといわれているが，何といっても群は Galois の出現を待たねばならない．Galois が5次以上の代数方程式に対しては根の公式をつくれないことを対称群 $\mathfrak{S}_n$ が可解でない ($n\geqq5$) という性質に帰着して証明したことは有名な話であり，群の概念を確立したと同時に群のすばらしい応用をみせたのである．以後，群論は数学のあらゆる分野にすばらしい貢献をしながら発展し続け，今日に到っているのである．

つぎの例は対称群の拡張になっている．

**例 16** $X$を集合とする．$X$における全単射全体の集合

$$\mathfrak{S}(X)=\{f\mid f: X\to X \text{ は全単射}\}$$

は合成写像の積により群をつくる．実際，2つの全単射 $f, g: X\to X$ の合成写像 $gf: X\to X$ は再び全単射であるから，$\mathfrak{S}(X)$ に積が定義される．結合法則 $h(gf)=(hg)f$ は

$$(h(gf))(x)=h((gf)(x))=h(g(f(x)))=(hg)(f(x))=((hg)f)(x)$$

よりよい．$\mathfrak{S}(X)$ の単位元1は恒等写像 $1:X\to X$ であり，全単射 $f:X\to X$ の逆元 $f^{-1}$ は $f$ の逆写像 $f^{-1}:X\to X$ である．これで $\mathfrak{S}(X)$ が群であることがわかった．この群 $\mathfrak{S}(X)$ を集合 $X$ における**変換群**という．$X$ が有限集合 $N=\{1,2,\cdots,n\}$ であるとき，$\mathfrak{S}(N)$ は対称群 $\mathfrak{S}_n$ のことにほかならない：$\mathfrak{S}_n=\mathfrak{S}(N)$．

### (2)　交　代　群

交代群 $\mathfrak{A}_n$ を定義するために，置換の符号について説明しよう．

置換 $\sigma$ において，上下の文字が同じならば省略して書くことがある．たとえば

$$\begin{pmatrix}1 & 2 & 3 & 4 & 5 & 6 & 7\\ 4 & 1 & 3 & 5 & 2 & 6 & 7\end{pmatrix}=\begin{pmatrix}1 & 2 & 4 & 5\\ 4 & 1 & 5 & 2\end{pmatrix}$$

のようである．さて

$$\begin{pmatrix}i_1 & i_2 & \cdots & i_{r-1} & i_r\\ i_2 & i_3 & \cdots & i_r & i_1\end{pmatrix}$$

のように，いくつかの文字を巡回的にうつす置換を**巡回置換**といい，記号 $(i_1\ i_2\cdots i_r)$ で表わす．またこの文字の数 $r$ を巡回置換 $(i_1\ i_2\cdots i_r)$ の**長さ**という．たとえば，巡回置換 $(1\ 2\ 4\ 7)$ は

$$(1\ \ 2\ \ 4\ \ 7)=\begin{pmatrix}1 & 2 & 3 & 4 & 5 & 6 & 7\\ 2 & 4 & 3 & 7 & 5 & 6 & 1\end{pmatrix}$$

のことであり，この長さは4である．長さ2の巡回置換 $(i\ j)$ を**互換**という．互換 $(i\ j)$ は文字 $i$ と $j$ のみを入れかえ，他の文字を変えない置換のことである．

任意の置換は，共通する文字を含まないいくつかの巡回置換の積に表わされる．たとえば

$$\begin{pmatrix}1 & 2 & 3 & 4 & 5 & 6 & 7\\ 4 & 3 & 1 & 7 & 6 & 5 & 2\end{pmatrix}=(5\ \ 6)(1\ \ 4\ \ 7\ \ 2\ \ 3)$$

$$\begin{pmatrix}1 & 2 & 3 & 4 & 5 & 6 & 7 & 8\\ 6 & 5 & 8 & 1 & 2 & 4 & 3 & 7\end{pmatrix}=(3\ \ 8\ \ 7)(2\ \ 5)(1\ \ 6\ \ 4)$$

のようである．さらに巡回置換は

$$(i_1\ \ i_2\cdots i_r)=(i_1\ \ i_r)\cdots(i_1\ \ i_3)(i_1\ \ i_2)$$

のように互換の積に表わされる．したがって，上記のこととあわせるとつぎの補題を得る．

**補題 17**　任意の置換はいくつかの互換の積に表わされる．

置換を互換の積に表わす表わし方は一通りでない．たとえば

$$\begin{pmatrix} 1 & 2 & 3 \\ 2 & 3 & 1 \end{pmatrix} = (1\ 3)(1\ 2)$$
$$= (2\ 3)(1\ 2)(1\ 3)(2\ 3)$$

など幾通りもある．しかしつぎの補題がなりたつ．

**補題 18** 置換を互換の積に表わすとき，そこに現われる互換の個数が偶数であるか奇数であるかは，その表わし方に関係しない．

**証明** 変数 $x_1, x_2, \cdots, x_n$ の多項式

$$\begin{aligned} \varDelta = \varDelta(x_1, x_2, \cdots, x_n) &= \prod_{k<l}(x_k - x_l) \\ &= (x_1-x_2)(x_1-x_3)\cdots(x_1-x_n) \\ &\qquad\quad (x_2-x_3)\cdots(x_2-x_n) \\ &\qquad\qquad\qquad \cdots \\ &\qquad\qquad\qquad (x_{n-1}-x_n) \end{aligned}$$

において，変数 $x_1, x_2, \cdots, x_n$ の添数に置換 $\sigma = \begin{pmatrix} 1 & 2 & \cdots & n \\ i_1 & i_2 & \cdots & i_n \end{pmatrix}$ を施した多項式を

$$(\sigma\varDelta)(x_1, x_2, \cdots, x_n) = \varDelta(x_{i_1}, x_{i_2}, \cdots, x_{i_n}) = \prod_{k<l}(x_{i_k} - x_{i_l})$$

で表わすことにする．このとき $\sigma\varDelta$ は $\varDelta$ か $-\varDelta$ のいずれかであるが，$\sigma$ が互換 $(i\ j)$ のときには，$\sigma\varDelta$ は $\varDelta$ において $x_i, x_j$ をいれかえ他の変数は変えないのであるから，$\sigma\varDelta = -\varDelta$ となっている（各自確かめて下さい）．このことから，$\sigma$ が偶数個の互換の積であれば $\sigma\varDelta = \varDelta$，奇数個の互換の積であれば $\sigma\varDelta = -\varDelta$ となる．したがって，$\sigma$ を互換の積に表わすとき，その互換の個数は，$\sigma\varDelta = \varDelta$ ならば常に偶数であり，$\sigma\varDelta = -\varDelta$ ならば常に奇数である．∎

**定義** 置換 $\sigma$ が偶数個の互換の積に表わされるとき，$\sigma$ を**偶置換**といい，記号 $\mathrm{sgn}\,\sigma = 1$ で表わす．また置換 $\sigma$ が奇数個の互換の積に表わされるとき，$\sigma$ を**奇置換**といい，記号 $\mathrm{sgn}\,\sigma = -1$ で表わす．$\mathrm{sgn}\,\sigma$ は 1 か $-1$ のどちらかの値をとるが，この値 $\mathrm{sgn}\,\sigma$ を置換 $\sigma$ の**符号**という．

$n$ 次の置換のうち，偶置換，奇置換の個数はそれぞれ $n!/2$ である．置換の符号に関してつぎの命題がなりたつ．

**命題 19** (1) $\mathrm{sgn}(\tau\sigma) = \mathrm{sgn}\,\tau\,\mathrm{sgn}\,\sigma$ (2) $\mathrm{sgn}\,\sigma^{-1} = \mathrm{sgn}\,\sigma$

**証明** (1) $\sigma, \tau$ を互換の積

$$\sigma = (i_1\ j_1)\cdots(i_s\ j_s), \qquad \tau = (k_1\ l_1)\cdots(k_t\ l_t)$$

で表わすとき，$\mathrm{sgn}\,\sigma = (-1)^s$，$\mathrm{sgn}\,\tau = (-1)^t$ である．さて

$$\tau\sigma = (k_1\ l_1)\cdots(k_t\ l_t)(i_1\ j_1)\cdots(i_s\ j_s)$$

であるから

$$\mathrm{sgn}(\tau\sigma)=(-1)^{t+s}=(-1)^t(-1)^s=\mathrm{sgn}\,\tau\,\mathrm{sgn}\,\sigma$$

となる.

(2)
$$\mathrm{sgn}\,\sigma^{-1}\,\mathrm{sgn}\,\sigma=\mathrm{sgn}(\sigma^{-1}\sigma)=\mathrm{sgn}\,1=1$$

となるから $\mathrm{sgn}\,\sigma^{-1}=\mathrm{sgn}\,\sigma$ を得る.

以上を準備として，目的の交代群 $\mathfrak{A}_n$ を定義しよう.

**定義** $n$ 次の偶置換全体の集合を $\mathfrak{A}_n$ で表わす：

$$\mathfrak{A}_n=\{\sigma\in\mathfrak{S}_n \mid \mathrm{sgn}\,\sigma=1\}$$

2つの偶置換の積は偶置換であり，偶置換の逆置換も偶置換である（命題19）から $\mathfrak{A}_n$ は群をつくる. この群 $\mathfrak{A}_n$ を $n$ 次の**交代群**という.

**例20** 3次の交代群 $\mathfrak{A}_3$ は

$$1=\begin{pmatrix}1&2&3\\1&2&3\end{pmatrix},\quad \sigma=\begin{pmatrix}1&2&3\\2&3&1\end{pmatrix},\quad \tau=\begin{pmatrix}1&2&3\\3&1&2\end{pmatrix}$$

| | $1$ | $\sigma$ | $\tau$ |
|---|---|---|---|
| $1$ | $1$ | $\sigma$ | $\tau$ |
| $\sigma$ | $\sigma$ | $\tau$ | $1$ |
| $\tau$ | $\tau$ | $1$ | $\sigma$ |

の3つの元からなる可換群である.

**例21** 4次の交代群 $\mathfrak{A}_4$ は

$$1=\begin{pmatrix}1&2&3&4\\1&2&3&4\end{pmatrix},\qquad \rho=\begin{pmatrix}1&2&3&4\\2&1&4&3\end{pmatrix}=(1\ 2)(3\ 4),$$

$$\sigma=\begin{pmatrix}1&2&3&4\\3&4&1&2\end{pmatrix}=(1\ 3)(2\ 4),\qquad \tau=\begin{pmatrix}1&2&3&4\\4&3&2&1\end{pmatrix}=(1\ 4)(2\ 3)$$

$$a=\begin{pmatrix}1&2&3&4\\1&4&2&3\end{pmatrix}=(2\ 4\ 3),\qquad b=\begin{pmatrix}1&2&3&4\\1&3&4&2\end{pmatrix}=(2\ 3\ 4),$$

$$c=\begin{pmatrix}1&2&3&4\\4&2&1&3\end{pmatrix}=(1\ 4\ 3),\qquad d=\begin{pmatrix}1&2&3&4\\3&2&4&1\end{pmatrix}=(1\ 3\ 4),$$

$$e=\begin{pmatrix}1&2&3&4\\4&1&3&2\end{pmatrix}=(1\ 4\ 2)\qquad f=\begin{pmatrix}1&2&3&4\\2&4&3&1\end{pmatrix}=(1\ 2\ 4),$$

$$g=\begin{pmatrix}1&2&3&4\\3&1&2&4\end{pmatrix}=(1\ 3\ 2),\qquad h=\begin{pmatrix}1&2&3&4\\2&3&1&4\end{pmatrix}=(1\ 2\ 3)$$

の12の元からなる群である.（各自で $\mathfrak{A}_4$ の乗積表をつくってみて下さい）.

**(3) 一般線型群**

行列のつくる群について説明しよう. まず（可換）体 $K$ を指定しておく. 体 $K$ とはその中で加減乗除の4則算法が自由に行うことができる集合のことである. たとえば，実数全体の集合 $\boldsymbol{R}$，複素数全体の集合 $\boldsymbol{C}$ は（普通の和，積に関して）体をつくっている. この章においてKを任意の(可換)体としてもなりたつ個所も多いが，話を簡単にするために，$K=\mathbb{R}, \mathbb{C}$ として話を進めていこう．

$K=\mathbb{R}, \mathbb{C}$ とし，Kの元を成分にもつ $n$ 次の行列

$$A=\begin{pmatrix} a_{11} & \cdots & a_{1n} \\ \cdots & \cdots & \cdots \\ a_{n1} & \cdots & a_{nn} \end{pmatrix} \qquad a_{ij}\in K$$

全体の集合を $M(n, K)$ で表わす．よく知られているように，$M(n, K)$ の2つの行列 $A$, $B$ に対して行列の積 $AB=C$ が定義できる：

$$\begin{pmatrix} a_{11} & \cdots & a_{1n} \\ \cdots & \cdots & \cdots \\ a_{n1} & \cdots & a_{nn} \end{pmatrix}\begin{pmatrix} b_{11} & \cdots & b_{1n} \\ \cdots & \cdots & \cdots \\ b_{n1} & \cdots & b_{nn} \end{pmatrix}=\begin{pmatrix} c_{11} & \cdots & c_{1n} \\ \cdots & \cdots & \cdots \\ c_{n1} & \cdots & c_{nn} \end{pmatrix}$$

$$c_{ij}=a_{i1}b_{1j}+\cdots+a_{in}b_{nj}=\sum_{k=1}^{n} a_{ik}b_{kj}$$

この積は結合法則

$$A(BC)=(AB)C \tag{i}$$

をみたしている（各自確かめて下さい）．$E=\begin{pmatrix} 1 & & 0 \\ & \ddots & \\ 0 & & 1 \end{pmatrix}$ とおくと，$E$ は $M(n, K)$ における積の単位元になっている．すなわち，$M(n, K)$ の任意の行列 $A$ に対して

$$AE=EA=A \tag{ii}$$

がなりたっている．この $E$ を**単位行列**という．行列 $A\in M(n, K)$ に対して

$$AB=BA=E \tag{iii}$$

をみたす行列 $B\in M(n, K)$ が存在するとき，$A$ を**正則行列**という．また(iii)の条件をみたす行列 $B$ を $A$ の**逆行列**といい，$A^{-1}$ で表わす．

上記の (i) (ii) (iii) の関係は，$M(n, K)$ の正則行列全体の集合

$$GL(n, K)=\{A\in M(n, K) \mid A\text{は正則行列}\}$$

が行列の積に関して群をつくることを示している．この群 $GL(n, K)$ を**一般線型群**といい，$K=\mathbb{R}$ のとき $GL(n, \mathbb{R})$ を**実一般線型群**，$K=\mathbb{C}$ のとき $GL(n, \mathbb{C})$ を**複素一般線型群**という．

行列 $A=\begin{pmatrix} a_{11} & \cdots & a_{1n} \\ \cdots & \cdots & \cdots \\ a_{n1} & \cdots & a_{nn} \end{pmatrix}\in M(n, K)$ に対して，$A$ の行列式 $\det A$ がつぎのように定義されている：

$$\det A=\sum_{\sigma\in\mathfrak{S}_n} \operatorname{sgn}\sigma\, a_{1i_1}a_{2i_2}\cdots a_{ni_n} \qquad \sigma=\begin{pmatrix} 1 & 2 & \cdots & n \\ i_1 & i_2 & \cdots & i_n \end{pmatrix}$$

行列式の性質については線型代数学でよく知られている通りであるので，ここでは以下に用いる性質（命題 22, 23）を証明なしで抜き出しておく．

**命題 22**　行列 $A, B \in M(n, K)$ に対して

$$\det(AB) = \det A \det B$$

がなりたつ．

**命題 23**　行列 $A, B \in M(n, K)$ が正則であるための必要十分条件は，その行列式が 0 でないことである：

$$A：\text{正則} \iff \det A \neq 0$$

命題23を用いると，一般線型群 $GL(n, K)$ をつぎのように定義してもよい．

$$GL(n, K) = \{A \in M(n, K) \mid \det A \neq 0\}$$

**例 24**　$n=1$ のときの一般線型群 $GL(1, K)$ は，例 3, 5 の群にほかならない：

$$GL(1, \boldsymbol{R}) = \boldsymbol{R}^*, \quad GL(1, \boldsymbol{C}) = \boldsymbol{C}^*$$

### (4)　重要な線型群

行列からつくられる群で一般線型群とともに重要な（特に Lie 群で重要な）群をいくつかあげておこう．

行列 $A = \begin{pmatrix} a_{11} & \cdots & a_{n1} \\ \cdots & \cdots & \cdots \\ a_{1n} & \cdots & a_{nn} \end{pmatrix} \in M(n, K)$ に対して，行列 ${}^tA, A^* \in M(n, K)$ をそれぞれ

$${}^tA = \begin{pmatrix} a_{11} & \vdots & a_{n1} \\ \vdots & \vdots & \vdots \\ a_{1n} & \vdots & a_{nn} \end{pmatrix}, \qquad A^* = \begin{pmatrix} \overline{a_{11}} & \vdots & \overline{a_{n1}} \\ \vdots & \vdots & \vdots \\ \overline{a_{1n}} & \vdots & \overline{a_{nn}} \end{pmatrix}$$

（$\bar{a}$ は $a \in \boldsymbol{C}$ の共役複素数である）と定義する．このとき，$A, B \in M(n, K)$ に対して

$${}^t(AB) = {}^tB\,{}^tA, \qquad (AB)^* = B^*A^*$$

がなりたっている．

**定義**　$SL(n, \boldsymbol{R}) = \{A \in M(n, \boldsymbol{R}) \mid \det A = 1\}$ を**実特殊線型群**という．

$SL(n, \boldsymbol{C}) = \{A \in M(n, \boldsymbol{C}) \mid \det A = 1\}$ を**複素特殊線型群**という．

$O(n) = \{A \in M(n, \boldsymbol{R}) \mid A\,{}^tA = A\,{}^tA = E\}$ を**直交群**という．

$U(n) = \{A \in M(n, \boldsymbol{C}) \mid AA^* = A^*A = E\}$ を**ユニタリ群**という．

$SO(n) = \{A \in O(n) \mid \det A = 1\}$ を**回転群**（または**特殊直交群**）という．

$SU(n) = \{A \in U(n) \mid \det A = 1\}$ を**特殊ユニタリ群**という．

これらの集合はいずれも行列の積に関して群をつくっている．例として $U(n)$ が群であることを証明しておこう．$A, B \in U(n)$ とすると $AA^* = A^*A = E$, $BB^* = B^*B = E$ であるから，$(AB)(AB)^* = ABB^*A^* = AEA^* = AA^* = E$, 同様に $(AB)^*(AB) = E$ とな

るから $AB \in U(n)$ である．また明らかに $E \in U(n)$ であって $AE=EA=A$ をみたしている．最後に $A \in U(n)$ に対して，$AA^*=A^*A=E$ より $A^{-1}=A^*$ であり，また $A^*A^{**}=A^*A=E$，$A^{**}A^*=AA^*=E$ より $A^{-1}=A^* \in U(n)$ である．以上で $U(n)$ が群であることが示された．

**注意** よく知られているように，行列 $A, B \in M(n, K)$ に対して

$$AB=E \quad \text{ならば} \quad BA=E$$

がなりたつ．このことを用いると，たとえば，直交群 $O(n)$ やユニタリ群 $U(n)$ の定義は

$$O(n)=\{A \in M(n, \boldsymbol{R}) \mid A^tA=E\}, \qquad U(n)=\{A \in M(n, \boldsymbol{C}) \mid AA^*=E\}$$

でよいし，上記の群になる証明も上記より少し簡単になる．

**例 25** $n=1$ のときの上記の群はつぎのようになる．

$$SL(1, \boldsymbol{R})=SL(1, \boldsymbol{C})=SO(1)=SU(1)=1$$

$$O(1)=S^0 \text{（例 1）}, \qquad U(1)=S^1 \text{（例 6）}$$

**(5) その他 2, 3 の群の例**

群の一般論の理解を助けるため，例として以下本書でよく登場する群を列記しておこう．

**例 26** つぎの 6 つの行列

$$\begin{pmatrix} 1 & 0 & 0 \\ 0 & 1 & 0 \\ 0 & 0 & 1 \end{pmatrix}, \quad \begin{pmatrix} 1 & 0 & 0 \\ 0 & 0 & 1 \\ 0 & 1 & 0 \end{pmatrix}, \quad \begin{pmatrix} 0 & 1 & 0 \\ 1 & 0 & 0 \\ 0 & 0 & 1 \end{pmatrix}, \quad \begin{pmatrix} 0 & 0 & 1 \\ 0 & 1 & 0 \\ 1 & 0 & 0 \end{pmatrix}, \quad \begin{pmatrix} 0 & 0 & 1 \\ 1 & 0 & 0 \\ 0 & 1 & 0 \end{pmatrix}, \quad \begin{pmatrix} 0 & 1 & 0 \\ 0 & 0 & 1 \\ 1 & 0 & 0 \end{pmatrix}$$

からなる集合 $S_3$ は行列の積に関して群をつくる．一般に，各行各列に 1 がただ 1 個所だけに必ず現われ，他の成分はすべて 0 であるような $n$ 次の行列を $n$ 次の**置換行列**という．そして $n$ 次の置換行列全体の集合 $S_n$ は行列の積に関して群をつくっている．

つぎの例 27, 28 で，つぎのような式

$$y=\frac{ax+b}{cx+d} \qquad ad-bc \neq 0$$

を考えるが，この式を写像とみるときには分母が 0 となるときが問題であろうから，それを避けるために記号の約束をしておく．

実数全体の集合 $\boldsymbol{R}$ に記号 $\infty$ で書かれる点をつけ加えた集合

$$\boldsymbol{R}P_1=\boldsymbol{R} \cup \infty$$

を考え，$\boldsymbol{R}P_1$ を**実射影直線**という．同様に，複素数全体の集合 $\boldsymbol{C}$ に記号 $\infty$ で書かれる 1 点をつけ加えた集合

$$\boldsymbol{C}P_1=\boldsymbol{C} \cup \infty$$

を**複素射影直線**という．さて，$K=\boldsymbol{R}, \boldsymbol{C}$ とし，$a, b, c, d \in K$，$ad-bc \neq 0$ に対して，写像

$$f : KP_1 \longrightarrow KP_1 \qquad f(x) = \frac{ax+b}{cx+d} \tag{i}$$

は，分母を0とする$x$の値$x=-\dfrac{d}{c}$ $(c\neq 0)$に対しては$\infty$を対応させるものとし：$f\left(-\dfrac{d}{c}\right)=\infty$，さらに

$$f(\infty) = \begin{cases} \dfrac{a}{c} & c\neq 0 \text{ のとき} \\ \infty & c=0 \text{ のとき} \end{cases}$$

とする．もちろんそれ以外の$x$の値に対しては普通の計算通りである．$ad-bc\neq 0$の条件があるために，計算の途中に$\dfrac{0}{0}$が現われないので計算がつねに可能で，$f$は写像として意味がある．この写像$f : KP_1 \to KP_1$を**1次の射影変換**という．

**例 27**　1次の射影変換全体の集合

$$PGL(1, K) = \left\{ f : KP_1 \to KP_1 \,\middle|\, f(x) = \frac{ax+b}{cx+d}, \quad \begin{matrix} a, b, c, d \in K \\ ad-bc\neq 0 \end{matrix} \right\}$$

は合成写像の積に関して群をつくる．実際，

$$f(x) = \frac{ax+b}{cx+d} \quad ad-bc\neq 0, \qquad g(x) = \frac{px+q}{rx+s} \quad ps-qr\neq 0$$

の合成写像$gf$は

$$(gf)(x) = g(f(x)) = \frac{p\left(\dfrac{ax+b}{cx+d}\right)+q}{r\left(\dfrac{ax+b}{cx+d}\right)+s} = \frac{(pa+qc)x+(pb+qd)}{(ra+sc)x+(rb+sd)}$$

$$(pa+qc)(rb+sd)-(pb+qd)(ra+sc) = (ps-qr)(ad-bc)\neq 0$$

であるから$gf\in PGL(1, K)$である．積が写像の合成で与えられているから，結合法則$h(gf)=(hg)f$は自明である．$PGL(1, K)$の単位元1は恒等写像

$$1 : KP_1 \to KP_1, \qquad 1(x) = x = \frac{1x+0}{0x+1}$$

であり，$f\in PGL(1, K)$，$f(x)=\dfrac{ax+b}{cx+d}$の逆元$f^{-1}$は

$$f^{-1} : KP_1 \to KP_1, \qquad f^{-1}(x) = \frac{dx-b}{-cx+a}$$

で与えられる．以上で$PGL(1, K)$が群をつくることが示された．$K=\boldsymbol{R}$のとき群$PGL(1, \boldsymbol{R})$を**1次の実射影変換群**といい，$K=\boldsymbol{C}$のとき群$PGL(1, \boldsymbol{C})$を**1次の複素射影変換群**という．

**例 28**　$KP_1$におけるつぎの6つの写像$f_i : KP_1 \to KP_1$

$$f_1(x)=x,\quad f_2(x)=\frac{1}{1-x},\quad f_3(x)=\frac{x-1}{x},$$

$$f_4(x)=1-x,\quad f_5(x)=\frac{1}{x},\quad f_6(x)=\frac{x}{x-1}$$

の集合$S$は合成写像の積により群をつくる．この群$S$の乗積表を書いておこう．計算は，たとえば

$$(f_3f_4)(x)=f_3(f_4(x))=f_3(1-x)=\frac{(1-x)-1}{1-x}=\frac{x}{x-1}=f_6(x)$$

| | $x$ | $\frac{1}{1-x}$ | $\frac{x-1}{x}$ | $1-x$ | $\frac{1}{x}$ | $\frac{x}{x-1}$ |
|---|---|---|---|---|---|---|
| $x$ | $x$ | $\frac{1}{1-x}$ | $\frac{x-1}{x}$ | $1-x$ | $\frac{1}{x}$ | $\frac{x}{x-1}$ |
| $\frac{1}{1-x}$ | $\frac{1}{1-x}$ | $\frac{x-1}{x}$ | $x$ | $\frac{1}{x}$ | $\frac{x}{x-1}$ | $1-x$ |
| $\frac{x-1}{x}$ | $\frac{x-1}{x}$ | $x$ | $\frac{1}{1-x}$ | $\frac{x}{x-1}$ | $1-x$ | $\frac{1}{x}$ |
| $1-x$ | $1-x$ | $\frac{x}{x-1}$ | $\frac{1}{x}$ | $x$ | $\frac{x-1}{x}$ | $\frac{1}{1-x}$ |
| $\frac{1}{x}$ | $\frac{1}{x}$ | $1-x$ | $\frac{x}{x-1}$ | $\frac{1}{1-x}$ | $x$ | $\frac{x-1}{x}$ |
| $\frac{x}{x-1}$ | $\frac{x}{x-1}$ | $\frac{1}{x}$ | $1-x$ | $\frac{x-1}{x}$ | $\frac{1}{1-x}$ | $x$ |

より $f_3f_4=f_6$ のようにするわけである．なお，写像$f$と書く所を，$f(x)$ の値の形で写像を代表させて乗積表をつくっておいた．

**例 29**　ユークリッド平面 $\boldsymbol{R}^2=\{(x,y)\mid x,y\in\boldsymbol{R}\}$ におけるつぎの3種の写像

$$f:\boldsymbol{R}^2\to\boldsymbol{R}^2,\quad f(x,y)=(x+p,\ y+q)$$

$$g:\boldsymbol{R}^2\to\boldsymbol{R}^2,\quad g(x,y)=(x\cos\theta-y\sin\theta,\ x\sin\theta+y\cos\theta)$$

$$h:\boldsymbol{R}^2\to\boldsymbol{R}^2,\quad h(x,y)=(-x,\ y)$$

を順に，平面 $\boldsymbol{R}^2$ における**平行移動**，**回転**，**裏返し**という．これらの写像はいずれも $\boldsymbol{R}^2$ における全単射である．さて，これら3種の写像を有限回合成してできる写像 $\varphi:\boldsymbol{R}^2\to\boldsymbol{R}^2$ を $\boldsymbol{R}^2$ の**合同変換**（または**運動**）という．平面 $\boldsymbol{R}^2$ の点 $(x,y)$ を縦ベクトルの記号 $\begin{pmatrix}x\\y\end{pmatrix}$ で表わして行列の記号等を用いると，合同変換 $\varphi:\boldsymbol{R}^2\to\boldsymbol{R}^2$ は

$$\varphi\begin{pmatrix}x\\y\end{pmatrix}=\begin{pmatrix}\cos\theta & -\sin\theta\\ \sin\theta & \cos\theta\end{pmatrix}\begin{pmatrix}x\\y\end{pmatrix}+\begin{pmatrix}p\\q\end{pmatrix},\qquad \varphi\begin{pmatrix}x\\y\end{pmatrix}=\begin{pmatrix}-\cos\theta & \sin\theta\\ \sin\theta & \cos\theta\end{pmatrix}\begin{pmatrix}x\\y\end{pmatrix}+\begin{pmatrix}p\\q\end{pmatrix}$$

のいずれかの形をしていることがわかる．そして，これら合同変換全体の集合

$$E(\boldsymbol{R}^2)=\{\varphi:\boldsymbol{R}^2\to\boldsymbol{R}^2\mid\varphi\text{ は合同変換}\}$$

は合成写像の積に関して群をつくっている．この群 $E(\boldsymbol{R}^2)$ を平面 $\boldsymbol{R}^2$ における**合同変換群**（または**運動群**）という．平面 $\boldsymbol{R}^2$ の図形に合同変換 $\varphi\in E(\boldsymbol{R}^2)$ を施すとき，図形の長さや面積が変らないことはよく知られていることである．逆に平面ユークリッド幾何学とは，この合同変換群 $E(\boldsymbol{R}^2)$ の作用によって変らない図形の性質を調べる幾何学であるということができる．

この合同変換群 $E(\boldsymbol{R}^2)$ は一般次元に拡張される．$n$ 次元ユークリッド空間 $\boldsymbol{R}^n=\left\{\boldsymbol{x}=\begin{pmatrix}x_1\\ \vdots\\ x_n\end{pmatrix}\middle|\, x_1,\cdots,x_n\in\boldsymbol{R}\right\}$ において，つぎの形の写像全体の集合（$O(n)$ は直交群）

$$E(\boldsymbol{R}^n)=\{\varphi:\boldsymbol{R}^n\to\boldsymbol{R}^n\mid\varphi(\boldsymbol{x})=A\boldsymbol{x}+\boldsymbol{a},\quad A\in O(n),\quad \boldsymbol{a}\in\boldsymbol{R}^n\}$$

は合成写像の積に関して群をつくる．実際，$\varphi,\psi:\boldsymbol{R}^n\to\boldsymbol{R}^n$

$$\varphi(\boldsymbol{x})=A\boldsymbol{x}+\boldsymbol{a}\quad A\in O(n),\ \boldsymbol{a}\in\boldsymbol{R}^n,\qquad \psi(\boldsymbol{x})=B\boldsymbol{x}+\boldsymbol{b}\quad B\in O(n),\ \boldsymbol{b}\in\boldsymbol{R}^n$$

の合成写像 $\psi\varphi:\boldsymbol{R}^n\to\boldsymbol{R}^n$ は

$$(\psi\varphi)(\boldsymbol{x})=\psi(\varphi(\boldsymbol{x}))=B(A\boldsymbol{x}+\boldsymbol{a})+\boldsymbol{b}=BA\boldsymbol{x}+(B\boldsymbol{a}+\boldsymbol{b})$$

となるから $\psi\varphi\in E(\boldsymbol{R}^n)$ である．積が写像の合成で与えられているから結合法則は自明である．$E(\boldsymbol{R}^n)$ の単位元 1 は恒等写像

$$1:\boldsymbol{R}^n\to\boldsymbol{R}^n\qquad 1(\boldsymbol{x})=\boldsymbol{x}=E\boldsymbol{x}+\boldsymbol{o}$$

であり，$\varphi\in E(\boldsymbol{R}^n)$，$\varphi(\boldsymbol{x})=A\boldsymbol{x}+\boldsymbol{a}$ の逆元 $\varphi^{-1}$ は

$$\varphi^{-1}(\boldsymbol{x})=A^{-1}\boldsymbol{x}-A^{-1}\boldsymbol{a}$$

で与えられる．以上で $E(\boldsymbol{R}^n)$ が群をつくることが示された．この群 $E(\boldsymbol{R}^n)$ を $\boldsymbol{R}^n$ における**合同変換群**（または**運動群**）という．

**例 30** $n$ 次元ユークリッド空間 $\boldsymbol{R}^n$ において，つぎの形の写像全体の集合

$$A(\boldsymbol{R}^n)=\{\varphi:\boldsymbol{R}^n\to\boldsymbol{R}^n\mid\varphi(\boldsymbol{x})=A\boldsymbol{x}+\boldsymbol{a},\quad A\in GL(n,\boldsymbol{R}),\quad \boldsymbol{a}\in\boldsymbol{R}^n\}$$

は合成写像の積に関して群をつくる（証明は例 29 と同じである）．この群 $A(\boldsymbol{R}^n)$ を $\boldsymbol{R}^n$ における **Affine 変換群**という．そして，$\boldsymbol{R}^n$ における群 $A(\boldsymbol{R}^n)$ の作用によって変らない図形の性質を調べる幾何学が Affine 幾何学である．

**例 31** つぎの 6 つの行列

$$1=\begin{pmatrix}1 & 0\\ 0 & 1\end{pmatrix},\qquad a=\begin{pmatrix}-\frac{1}{2} & -\frac{\sqrt{3}}{2}\\ \frac{\sqrt{3}}{2} & -\frac{1}{2}\end{pmatrix},\qquad a^2=\begin{pmatrix}-\frac{1}{2} & \frac{\sqrt{3}}{2}\\ -\frac{\sqrt{3}}{2} & -\frac{1}{2}\end{pmatrix},$$

$$b=\begin{pmatrix}-1 & 0\\ 0 & 1\end{pmatrix},\qquad ab=\begin{pmatrix}\frac{1}{2} & -\frac{\sqrt{3}}{2}\\ -\frac{\sqrt{3}}{2} & -\frac{1}{2}\end{pmatrix},\qquad a^2b=\begin{pmatrix}\frac{1}{2} & \frac{\sqrt{3}}{2}\\ \frac{\sqrt{3}}{2} & -\frac{1}{2}\end{pmatrix}$$

| | $1$ | $a$ | $a^2$ | $b$ | $ab$ | $a^2b$ |
|---|---|---|---|---|---|---|
| $1$ | $1$ | $a$ | $a^2$ | $b$ | $ab$ | $a^2b$ |
| $a$ | $a$ | $a^2$ | $1$ | $ab$ | $a^2b$ | $b$ |
| $a^2$ | $a^2$ | $1$ | $a$ | $a^2b$ | $b$ | $ab$ |
| $b$ | $b$ | $a^2b$ | $ab$ | $1$ | $a^2$ | $a$ |
| $ab$ | $ab$ | $b$ | $a^2b$ | $a$ | $1$ | $a^2$ |
| $a^2b$ | $a^2b$ | $ab$ | $b$ | $a^2$ | $a$ | $1$ |

からなる集合 $D_3$ は行列の積に関して群をつくっている．この群 $D_3$ を3次の**2面体群**という．$D_3$ の元 $1, a, b$ の間に

$$a^3=1,\quad b^2=1,\quad bab=a^{-1}$$

の関係がある．

この群 $D_3$ は一般次元に拡張される．

$$a=\begin{pmatrix}\cos\frac{2\pi}{n} & -\sin\frac{2\pi}{n}\\ \sin\frac{2\pi}{n} & \cos\frac{2\pi}{n}\end{pmatrix},\qquad b=\begin{pmatrix}-1 & 0\\ 0 & 1\end{pmatrix}$$

とおくとき，つぎの $2n$ 個の2次の行列（1は単位行列）

$$1,\ a,\ a^2,\ \cdots,\ a^{n-1}$$
$$b,\ ab,\ a^2b,\ \cdots,\ a^{n-1}b$$

の集合 $D_n$ は行列の積に関して群をつくっている．この群 $D_n$ を $n$ 次の**2面体群**という．容易にわかるように，$a, b$ はつぎの関係をみたしている．

$$a^n=1,\quad b^2=1,\quad bab=a^{-1}$$

なお，2面体群 $D_n$ は，正 $n$ 角形を自分自身に移すような中心 $O$ のまわりのすべての回転および裏返しのつくる群であると思うことができる．

**例 32** 自然数 $n(n \geqq 2)$ を固定し，$n$ と互いに素な整数 $a(1 \leqq a < n)$ の全体の集合を $\boldsymbol{Z}_n{}^*$ で表わす．たとえば

$$\boldsymbol{Z}_7{}^* = \{1, 2, 3, 4, 5, 6\}, \qquad \boldsymbol{Z}_{10}{}^* = \{1, 3, 7, 9\}$$

である．$\boldsymbol{Z}_n{}^*$ の元の個数を $\varphi(n)$ で表わし，$\varphi(n)$ を **Euler 関数**という． Euler 関数 $\varphi(n)$ は

$$\varphi(2)=1, \quad \varphi(3)=2, \quad \varphi(4)=2, \quad \varphi(5)=4,$$
$$\varphi(6)=2, \quad \varphi(7)=6, \quad \varphi(8)=4, \quad \varphi(9)=6,$$
$$\varphi(10)=4, \quad \varphi(11)=10$$

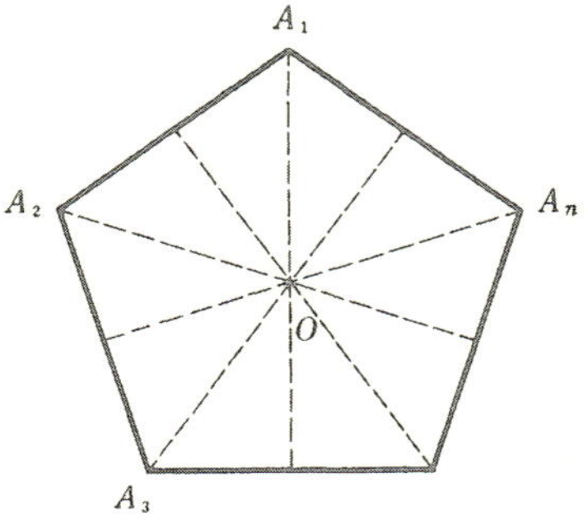


であり，一般に $n$ を $n=p^a q^b \cdots r^c$ と素因数分解するとき

$$\varphi(n)=p^a q^b \cdots r^c \left(1-\frac{1}{p}\right)\left(1-\frac{1}{q}\right)\cdots\left(1-\frac{1}{r}\right)$$

となる．さて，$\boldsymbol{Z}_n{}^*$ において積をつぎのように定義する．$a, b \in \boldsymbol{Z}_n{}^*$ に対して，$a, b$ の積を $ab \pmod n$ と定義する．すなわち，$a, b$ を整数とみての普通の積 $ab$ をつくり，$ab$ を $n$ で割った余りが $c(1 \leqq c < n)$ であるとき，$\boldsymbol{Z}_n{}^*$ において $ab=c$ とするのである．たとえば，$\boldsymbol{Z}_7{}^*$, $\boldsymbol{Z}_{10}{}^*$ における積はつぎのように定義されている．

$\boldsymbol{Z}_7{}^*$

| | 1 | 2 | 3 | 4 | 5 | 6 |
|---|---|---|---|---|---|---|
| 1 | 1 | 2 | 3 | 4 | 5 | 6 |
| 2 | 2 | 4 | 6 | 1 | 3 | 5 |
| 3 | 3 | 6 | 2 | 5 | 1 | 4 |
| 4 | 4 | 1 | 5 | 2 | 6 | 3 |
| 5 | 5 | 3 | 1 | 6 | 4 | 2 |
| 6 | 6 | 5 | 4 | 3 | 2 | 1 |

$\boldsymbol{Z}_{10}{}^*$

| | 1 | 3 | 7 | 9 |
|---|---|---|---|---|
| 1 | 1 | 3 | 7 | 9 |
| 3 | 3 | 9 | 1 | 7 |
| 7 | 7 | 1 | 9 | 3 |
| 9 | 9 | 7 | 3 | 1 |

$\boldsymbol{Z}_n{}^*$ における逆元の存在はつぎのようにするとわかる．整数 $a \in \boldsymbol{Z}_n{}^*$ と $n$ が互いに素であれば

$$ha+kn=1$$

となる整数 $h$（この $h$ は $1 \leqq h < n$ にすることができる），$k$ が存在する．これを $\boldsymbol{Z}_n{}^*$ で考えると

$$ha=1$$

となるが，これは$a$の逆元が$h$であることを示している．この群 $\boldsymbol{Z}_n{}^*$ を $\boldsymbol{n}$ **を法とする既約乗余群**という．$\boldsymbol{Z}_n{}^*$ は位数 $\varphi(n)$ の可換群である．

## 3 部 分 群

群$G$の部分集合$H$が$G$の積に関して再び群の構造をもつことがある．このことについて述べよう．

### (1) 部 分 群

**定義** 群$G$の部分集合$H$が$G$の積に関して再び群になるとき，$H$を$G$の**部分群**という．

**例 33** 群 $S^0=\{1, -1\}$ は群 $\boldsymbol{R}^*=\boldsymbol{R}-\{0\}$ の部分群である：

$$S^0\subset\boldsymbol{R}^*$$

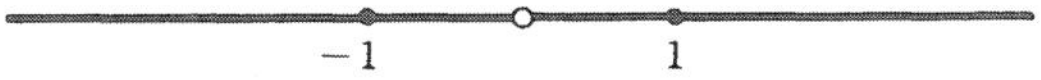


**例 34** 群 $Z_n=\{\alpha\in\boldsymbol{C}\,|\,\alpha^n=1\}$ は群 $S^1=\{\alpha\in\boldsymbol{C}\,|\,|\alpha|=1\}$ の部分群である．さらに群 $S^1$ は群 $\boldsymbol{C}^*=\boldsymbol{C}-\{0\}$ の部分群である：

$$Z_n\subset S^1\subset\boldsymbol{C}^*$$

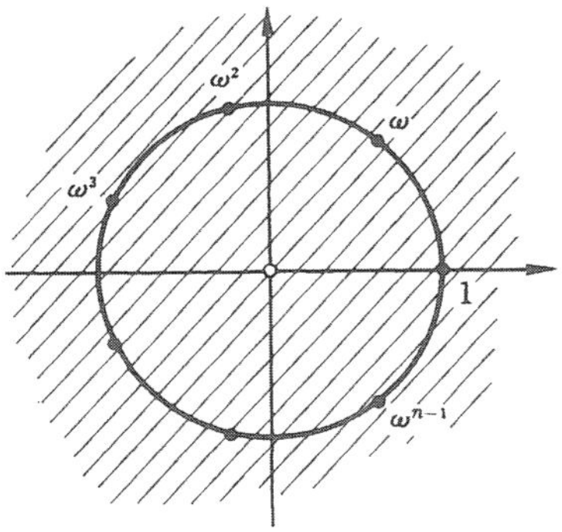


**例 35** 3次の対称群 $\mathfrak{S}_3$ の部分群は(記号は例15の通り)

$\mathfrak{S}_3$, $\mathfrak{A}_3=\{1, \sigma, \tau\}$, $\{1, \xi\}$, $\{1, \eta\}$, $\{1, \zeta\}$, 1

の6つに限る．この部分群を Hasse の図式でかくとつぎのようになる．

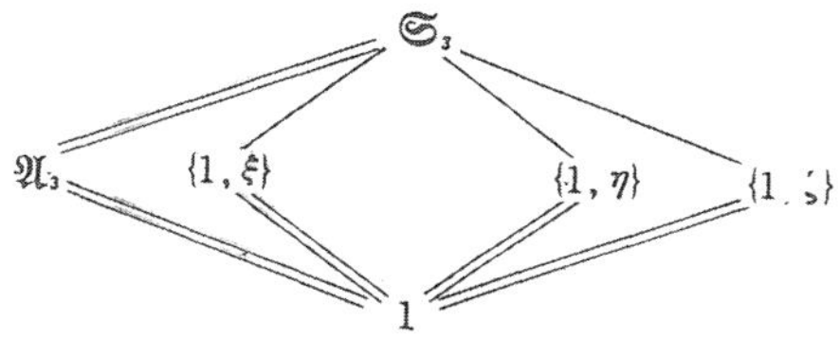


**Hasse の図式**とは(加群のときと同様)群$G$の部分群 $H, K, \cdots$ において，$K$が$H$の部分群ならば$K$を$H$の下に書いて線で結ぶのである．(2重線で結んである所は，$K$が$H$の正規部分群(定義は後出)であることを示している)．

また，$n$ 次の交代群 $\mathfrak{A}_n$ は $n$ 次の対称群 $\mathfrak{S}_n$ の部分群である：

$$\mathfrak{A}_n \subset \mathfrak{S}_n$$

**例 36**　回転群 $SO(n)$ は特殊線型群 $SL(n, \boldsymbol{R})$ の部分群であり，$SL(n, \boldsymbol{R})$ は一般線型群 $GL(n, \boldsymbol{R})$ の部分群である．また直交群 $O(n)$ も $GL(n, \boldsymbol{R})$ の部分群である．群 $SU(n)$, $U(n)$, $SL(n, \boldsymbol{C})$, $GL(n, \boldsymbol{C})$ についても同様の状態にあり，これを Hasse の図式で書くとつぎのようになる．

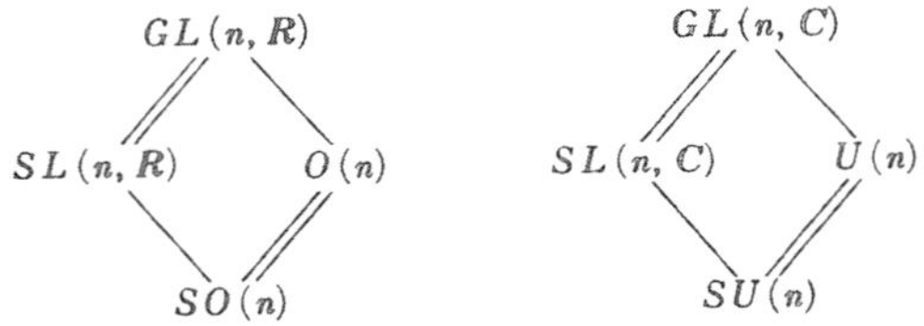


**例 37**　2 面体群 $D_n$ は 2 次の直交群 $O(2)$ の部分群である：

$$D_n \subset O(2)$$

つぎの 2 つの命題はいずれも，群 $G$ の部分集合 $H$ が部分群になるための条件を示している．

**命題 38**　つぎの (1), (2) の条件はいずれも，群 $G$ の空でない部分集合 $H$ が $G$ の部分群になるための必要十分条件である．

(1)　$x, y \in H$　ならば　$xy \in H$, $x^{-1} \in H$

(2)　$x, y \in H$　ならば　$x^{-1}y \in H$

**証明**　$H$ が $G$ の部分群であれば $H$ 自身群であるから，命題の (1) の条件がなりたつことは明らかである．また (1) ならば (2) がなりたつことも明らかである．逆に，$G$ の空でない部分集合が (2) の条件をみたせば，$H$ が $G$ の部分群になることを示そう．まず

$$1 \in H, \qquad x \in H \quad \text{ならば} \quad x^{-1} \in H$$

がなりたつ．実際，$H$ は空集合でないから $x_0 \in H$ を 1 つとり，$x_0$ に対して条件 (2) を用いると $1 = x_0^{-1}x_0 \in H$ となる．また $1 \in H$, $x \in H$ に対して再び (2) の条件を用いると $x^{-1} = x^{-1}1 \in H$ となる．これがわかると

$$x, y \in H \quad \text{ならば} \quad xy \in H$$

が導かれる．実際，$x \in H$ より $x^{-1} \in H$ がわかったから，条件 (2) より $xy = (x^{-1})^{-1}y \in H$ となるからである．以上で，集合 $H$ に積が定義されて，単位元 1 の存在と，$x \in H$ の逆元 $x^{-1} \in H$ の存在がわかった．結合法則は群 $G$ の部分集合 $H$ においては当然なりたっているから，$H$ は $G$ の部分群である．∎

つぎの命題を述べる前に記号の約束をしておく．群 $G$ の部分集合 $A, B$ に対し，$AB$ で元 $ab, a\in A, b\in B$ 全体の集合を表わし，$A^{-1}$ で $a^{-1}, a\in A$ 全体の集合を表わすことにする：

$$AB=\{ab\,|\,a\in A,\ b\in B\},\qquad A^{-1}=\{a^{-1}\,|\,a\in A\}$$

この記号を用いると，命題38はつぎのようにいうこともできる．

**命題 39** つぎの (1), (2) の条件はいずれも，群 $G$ の空でない部分集合 $H$ が $G$ の部分群になるための必要十分条件である．

(1) $HH\subset H,\ H^{-1}\subset H$

(2) $H^{-1}H\subset H$

(なお，上記の包含記号 $\subset$ を等号 $=$ におきかえてもよい)．

**命題 40** $H, K$ を群 $G$ の部分群とするとき，$H$ と $K$ の共通集合 $H\cap K$ もまた $G$ の部分群である．もっと一般に，群 $G$ の任意個数の部分群 $H_\lambda, \lambda\in\Lambda$ の共通部分 $\bigcap_{\lambda\in\Lambda}H_\lambda$ もまた $G$ の部分群になる．

**証明** $x, y\in\bigcap_{\lambda\in\Lambda}H_\lambda$ とする．このとき当然 $x, y\in H_\lambda$ となっている．$H_\lambda$ は群であるから $x^{-1}y\in H_\lambda$ となり，したがって $x^{-1}y\in\bigcap_{\lambda\in\Lambda}H_\lambda$ となる．よって $\bigcap_{\lambda\in\Lambda}H_\lambda$ は $G$ の部分群である(命題38(2))．

### (2) 生 成 系

**定義** 群 $G$ の元 $a$ に対して，集合

$$\langle a\rangle=\{\cdots, a^{-2}, a^{-1}, 1, a, a^2, a^3, \cdots\}$$

は $G$ の部分群をつくる．この部分群 $\langle a\rangle$ を元 $a$ により生成された $G$ の**巡回部分群**という．また $a$ を群 $\langle a\rangle$ の生成元という．特に，群 $G$ が1つの元 $a$ によって生成されるとき，すなわち $G=\langle a\rangle$ となるとき，$G$ を元 $a$ で生成される**巡回群**という．

**例 41** 群 $Z_n=\{\alpha\in C\,|\,\alpha^n=1\}$ は，$\omega=\cos\dfrac{2\pi}{n}+i\sin\dfrac{2\pi}{n}$ とおくと

$$Z_n=\{1, \omega, \omega^2, \cdots, \omega^{n-1}\}$$

となるので，$Z_n$ は $\omega$ により生成される位数 $n$ の巡回群である．

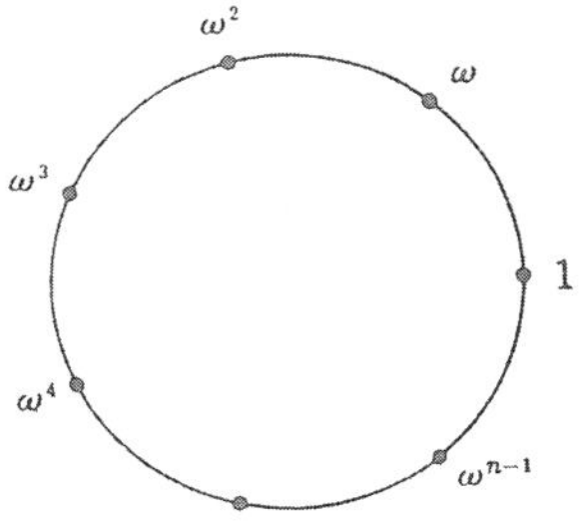


**例 42** 対称群 $\mathfrak{S}_n$ において，長さ $n$ の巡回置換 $\sigma=(1\ 2\ \cdots\ n)$ は位数 $n$ の巡回部分群

$$\langle\sigma\rangle=\{1, \sigma, \sigma^2, \cdots, \sigma^{n-1}\}$$

を生成する．

1つの元から生成される群が巡回群であったが，1つの元と限らず，いくつかの元から生成される群を考えよう．

**定義**　$G$を群とし，$M$を$G$の部分集合とする．$M$の元の有限個の巾積

$$a_1^{n_1}a_2^{n_2}\cdots a_r^{n_r} \qquad a_i\in M,\ n_i \text{ は整数}$$

で表わされる$G$の元全体の集合を$\langle M\rangle$とすれば，$\langle M\rangle$は$G$の部分群になる．この部分群$\langle M\rangle$を部分集合$M$によって**生成された**$G$の部分群という．特に$G=\langle M\rangle$となるとき，$M$は群$G$を**生成する**，または$M$は群$G$の**生成系**であるという．

群$G$の生成系$M$の選び方は決して一通りでない．極端な例として，$G$自身は群$G$の生成系である：$G=\langle G\rangle$．しかし，これでは生成系を考える意味はほとんどない．生成系はその元の個数が少ない方がよい．

**命題 43**　群$G$の部分集合$M$によって生成される部分群$\langle M\rangle$は，$M$を含む最小の部分群のことである．すなわち

$$\langle M\rangle=\bigcap_{M\subset H}H \qquad H \text{ は } M \text{ を含む } G \text{ の部分群}$$

がなりたつ．

**証明**　$\langle M\rangle$は明らかに$M$を含む部分群であるから$\langle M\rangle\supset\bigcap_{M\subset H}H$である．逆は，部分群$H$が$M\subset H$ならば，$\langle M\rangle\subset H$となるから$\langle M\rangle\subset\bigcap_{M\subset H}H$である．よって等号$\langle M\rangle=\bigcap_{M\subset H}H$となる．なお，$\bigcap_{M\subset H}H$は$M$を含む最小の部分群である．‖

**例 44**　4元数群$Q=\{\pm1, \pm i, \pm j, \pm k\}$は2つの元$i, j$によって生成されている：

$$Q=\langle i, j\rangle$$

実際，$Q$のすべての元は，$i, j$を用いて

$$1=i^4, \quad -1=i^2, \quad i=i, \quad -i=i^3$$
$$j=j \quad -j=i^2j \quad k=ij \quad -k=i^3j$$

と表わされるからである．

**例 45**　2面体群$D_n=\{1, a, a^2, \cdots, a^{n-1}, b, ab, a^2b, \cdots, a^{n-1}b\}$は2つの元$a, b$によって生成されている：

$$D_n=\langle a, b\rangle$$

**定理 46**　対称群$\mathfrak{S}_n$は互換によって生成される．なお，互換のうち，つぎの$n-1$個の互換

$$(1\ 2),\ (1\ 3),\ \cdots,\ (1\ n)$$

によっても $\mathfrak{S}_n$ は生成される.

**証明** $\mathfrak{S}_n$ が互換によって生成されることは，任意の置換 $\sigma\in\mathfrak{S}_n$ が互換の積で表わされる（補題17）ということにほかならない．さらに互換 $(i\ j)$ $i, j\neq 1$ は

$$(i\ j)=(1\ i)(1\ j)(1\ i)$$

と書けるから，$\mathfrak{S}_n$ は $(1\ i)$ の形の互換で生成される.

**定理 47** 交代群 $\mathfrak{A}_n$ は長さ3の巡回置換によって生成される．なお，長さ3の巡回置換のうち，つぎの $n-2$ 個の巡回置換

$$(1\ 2\ 3),\ (1\ 2\ 4),\ \cdots,\ (1\ 2\ n)$$

によっても $\mathfrak{A}_n$ は生成される.

**証明** $\mathfrak{A}_n$ の元は互換の偶数個の積で表わされるが，定理46を用いると，

$$(1\ i)(1\ j) \qquad i, j\neq 1$$

の形の元の積で表わされる．しかるに，この形の置換は

$$(1\ i)(1\ 2)=(1\ 2\ i), \qquad (1\ 2)(1\ i)=(1\ 2\ i)^{-1} \qquad i\neq 2$$
$$(1\ i)(1\ j)=(1\ i)(1\ 2)(1\ 2)(1\ j)=(1\ 2\ i)(1\ 2\ j)^{-1} \qquad i, j\neq 2$$

となり，$(1\ 2\ i)$の形の置換の積で表わされるので，$\mathfrak{A}_n$ は $(1\ 2\ 3), (1\ 2\ 4), \cdots, (1\ 2\ n)$ で生成される．▌

つぎに，線型群 $GL(n, K)$, $SL(n, K)$ の生成系について調べよう．そのために，線型代数学でよく知られている行列の基本変形を用いよう．ある部分は加群の9節と重複する所があるかもしれないが，詳しく述べることにした．なお，$K=\boldsymbol{R}, \boldsymbol{C}$ としておくのは始めの約束通りである.

**定義** 行列に対して，つぎの2つの変形を**基本変形**という.

(1) ある行(または列)を $\lambda$ 倍（$\lambda\in K$）して他の行(または列)に加える.

(2) ある行(または列)を $\mu$ 倍(ただし $\mu\neq 0, \mu\in K$) する.

**補題 48** 行列の基本変形は，それぞれつぎの形の正則行列を右(または左)から掛けて得られる.

$$i)\begin{pmatrix} 1 & & & & 0 \\ \cdots & 1 & \cdots & \lambda & \cdots \\ & & \ddots & \vdots & \\ & & & 1 & \\ 0 & & & \vdots & 1 \end{pmatrix}_{(\text{第 } j \text{ 列})}, \qquad \begin{pmatrix} 1 & & & & 0 \\ & 1 & & & \\ & & \mu & & \\ & & & 1 & \\ 0 & & & & 1 \end{pmatrix}$$

$$i, j=1, 2, \cdots, n;\ i\neq j \qquad\qquad \mu\neq 0$$

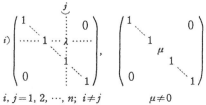

（これら2種の行列を**基本行列**ということにする）.

**補題 49**　行列におけるつぎの変形

2つの行(または列)をいれかえる

は基本変形を有限回行なって得られる.

**証明**　行列$A$の第$i$行$\boldsymbol{a}_i$と第$j$行$\boldsymbol{a}_j$をいれかえることを考えよう.（列についても同様である）.

$$\begin{matrix} i) \\ \\ j) \end{matrix}\begin{pmatrix} \vdots \\ \boldsymbol{a}_i \\ \vdots \\ \boldsymbol{a}_j \\ \vdots \end{pmatrix} \xrightarrow[\text{（基本変形 (1)）}]{\text{第 } j \text{ 行を第 } i \text{ 行に加える}} \begin{matrix} i) \\ \\ j) \end{matrix}\begin{pmatrix} \vdots \\ \boldsymbol{a}_i+\boldsymbol{a}_j \\ \vdots \\ \boldsymbol{a}_j \\ \vdots \end{pmatrix} \xrightarrow[\text{（基本変形 (1)）}]{\text{第 } i \text{ 行を } -1 \text{ 倍して第 } j \text{ 行に加える}} \begin{matrix} i) \\ \\ j) \end{matrix}\begin{pmatrix} \vdots \\ \boldsymbol{a}_i+\boldsymbol{a}_j \\ \vdots \\ -\boldsymbol{a}_i \\ \vdots \end{pmatrix} \xrightarrow[\text{（基本変形 (1)）}]{\text{第 } j \text{ 行を第 } i \text{ 行に加える}}$$

$$\begin{matrix} i) \\ \\ j) \end{matrix}\begin{pmatrix} \vdots \\ \boldsymbol{a}_j \\ \vdots \\ -\boldsymbol{a}_i \\ \vdots \end{pmatrix} \xrightarrow[\text{（基本変形 (2)）}]{\text{第 } j \text{ 行の符号を変える}} \begin{matrix} i) \\ \\ j) \end{matrix}\begin{pmatrix} \vdots \\ \boldsymbol{a}_j \\ \vdots \\ \boldsymbol{a}_i \\ \vdots \end{pmatrix} \quad \blacksquare$$

**補題**　　正則行列　$A=\begin{pmatrix} a_{11} & \cdots & a_{1n} \\ & \cdots\cdots\cdots & \\ a_{n1} & \cdots & a_{nn} \end{pmatrix} \in GL(n, K)$　に基本変形を有限回行なって，$A$を単位行列$E$に変形することができる.

**証明**　$A\neq 0$　であるから，$A$に0でない成分$a$があるが，行や列を入れかえる基本変形を行なって(補題49)$a$を行列の$(1,1)$成分にもってくることができる．さらに第1行に$a^{-1}$を掛けると，$A$は

$$B=\begin{pmatrix} 1 & b_{12} & \cdots & b_{1n} \\ b_{21} & b_{22} & \cdots & b_{2n} \\ \cdots & \cdots & \cdots & \cdots \\ b_{n1} & b_{n2} & \cdots & b_{nn} \end{pmatrix}$$

の形の行列に変形される．つぎに，$B$の第1行に$-b_{i1}$を掛けて第$i$行，$i=2, \cdots, n$　に加え，それから第1列に$-b_{1j}$を掛けて第$j$列，$j=2, \cdots, n$　に加えると，$B$は

$$\begin{pmatrix} 1 & 0 \cdots 0 \\ 0 & \\ \vdots & C \\ 0 & \end{pmatrix} \qquad C \text{ は } n-1 \text{ 次の正則行列}$$

の形になる．行列$C$に対しても上記と同様な基本変形を繰り返し行なうと，$A$は単位行列$E$にまで変形される．$\blacksquare$

以上を準備として，目的であったつぎの定理を証明しよう.

**定理 51** 一般線型群 $GL(n, K)$ は基本行列

$$i)\begin{pmatrix} 1 & & & & 0 \\ & \ddots & & & \\ \cdots\cdots & & 1 & \cdots \lambda & \cdots\cdots \\ & & & 1 & \\ 0 & & & & \ddots \ 1 \end{pmatrix} \quad (\lambda \text{ は第 } j \text{ 列}) \qquad \begin{pmatrix} 1 & & & & 0 \\ & \ddots & & & \\ & & 1 & & \\ & & & \mu & \\ & & & & 1 \\ 0 & & & & \ddots \ 1 \end{pmatrix}$$

$$i, j=1, 2, \cdots, n;\ i\neq j \qquad\qquad \mu\neq 0$$

によって生成される.

**証明** 行列$A$の基本変形は，基本行列 $P_1, \cdots, P_r$, $Q_1, \cdots, Q_s$ をそれぞれ$A$の左，右から掛けて得られる(補題 48)ので，補題50より，$A$は

$$P_1\cdots P_rAQ_1\cdots Q_s=E$$

となる. よって

$$A=P_r^{-1}\cdots P_1^{-1}Q_s^{-1}\cdots Q_1^{-1}$$

と表わさる. 基本行列の逆行列はまた基本行列になっているので，定理が証明された. ∎

つぎに，特殊線型群 $SL(n, K)$ 内における行列の変形を考えよう. それには，上記の変形のうち，行列式が 1 となる部分だけ取り出して考察することになる.

**定義** 行列に対して，つぎの変形

ある行(または列)を$\lambda$倍して他の行(または列)に加える

を**特殊基本変形**という. 補題48で述べたように，特殊基本変形はつぎの形の行列式 1 の正則行列

$$i)\begin{pmatrix} 1 & & & & 0 \\ & \ddots & & & \\ \cdots\cdots & & 1 & \cdots \lambda & \cdots\cdots \\ & & & 1 & \\ 0 & & & & \ddots \ 1 \end{pmatrix} \quad (\lambda \text{ は第 } j \text{ 列}) \qquad \begin{matrix} i, j=1, 2, \cdots, n \\ i\neq j \end{matrix}$$

を左(または右)から掛けて得られる. この形の行列を**特殊基本行列**ということにする.

**補題 52** 行列におけるつぎの変形

2 つの行(または列)をいれかえて一方の行(または列)の符号を変える

は特殊基本変形を有限回行なって得られる.

**証明** この証明は補題49の中にある(最後の操作をしないだけである). ∎

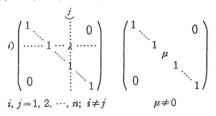

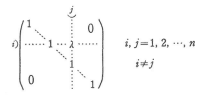

**補題 53**　行列式が1である正則行列 $A=\begin{pmatrix} a_{11} & \cdots & a_{1n} \\ & \cdots\cdots\cdots & \\ a_{n1} & \cdots & a_{nn} \end{pmatrix} \in SL(n, K)$ に特殊基本変形を有限回行なって，$A$ を単位行列 $E$ に変形することができる．

**証明**　$A\neq 0$ であるから，$A$ に0でない成分 $a$ があるが，補題52のような行や列のいれかえの特殊基本変形を行なって $a$ を行列の $(1,1)$ 成分にもってくることができる．こうしてできた行列

$$B=\begin{pmatrix} a & b_{12} & \cdots & b_{1n} \\ b_{21} & b_{22} & \cdots & b_{2n} \\ & \cdots\cdots & \cdots\cdots & \\ b_{n1} & b_{n2} & \cdots & b_{nn} \end{pmatrix}$$

の第1行に $-\dfrac{b_{1i}}{a}$ を掛けて第 $i$ 行，$i=2, \cdots, n$ に加え，それから第1列に $-\dfrac{b_{j1}}{a}$ を掛けて第 $j$ 列，$j=2, \cdots, n$ に加えると，$B$ は

$$\begin{pmatrix} a & 0 \cdots 0 \\ 0 & \\ \vdots & C \\ 0 & \end{pmatrix}$$

の形になる．行列 $C$ に対しても上記と同様な特殊基本変形を繰り返し行なうと，$A$ は

$$\begin{pmatrix} a_1 & & & 0 \\ & a_2 & & \\ & & \ddots & \\ 0 & & & a_n \end{pmatrix} \qquad a_1a_2\cdots a_n=1$$

の形に変形されることがわかる．さらにこれに特殊基本変形を続けよう．

$$\begin{pmatrix} a_1 & & & \\ & a_2 & & \\ & & \ddots & \\ & & & a_n \end{pmatrix} \xrightarrow[\text{第1行を } a_1^{-1} \text{倍して第 } n \text{ 行に加える}]{} \begin{pmatrix} a_1 & & & \\ & a_2 & & \\ & & a_{n-1} & \\ 1 & & & a_n \end{pmatrix} \xrightarrow[\text{第1列と第 } n \text{ 列を入れかえてから第1列の符号をかえる}]{}$$

$$\begin{pmatrix} 0 & & & a_1 \\ & a_2 & & \\ & & a_{n-1} & \\ -a_n & & & 1 \end{pmatrix} \xrightarrow[\text{第 } n \text{ 行を } -a_1 \text{ 倍して第1行に加える}]{} \begin{pmatrix} a_1a_n & & & 0 \\ & a_2 & & \\ & & a_{n-1} & \\ -a_n & & & 1 \end{pmatrix} \xrightarrow[\text{第 } n \text{ 列を } a_n \text{ 倍して第1列に加える}]{}$$

$$\begin{pmatrix} a_1a_n & & & 0 \\ & a_2 & & \\ & & \ddots & \\ & & & a_{n-1} \\ 0 & & & 1 \end{pmatrix} \xrightarrow[\text{返えすと}]{\text{この操作を繰り}} \begin{pmatrix} a_1a_2\cdots a_n & & & \\ & 1 & & \\ & & \ddots & \\ & & & 1 \end{pmatrix} = \begin{pmatrix} 1 & & & \\ & 1 & & \\ & & \ddots & \\ & & & 1 \end{pmatrix} = E$$

となる.

以上のことがわかるとつぎの定理を得る. 証明は定理51と同じである.

**定理 54** 特殊線型群 $SL(n, K)$ は特殊基本行列

$$i)\begin{pmatrix} 1 & & & \overset{j}{\vdots} & \\ & \ddots & & \vdots & \\ \cdots\cdots & & 1 \cdots & \lambda & \cdots\cdots \\ & & & \ddots & \\ & & & 1 & \\ & & & \vdots & \ddots \\ & & & \vdots & & 1 \end{pmatrix} \qquad \begin{matrix} i, j=1, 2, \cdots, n \\ i\neq j \end{matrix}$$

によって生成される.

**例 55** 1次の射影変換群

$$PGL(1, K)=\left\{f:\ KP_1 \to KP_1 \,\middle|\, f(x)=\frac{ax+b}{cx+d},\ \begin{matrix} a, b, c, d\in K \\ ad-bc\neq 0 \end{matrix}\right\}$$

はつぎの3種の写像

(1) $g_a(x)=a+x \qquad a\in K$

(2) $h_a(x)=ax \qquad a\neq 0, a\in K$

(3) $k(x)=\dfrac{1}{x}$

によって生成される. 実際, $f(x)=\dfrac{ax+b}{cx+d}$ において $c=0$ ならば

$$f(x)=\frac{ax+b}{d}=\frac{a}{d}x+\frac{b}{d}=g_{b/d}(h_{a/d}(x))$$

となり, $c\neq 0$ ならば

$$\begin{aligned} f(x)=\frac{ax+b}{cx+d}&=\frac{(bc-ad)/c}{cx+d}+\frac{a}{c} \\ &=g_{a/c}(h_{(bc-ad)/c}(k(g_d(h_c(x))))) \end{aligned}$$

となるからである.

### (3) 正規部分群

群$G$の部分群の中に, 部分群より条件の強い正規部分群というのがあり, 群論のいろいろな面で重要な役割を果すことになる.

**定義** 群$G$の部分群$N$がつぎの条件

$$x \in G,\ a \in N \quad \text{ならば} \quad xax^{-1} \in N$$

をみたすとき，$N$を$G$の**正規部分群**という．

群$G$が可換群であれば，$G$のすべての部分群は$G$の正規部分群である．

**例 56** 対称群 $\mathfrak{S}_n$ の部分群である交代群 $\mathfrak{A}_n$ は $\mathfrak{S}_n$ の正規部分群である．実際，$\sigma \in \mathfrak{S}_n$，$\alpha \in \mathfrak{A}_n$ に対して

$$\mathrm{sgn}(\sigma\alpha\sigma^{-1}) = \mathrm{sgn}\,\sigma\,\mathrm{sgn}\,\alpha\,\mathrm{sgn}\,\sigma^{-1} = \mathrm{sgn}\,\alpha = 1$$

より $\sigma\alpha\sigma^{-1} \in \mathfrak{A}_n$ となるからである．

**例 57** 4次の交代群 $\mathfrak{A}_4$ において

$$V = \{1,\ (1\ 2)(3\ 4),\ (1\ 3)(2\ 4),\ (2\ 3)(1\ 4)\}$$

は $\mathfrak{A}_4$ の正規部分群である．実際，$V$ が $\mathfrak{A}_4$ が部分群であることを示すのは容易であるが，$V$ が $\mathfrak{A}_4$ の正規部分群であることは，つぎの公式

$$\sigma(a\ b)(c\ d)\sigma^{-1} = (\sigma(a)\ \sigma(b))(\sigma(c)\ \sigma(d))$$

($\{a, b, c, d\} = \{1, 2, 3, 4\}$, $\sigma \in \mathfrak{S}_4$) から容易にわかる．さらにこの公式から，$V$ が対称群 $\mathfrak{S}_4$ の正規部分群であることもわかる．

**例 58** 一般線型群 $GL(n, K)$ の部分群である特殊線型群 $SL(n, K)$ は $GL(n, K)$ の正規部分群である．実際，$X \in GL(n, K)$，$A \in SL(n, K)$ に対して

$$\det(XAX^{-1}) = \det X \det A \det X^{-1} = \det A = 1$$

より $XAX^{-1} \in SL(n, K)$ となるからである．

**例 59** $n$次元ユークリッド空間 $\boldsymbol{R}^n$ における合同変換群

$$E(\boldsymbol{R}^n) = \{\varphi : \boldsymbol{R}^n \to \boldsymbol{R}^n \mid \varphi(\boldsymbol{x}) = A\boldsymbol{x} + \boldsymbol{a},\ A \in O(n),\ \boldsymbol{a} \in \boldsymbol{R}^n\}$$

において，平行移動全体の集合

$$D(\boldsymbol{R}^n) = \{\psi : \boldsymbol{R}^n \to \boldsymbol{R}^n \mid \psi(\boldsymbol{x}) = \boldsymbol{x} + \boldsymbol{a},\ \boldsymbol{a} \in \boldsymbol{R}^n\}$$

は $E(\boldsymbol{R}^n)$ の正規部分群である．実際，$E(\boldsymbol{R}^n)$ が $D(\boldsymbol{R}^n)$ の部分群であることを示すのは容易であり，正規部分群であることは，$\varphi \in E(\boldsymbol{R}^n)$, $\varphi(\boldsymbol{x}) = A\boldsymbol{x} + \boldsymbol{a}$; $\psi \in D(\boldsymbol{R}^n)$, $\psi(\boldsymbol{x}) = \boldsymbol{x} + \boldsymbol{b}$ に対して

$$\begin{aligned}\varphi\psi\varphi^{-1}(\boldsymbol{x}) &= \varphi\psi(A^{-1}\boldsymbol{x} - A^{-1}\boldsymbol{a}) = \varphi(A^{-1}\boldsymbol{x} - A^{-1}\boldsymbol{a} + \boldsymbol{b}) \\ &= A(A^{-1}\boldsymbol{x} - A^{-1}\boldsymbol{a} + \boldsymbol{b}) + \boldsymbol{a} = \boldsymbol{x} + A\boldsymbol{b}\end{aligned}$$

より $\varphi\psi\varphi^{-1} \in D(\boldsymbol{R}^n)$ となるからである．また，平行移動の群 $D(\boldsymbol{R}^n)$ は，$\boldsymbol{R}^n$ の Affine 変換群 $A(\boldsymbol{R}^n)$ の部分群とみなしてもその正規部分群になっている．

正規部分群はつぎに述べる準同型写像にも関係があるので，そこでもう一度述べることにしよう．

群$G$の2つの部分群 $H, K$ に対して，その積 $HK=\{hk \mid h\in H,\ k\in K\}$ が$G$の部分群になるとは限らないが，$H, K$のうちの一方が$G$の正規部分群ならば $HN$ は部分群になる．すなわちつぎの定理がなりたつ．

**命題60** $G$を群とするとき，つぎの(1), (2), (3)がなりたつ．

(1) $G$の部分群 $H, K$ に対して，$HK$ が$G$の部分群になるための必要十分条件は $HK=KH$ がなりたつことである．

(2) $H$を$G$の部分群，$N$を$G$の正規部分群とすれば，$HN$ は$G$の部分群になる．

(3) $N_1, N_2$ が$G$の正規部分群であれば，$N_1N_2$ も$G$の正規部分群になる．

**証明** (1) $HK=KH$ であれば，$hk, h'k'\in HK$, $h, h'\in H$, $k, k'\in K$ に対して

$$(hk)^{-1}(h'k')=k^{-1}(h^{-1}h')k'\in KHK=HKK=HK$$

となるから $HK$ は$G$の部分群である．逆に $HK$ が$G$の部分群であれば

$$HK=(HK)^{-1}=K^{-1}H^{-1}=KH$$

となる．

(2) $N$が$G$の正規部分群であれば，$h\in H$ に対して $hNh^{-1}\subset N$, $hN\subset Nh$ となり，さらに等号 $hN=Nh$ がなりたつ．これより $HN=NH$ となる．よって，(1)から $HN$ は$G$の部分群になる．

(3) $N_1N_2$ が$G$の部分群になることは(2)からわかるが，$G$の正規部分群であることは，$x\in G$, $n_1\in N_1$, $n_2\in N_2$ に対して $x(n_1n_2)x^{-1}=(xn_1x^{-1})(xn_2x^{-1})\in N_1N_2$ となるからである．∎

最後に，単純群について少し触れておこう．

**定義** 群$G$が，$G$および1以外に$G$の正規部分群を含まないとき，$G$を**単純群**という．

単純群を分類すること，すなわち，すべての単純群を見つけ出すことが有限群論における主要課題になっている．現在，交代群 $\mathfrak{A}_n$ $(n\geqq 5)$, Mathieu 群 Chevalley 群，鈴木群，李群，Janko 群などいくつかの単純群が見出されているが，すべての単純群を分類するにいたっていない．

### (4) 中　　心

**定義** $G$を群とする．$G$の各元$x$と可換な元 $c\in G$ 全体の集合

$$C(G)=\{c\in G \mid cx=xc\quad x\in G\}$$

は$G$の正規部分群になる．この部分群 $C(G)$ を$G$の**中心**という．

つぎの命題は明らかである．

**命題61** (1) 可換群$G$の中心は自分自身である：$C(G)=G$.

(2) 群$G$の中心 $C(G)$ に含まれる部分群は$G$の正規部分群である.

群$G$の中心 $C(G)$ を決定するには, $G$のある生成系 $M$: $G=\langle M\rangle$ をとり, $M$のすべての元と可換な元 $c\in G$ を探せばよい. 以下の例もそのようにして求めている.

**例 62** 4元数群 $Q=\{\pm 1, \pm i, \pm j, \pm k\}$ の中心は

$$C(Q)=\{1, -1\}=Z_2$$

である.

**例 63** 2面体群 $D_n=\{1, a, \cdots, a^{n-1}, b, ab, \cdots, a^{n-1}b\}$ の中心は

$$C(D_{2m+1})=1$$
$$C(D_2)=D_2, \quad C(D_{2m})=\{1, a^m\} \quad (m\geqq 2)$$

である. 実際, 元 $a^i$, $1\leqq i\leqq n-1$ が中心の元ならば, $b$と可換であるから, $a^ib=ba^i$, $a^ib=a^{-i}b$ より $a^{2i}=1$ となる. よって, $2i$ は$a$の位数で割り切れる (命題 13) が, $1\leqq i\leqq n-1$ より $2i=n$ となる. したがって, $n$が奇数ならば $a^i$, $1\leqq i\leqq n-1$は中心の元でなくて, $n$が偶数 $n=2m$ ならば, $a^m$ が中心の元となる. 同様に, $a^ib$, $0\leqq i\leqq n-1$ の形の元が中心の元ならば, $a$との可換性より $aa^ib=a^iba$ より $ab=ba$ となるが, これは $n=2$ のときに限る. 以上で中心 $C(D_n)$ が決定された.

**定理 64** 対称群 $\mathfrak{S}_n$ の中心は

$$C(\mathfrak{S}_2)=\mathfrak{S}_2, \quad C(\mathfrak{S}_n)=1 \quad (n\geqq 3)$$

である.

**証明** $\mathfrak{S}_2$ は可換群であるから $C(\mathfrak{S}_2)=\mathfrak{S}_2$ である. $n\geqq 3$ とし, $\sigma\in\mathfrak{S}_n$ が $\sigma\neq 1$ ならば $\sigma$は $C(\mathfrak{S}_n)$ の元でないことを示そう. $\sigma\neq 1$ ならば, ある文字 $i$ に対して

$$\sigma(i)=j \qquad i\neq j$$

となっている. $n\geqq 3$ だから, $i, j$ と異なる文字$k$をとると

$$(\sigma(j\ k))(i)=\sigma(i)=j, \quad ((j\ k)\sigma)(i)=(j\ k)(j)=k$$

より $\sigma(j\ k)\neq(j\ k)\sigma$ となる. よって$\sigma$は中心 $C(\mathfrak{S}_n)$ の元でない.

**定理 65** 交代群 $\mathfrak{A}_n$ の中心は

$$C(\mathfrak{A}_3)=\mathfrak{A}_3, \quad C(\mathfrak{A}_n)=1 \quad (n\geqq 4)$$

である.

**証明** $\mathfrak{A}_3$ は可換群であるから $C(\mathfrak{A}_3)=\mathfrak{A}_3$ である. $n\geqq 4$ とし, $\sigma\in\mathfrak{A}_n$ が $\sigma\neq 1$ ならば$\sigma$は $C(\mathfrak{A}_n)$ の元でないことを示そう. $\sigma\neq 1$ ならば, ある文字 $i$ に対して

$$\sigma(i)=j \qquad i\neq j$$

となっている. $n\geqq 4$ だから, $i, j$ と異なる文字 $k, l(\neq)$ をとり, 元 $(i\ k\ l)\in\mathfrak{A}_n$と$\sigma$の

可換性を調べると

$$((i\ k\ l)\sigma)(i)=(i\ k\ l)(j)=j,\quad (\sigma(i\ k\ l))(i)=\sigma(k)\neq j$$

より $(i\ k\ l)\sigma\neq\sigma(i\ k\ l)$ となる．よって $\sigma$ は中心 $C(\mathfrak{A}_n)$ の元でない．

**定理 66** 一般線型群 $GL(n, K)$ の中心は

$$C(GL(n, K))=\left\{\begin{pmatrix} a & & \\ & a & \\ & & \ddots \\ & & & a\end{pmatrix}=aE \mid a\in K^*\right\}$$

である．

**証明** $A$ を $GL(n, K)$ の中心の元とする． $A=\begin{pmatrix} a_{11} & \cdots & a_{1n} \\ & \cdots\cdots & \\ a_{n1} & \cdots & a_{nn}\end{pmatrix}$ と基本行列 $X=$

$$i)\begin{pmatrix} 1 & & & & \\ & \ddots & & \vdots & \\ \cdots & & 1 & \cdots\ \lambda & \cdots \\ & & & \ddots & \\ & & & 1 & \\ & & & \vdots & \ddots \\ & & & & 1\end{pmatrix}\ (\lambda \text{ は第 } j \text{ 列})$$

に対し， $AX=XA$ の $(i, j)$ 成分と $(j, j)$ 成分をそれぞれ比較すると

$$a_{ii}\lambda+a_{ij}=a_{ij}+\lambda a_{jj}$$
$$a_{ji}\lambda+a_{jj}=a_{jj}$$

となる．これがすべての $\lambda\in K$ についてなりたつから

$$a_{ii}=a_{jj},\quad a_{ji}=0\quad (i\neq j)$$

を得る．さらに，これがすべての $i, j$ についてなりたつから， $A=\begin{pmatrix} a & & 0 \\ & a & \\ 0 & & \ddots\ a\end{pmatrix}=aE,\ a\neq 0$

の形になる．逆に $aE,\ a\neq 0$ は $GL(n, K)$ の中心の元である．

**定理 67** 特殊線型群 $SL(n, K)$ の中心は

$$C(SL(2m+1, \boldsymbol{R}))=E,\quad C(SL(2m, \boldsymbol{R}))=\{E, -E\}$$
$$C(SL(n, \boldsymbol{C}))=\{aE \mid a\in\boldsymbol{C},\ a^n=1\}$$

である．

**証明** $A$ が $SL(n, K)$ の中心の元であれば，定理 66 と同様にしてまず $A=aE$ がわかる．さらに $\det A=1$ であるから $a^n=1$ である． $K=\boldsymbol{R}, \boldsymbol{C}$ に分けて考えると，これより定理を得る．

## 4　準同型写像

加群のときと同様に，2つの群 $G, G'$ の群構造を比較するには，群の積を保つ写像で比較するのが自然な考え方であろう．これから，そのような写像である準同型写像について述べよう．

### (1)　準同型写像

**定義**　$G, G'$ を群とする．写像 $f: G \to G'$ が

$$f(xy)=f(x)f(y) \qquad x, y \in G$$

をみたすとき，$f$ を**(群)準同型写像**という．準同型写像 $f: G \to G'$ が単射であるとき $f$ を**単射準同型写像**といい，また準同型写像 $f: G \to G'$ が全射であるとき $f$ を**全射準同型写像**という．準同型写像 $f: G \to G'$ が全単射であるとき $f$ を**(群)同型写像**という．

**例 68**　群 $\boldsymbol{R}^*=\boldsymbol{R}-\{0\}$ から群 $S^0=\{1, -1\}$ への写像

$$\mathrm{sgn}: \boldsymbol{R}^* \to S^0, \qquad \mathrm{sgn}\, x=\begin{cases} 1 & x>0 \text{ のとき} \\ -1 & x<0 \text{ のとき} \end{cases}$$

は準同型写像である．

**例 69**　群 $\boldsymbol{R}^*=\boldsymbol{R}-\{0\}$ から群 $\boldsymbol{R}^+=\{x\in\boldsymbol{R} \mid x>0\}$ への写像

$$f: \boldsymbol{R}^* \to \boldsymbol{R}^+, \qquad f(x)=|x|$$

は準同型写像である．実際，絶対値は

$$|xy|=|x||y|$$

をみたすからである．同様に，群 $\boldsymbol{C}^*=\boldsymbol{C}-\{0\}$ から群 $\boldsymbol{R}^+$ への写像

$$f: \boldsymbol{C}^* \to \boldsymbol{R}^+, \qquad f(x)=|x|$$

も準同型写像である．

**例 70**　実数加群 $\boldsymbol{R}$ から群 $\boldsymbol{R}^+=\{x\in\boldsymbol{R} \mid x>0\}$ への写像

$$f: \boldsymbol{R} \to \boldsymbol{R}^+, \qquad f(x)=e^x$$

は準同型写像である．実際，指数関数は

$$e^{x+y}=e^x e^y$$

をみたすからである．また，群 $\boldsymbol{R}^+$ から実数加群 $\boldsymbol{R}$ への写像

$$g: \boldsymbol{R}^+ \to \boldsymbol{R}, \qquad g(x)=\log x$$

も準同型写像である．実際，対数関数は

$$\log(xy)=\log x+\log y$$

をみたすからである．

**例 71** 実数加群 $\boldsymbol{R}$ から群 $S^1=\{\alpha\in\boldsymbol{C}\mid|\alpha|=1\}$ への写像

$$f:\boldsymbol{R}\to S^1,\qquad f(x)=e^{2\pi ix}=\cos 2\pi x+i\sin 2\pi x$$

は準同型写像である．実際，この指数関数は

$$e^{2\pi i(x+y)}=e^{2\pi ix}e^{2\pi iy}$$

をみたすからである．

**例 72** 対称群 $\mathfrak{S}_n$ から群 $Z_2=\{1,-1\}$ への写像

$$f:\mathfrak{S}_n\to Z_2,\qquad f(\sigma)=\mathrm{sgn}\,\sigma$$

は準同型写像である．実際，置換の符号は

$$\mathrm{sgn}(\sigma\tau)=\mathrm{sgn}\,\sigma\,\mathrm{sgn}\,\tau$$

をみたすからである．

**例 73** 一般線型群 $GL(n,K)$ から群 $K^*=K-\{0\}$ への写像

$$f:GL(n,K)\to K^*,\qquad f(A)=\det A$$

は準同型写像である．実際，行列式は

$$\det(AB)=\det A\det B$$

をみたすからである．

**例 74** 直交行列 $A\in O(n)$ は ${}^tAA=E$ をみたすから，その行列式 $\det A$ は，$\det({}^tAA)=\det E$, $\det A\det{}^tA=1$, $(\det A)^2=1$ より $\det A=\pm1$ となることに注意して，写像

$$f:O(n)\to S^0,\qquad f(A)=\det A$$

をつくると，$f$ は準同型写像になる．同様に，ユニタリ行列 $A\in U(n)$ の行列式 $\det A$ は，$\det(AA^*)=\det E$, $\det A\det{}^t A=1$, $|\det A|=1$ となることに注意して，写像

$$f:U(n)\to S^1,\qquad f(A)=\det A$$

をつくると，$f$ も準同型写像になる．

**例 75** 2 次の一般線型群 $GL(2,K)$ から 1 次の射影変換群 $PGL(1,K)$ への写像

$$f:GL(2,K)\to PGL(1,K),\quad \left(f\begin{pmatrix}a&b\\c&d\end{pmatrix}\right)(x)=\frac{ax+b}{cx+d}$$

は準同型写像である．実際，$B=\begin{pmatrix}p&q\\r&s\end{pmatrix}$, $A=\begin{pmatrix}a&b\\c&d\end{pmatrix}\in GL(2,K)$ に対して

$$(f(BA))(x)=\left(f\begin{pmatrix} p & q \\ r & s \end{pmatrix}\begin{pmatrix} a & b \\ c & d \end{pmatrix}\right)(x)=\left(f\begin{pmatrix} pa+qc & pb+qd \\ ra+sc & rb+sd \end{pmatrix}\right)(x)$$

$$=\frac{(pa+qc)x+(pb+qd)}{(ra+sc)x+(rb+sd)}$$

$$(f(B)f(A))(x)=(f(B))\left(\frac{ax+b}{cx+d}\right)=\frac{p\left(\frac{ax+b}{cx+d}\right)+q}{r\left(\frac{ax+b}{cx+d}\right)+s}=\frac{(pa+cq)x+(pb+dq)}{(ra+cs)x+(rb+ds)}$$

より $f(BA)=f(B)f(A)$ となるからである．

**例 76**　$n$ 次元ユークリッド空間 $\boldsymbol{R}^n$ の合同変換群 $E(\boldsymbol{R}^n)$ から直交群 $O(n)$ への写像

$$f: E(\boldsymbol{R}^n) \to O(n), \quad f(\varphi)=A \quad (\varphi(\boldsymbol{x})=A\boldsymbol{x}+\boldsymbol{a})$$

は準同型写像である．同様に，$\boldsymbol{R}^n$ の Affine 変換群 $A(\boldsymbol{R}^n)$ から一般線型群 $GL(n, \boldsymbol{R})$ への写像

$$f: A(\boldsymbol{R}^n) \to GL(n, \boldsymbol{R}), \quad f(\varphi)=A \quad (\varphi(\boldsymbol{x})=A\boldsymbol{x}+\boldsymbol{a})$$

も準同型写像である．

**例 77**　2 面体群 $D_n=\{1, a, \cdots, a^{n-1}, b, ab, \cdots, a^{n-1}b\}$ から群 $Z_2=\{1, -1\}$ への写像

$$f: D_n \to Z_2, \qquad \begin{cases} f(a^i)=1 \\ f(a^ib)=-1 \end{cases} \qquad i=0, 1, \cdots, n-1$$

は準同型写像である(各自確かめて下さい)．

なお，上記の例 68—77 における準同型写像 $f$ はすべて全射である．(たとえば，例73の準同型写像 $f: GL(n, K)\to K^*$, $f(A)=\det A$ が全射であることは，$a\in K^*$ に対して行列 $A=\begin{pmatrix} a & & 0 \\ & 1 & \\ & & \ddots & \\ 0 & & & 1 \end{pmatrix}$ をつくると，$A\in GL(n, K)$ であって，$f(A)=\det A=a$ となるからである)．しかし，例 70 を除いたすべての準同型写像は単射でない．

### (2)　準同型写像の核と正規部分群

準同型写像 $f: G\to G'$ と $G$ の正規部分群との関係(定理79)を述べる前に，まず準同型写像に関するつぎの簡単な命題から始める．

**命題 78**　$G, G'$ を群とし，$f: G\to G'$ を準同型写像とするとき，つぎの (1), (2) がなりたつ．

(1)　$f(1)=1$

(2)　$f(x^{-1})=f(x)^{-1} \qquad x\in G$

**証明**　(1)　$f(1)f(1)=f(1\cdot 1)=f(1)$ の両辺に $f(1)^{-1}$ を掛けると $f(1)=1$ を得る．

(2) $f(x)f(x^{-1})=f(xx^{-1})=f(1)=1$ より $f(x^{-1})=f(x)^{-1}$ を得る.

さて，つぎの定理は準同型写像と正規部分群の関係を示す定理である．これは部分群が正規部分群であることを示すのにもよく利用される.

**定理 79 と定義** $G, G'$ を群とし，$f: G \to G'$ を準同型写像とするとき

$$f^{-1}(1)=\{x \in G \mid f(x)=1\}$$

は$G$の正規部分群になる．この正規部分群 $f^{-1}(1)$ を準同型写像 $f: G \to G'$ の核といい，$\mathrm{Ker} f$ で表わす.

**証明** $a, b \in \mathrm{Ker} f$ ならば $f(a)=1, f(b)=1$ である．このとき

$$f(a^{-1}b)=f(a)^{-1}f(b)=1^{-1}1=1$$

となるから $a^{-1}b \in \mathrm{Ker} f$ である．よって $\mathrm{Ker} f$ は$G$の部分群である．さらに $x \in G$, $a \in \mathrm{Ker} f$ に対して

$$f(xax^{-1})=f(x)f(a)f(x)^{-1}=f(x)1f(x)^{-1}=1$$

となるから $xax^{-1} \in \mathrm{Ker} f$ である．よって $\mathrm{Ker} f$ は$G$の正規部分群である.

**例 80** 例 68 の準同型写像 $\mathrm{sgn}: \boldsymbol{R}^* \to S^0$ の核は群 $\boldsymbol{R}^+=\{x \in \boldsymbol{R} \mid x>0\}$ である.

**例 81** 例 69 の準同型写像

$$f: \boldsymbol{R}^* \to \boldsymbol{R}^+, \qquad f(x)=|x|$$

の核は群 $S^0=\{1, -1\}$ である．また，準同型写像

$$f: \boldsymbol{C}^* \to \boldsymbol{R}^+, \qquad f(x)=|x|$$

の核は群 $S^1=\{\alpha \in \boldsymbol{C} \mid |\alpha|=1\}$ である.

**例 82** 例 71 の準同型写像

$$f: \boldsymbol{R} \to S^1, \qquad f(x)=e^{2\pi ix}$$

の核は整数加群 $\boldsymbol{Z}$ である.

**例 83** 例 72 の準同型写像

$$f: \mathfrak{S}_n \to Z_2, \qquad f(\sigma)=\mathrm{sgn}\,\sigma$$

の核は交代群 $\mathfrak{A}_n$ である．したがって交代群 $\mathfrak{A}_n$ は対称群 $\mathfrak{S}_n$ の正規部分群である（例 56 参照).

**例 84** 例 73 の準同型写像

$$f: GL(n, K) \to K^*, \qquad f(A)=\det A$$

の核は特殊線型群 $SL(n, K)$ である．したがって特殊線型群 $SL(n, K)$ は $GL(n, K)$ の正規部分群である（例 58 参照)．また 例 74 の準同型写像

$$f: O(n) \to S^0, \quad f(A)=\det A\,; \qquad f: U(n) \to S^1, \quad f(A)=\det A$$

の核はそれぞれ回転群 $SO(n)$，特殊ユニタリ群 $SU(n)$ である．したがって $SO(n), U(n)$ はそれぞれ直交群 $O(n)$，ユニタリ群 $U(n)$ の正規部分群である．

**例 85** 例 75 の準同型写像

$$f: GL(2, K) \to PGL(1, K), \quad \left(f\begin{pmatrix} a & b \\ c & d \end{pmatrix}\right)(x)=\frac{ax+b}{cx+d}$$

の核は $GL(2, K)$ の中心 $C(GL(2, K))=\left\{\begin{pmatrix} a & 0 \\ 0 & a \end{pmatrix}\middle| a\in K^*\right\}$ である．実際，$\left(f\begin{pmatrix} a & b \\ c & d \end{pmatrix}\right)(x)=x$, $\dfrac{ax+b}{cx+d}=x$ がつねになりたつとすると，$ax+b=cx^2+dx$ より $b=c=0$, $a=d$ となるからである．

**例 86** 例 76 の準同型写像

$$f: E(\boldsymbol{R}^n) \to O(n), \quad f(\varphi)=A \quad (\varphi(\boldsymbol{x})=A\boldsymbol{x}+\boldsymbol{a})$$

の核は平行移動の群 $D(\boldsymbol{R}^n)$ である．したがって $D(\boldsymbol{R}^n)$ は $E(\boldsymbol{R}^n)$ の正規部分群である（例 59 参照）．Affine 変換 $A(\boldsymbol{R}^n)$ についても同様である．

**例 87** 例 77 の準同型写像

$$f: D_n \to Z_2, \quad f(a^i)=1, \quad f(a^ib)=-1$$

の核は群 $Z_n=\{1, a, a^2, \cdots, a^{n-1}\}$ である．したがってこの群 $Z_n$ は $D_n$ の正規部分群である．

### (3) 準同型写像の簡単な性質

**命題 88** $G, G'$ を群とし，$f: G \to G'$ を準同型写像とするとき，

$$f \text{ が単射} \iff \operatorname{Ker} f=1$$

がなりたつ．したがって，型同型写像 $f: G \to G'$ が単射であることを示すためには

$$f(x)=1 \quad \text{ならば} \quad x=1$$

を示せば十分である．

**証明** $x\in \operatorname{Ker} f$ とすると $f(x)=1=f(1)$ である．したがって，$f$ が単射ならば $x=1$ となり，$\operatorname{Ker} f=1$ である．逆に $\operatorname{Ker} f=1$ とすると，$x, y\in G$ に対して，$f(x)=f(y)$ ならば $f(x^{-1}y)=f(x)^{-1}f(y)=1$ となるから，$x^{-1}y\in \operatorname{Ker} f=1$ より $x=y$ となる．よって $f$ は単射である．▌

つぎの命題の (2) は 定理 79 の拡張になっている．

**命題 89** $G, G'$ を群とし，$f: G \to G'$ を準同型写像とする．このときつぎの (1), (2) がなりたつ．

(1) $G'$ の部分群 $H'$ に対して $f^{-1}(H')=\{a\in G \mid f(a)\in H'\}$ はGの部分群になる.

(2) $G'$ の正規部分群 $N'$ に対して $f^{-1}(N')=\{a\in G \mid f(a)\in N'\}$ はGの正規部分群になる.

**証明** (1) $a, b\in f^{-1}(H')$ とすると $f(a), f(b)\in H'$ である. このとき $f(a^{-1}b)=f(a)^{-1}f(b)\in H'$ となるから $a^{-1}b\in f^{-1}(H')$ である. よって $f^{-1}(H')$ はGの部分群である.

(2) $f^{-1}(N')$ がGの部分群であることは (1) よりよい. さらに $x\in G, a\in f^{-1}(N')$ に対して $f(xax^{-1})=f(x)f(a)f(x)^{-1}\in f(x)N'f(x)^{-1}\subset N'$ となるから $xax^{-1}\in f^{-1}(N')$ である. よって $f^{-1}(N')$ はGの正規部分群である. ∎

**命題 90 と定義** $G, G'$ を群とし, $f: G\to G'$ を準同型写像とする. Gの部分群Hに対して, Hのfによる像

$$f(H)=\{f(x) \mid x\in H\}$$

は $G'$ の部分群になる. 特に, G の像 $f(G)$ も $G'$ の部分群になるが, この部分群 $f(G)$ を準同型写像 $f: G\to G'$ によるGの像といい, $\mathrm{Im} f$ で表わす.

**証明** $x', y'\in f(H)$ とすると $x'=f(x)$, $y'=f(y)$ となる $x, y\in H$ が存在する. このとき $x'^{-1}y'=f(x)^{-1}f(y)=f(x^{-1}y)$, $x^{-1}y\in H$ となるから $x'^{-1}y'\in f(H)$となる. よって $f(H)$ は $G'$ の部分群である. ∎

つぎの 4 つの命題は自明に近いから証明を省略した.

**命題 91** $G. G', G''$ を群とし, $f: G\to G'$, $g: G'\to G''$ を準同型写像とする. このとき, $f$ と $g$ の合成写像

$$gf: G\to G'', \qquad (gf)(x)=g(f(x))$$

も準同型写像である.

**命題 92** $G, G_1, G_2$ を群とし, $f: G\to G_1$, $g: G\to G_2$ を準同型写像とするとき, 写像 $h: G\to G_1\times G_2$

$$h(x)=(f(x), g(x)) \qquad x\in G$$

も準同型写像である.

**命題 93** $G_1, G_2$ を群とする. このとき, 写像

$$p: G_1\times G_2\to G_1, \qquad p(x_1, x_2)=x_1$$
$$q: G_1\times G_2\to G_2, \qquad q(x_1, x_2)=x_2$$

はともに全射準同型写像である. また, 写像

$$i:\ G_1 \to G_1 \times G_2, \qquad i(x_1)=(x_1, 1)$$
$$j:\ G_2 \to G_1 \times G_2, \qquad j(x_2)=(1, x_2)$$

はともに単射準同型写像である．これらの4つの写像 $p, q, i, j$ の間には

$$pi(x_1)=x_1, \quad qj(x_2)=x_2, \quad pj(x_2)=1, \quad qi(x_1)=1 \qquad x_1 \in G_1,\ x_2 \in G_2$$

の関係がある．(この写像 $p:\ G_1 \times G_2 \to G_1$, $q:\ G_1 \times G_2 \to G_2$ を**射影準同型写像**という)．

**命題 94**　$G$を群とし，$H$を$G$の部分群とする．このとき写像

$$i:\ H \to G, \qquad i(x)=x$$

は単射準同型写像である．(この写像 $i:\ H \to G$ を**包含(準同型)写像**という)．

## 5　群の同型

2つの群 $G, G'$ の位数が同じで群構造も同じならば，$G$ と $G'$ は同じ群とみなして区別しないのが普通である．このことについて説明しよう．

### (1)　群の同型

**定義**　2つの群 $G, G'$ の間に(群)同型写像 $f: G \to G'$ が存在するとき，$G$ と $G'$ は(群として)**同型**であるといい，記号

$$G \cong G'$$

で表わす．

**命題 95**　2つの群 $G, G'$ が同型であるための必要十分条件は

$$gf=1, \qquad fg=1$$

をみたす準同型写像 $f: G \to G'$, $g: G' \to G$ が存在することである．

**証明**　群 $G, G'$ が同型であるとすると同型写像 $f: G \to G'$ が存在する．$f$ は全単射であるから，その逆写像 $g: G \to G'$ が存在して

$$gf=1, \qquad fg=1$$

をみたしている．この $g$ は準同型写像である．実際，$x', y' \in G'$ に対して

$$f(g(x'y'))=x'y'=f(g(x'))f(g(y'))=f(g(x')g(y'))$$

となるが，$f$ が単射であるから $g(x'y')=g(x')g(y')$ となるからである．以上で必要条件が示された．逆に，$f$ が命題の条件をみたせば，$f$ は全単射になるから $f$ は同型写像である．よって $G, G'$ は同型である．

**例 96**　群 $Z_n=\{\alpha \in \boldsymbol{C} \mid \alpha^n=1\}$ と位数 $n$ の巡回加群 $\boldsymbol{Z}_n=\{0, 1, 2, \cdots, n-1\}$ は同型である：

$$Z_n \cong \mathbb{Z}_n$$

実際，写像 $f: Z_n \to \mathbb{Z}_n$

$$f(\omega^k)=k \qquad \omega=\cos\frac{2\pi}{n}+i\sin\frac{2\pi}{n}$$

は同型写像である．一般に，位数 $n$ の巡回群はすべてこの群 $Z_n$（または $\mathbb{Z}_n$）に同型である．

**例 97** $KP_1$ におけるつぎの 6 つの写像 $f_i: KP_1 \to KP_1$

$$f_1(x)=x,\quad f_2(x)=\frac{1}{1-x},\quad f_3(x)=\frac{x-1}{x},$$

$$f_4(x)=1-x,\quad f_5(x)=\frac{1}{x},\quad f_6(x)=\frac{x}{x-1}$$

のつくる群 $S$（例 28）は 3 次の対称群 $\mathfrak{S}_3$ に同型である：

$$S \cong \mathfrak{S}_3$$

実際，写像 $f: S \to \mathfrak{S}_3$

$$f_1 \to \begin{pmatrix}1&2&3\\1&2&3\end{pmatrix}=1,\quad f_2 \to \begin{pmatrix}1&2&3\\2&3&1\end{pmatrix}=\sigma,\quad f_3 \to \begin{pmatrix}1&2&3\\3&1&2\end{pmatrix}=\tau,$$

$$f_4 \to \begin{pmatrix}1&2&3\\1&3&2\end{pmatrix}=\xi,\quad f_5 \to \begin{pmatrix}1&2&3\\2&1&3\end{pmatrix}=\eta,\quad f_6 \to \begin{pmatrix}1&2&3\\3&2&1\end{pmatrix}=\zeta$$

が群の同型対応を与えている．この写像 $f: S \to \mathfrak{S}_3$ が全単射であることは自明であるが，$f$ が準同型写像であることは逐一確かめていくよりほかなかろう．また群 $S, \mathfrak{S}_3$ が同型であることを示すには，両者の乗積表を書いて，その乗積表が $f$ によってちょうど対応しているならば，$f$ が同型写像であることがわかる．この方法は群の位数が小さいときにはかなり有効である．

| | $f_1$ | $f_2$ | $f_3$ | $f_4$ | $f_5$ | $f_6$ |
|---|---|---|---|---|---|---|
| $f_1$ | $f_1$ | $f_2$ | $f_3$ | $f_4$ | $f_5$ | $f_6$ |
| $f_2$ | $f_2$ | $f_3$ | $f_1$ | $f_5$ | $f_6$ | $f_4$ |
| $f_3$ | $f_3$ | $f_1$ | $f_2$ | $f_6$ | $f_4$ | $f_5$ |
| $f_4$ | $f_4$ | $f_6$ | $f_5$ | $f_1$ | $f_3$ | $f_2$ |
| $f_5$ | $f_5$ | $f_4$ | $f_6$ | $f_2$ | $f_1$ | $f_3$ |
| $f_6$ | $f_6$ | $f_5$ | $f_4$ | $f_3$ | $f_2$ | $f_1$ |

$\xrightarrow{f}$

| | $1$ | $\sigma$ | $\tau$ | $\xi$ | $\eta$ | $\zeta$ |
|---|---|---|---|---|---|---|
| $1$ | $1$ | $\sigma$ | $\tau$ | $\xi$ | $\eta$ | $\zeta$ |
| $\sigma$ | $\sigma$ | $\tau$ | $1$ | $\eta$ | $\zeta$ | $\xi$ |
| $\tau$ | $\tau$ | $1$ | $\sigma$ | $\zeta$ | $\xi$ | $\eta$ |
| $\xi$ | $\xi$ | $\zeta$ | $\eta$ | $1$ | $\tau$ | $\sigma$ |
| $\eta$ | $\eta$ | $\xi$ | $\zeta$ | $\sigma$ | $1$ | $\tau$ |
| $\zeta$ | $\zeta$ | $\eta$ | $\xi$ | $\tau$ | $\sigma$ | $1$ |

**例 98** 3 次の置換行列全体のつくる群 $S_3$（例 26）は 3 次の対称群 $\mathfrak{S}_3$ に同型である：

$$S_3 \cong \mathfrak{S}_3$$

実際，写像 $f: S_3 \to \mathfrak{S}_3$

$$\begin{pmatrix} 1 & 0 & 0 \\ 0 & 1 & 0 \\ 0 & 0 & 1 \end{pmatrix} \to \begin{pmatrix} 1 & 2 & 3 \\ 1 & 2 & 3 \end{pmatrix} = 1, \quad \begin{pmatrix} 1 & 0 & 0 \\ 0 & 0 & 1 \\ 0 & 1 & 0 \end{pmatrix} \to \begin{pmatrix} 1 & 2 & 3 \\ 1 & 3 & 2 \end{pmatrix} = \xi,$$

$$\begin{pmatrix} 0 & 1 & 0 \\ 1 & 0 & 0 \\ 0 & 0 & 1 \end{pmatrix} \to \begin{pmatrix} 1 & 2 & 3 \\ 2 & 1 & 3 \end{pmatrix} = \eta, \quad \begin{pmatrix} 0 & 0 & 1 \\ 0 & 1 & 0 \\ 1 & 0 & 0 \end{pmatrix} \to \begin{pmatrix} 1 & 2 & 3 \\ 3 & 2 & 1 \end{pmatrix} = \zeta,$$

$$\begin{pmatrix} 0 & 0 & 1 \\ 1 & 0 & 0 \\ 0 & 1 & 0 \end{pmatrix} \to \begin{pmatrix} 1 & 2 & 3 \\ 2 & 3 & 1 \end{pmatrix} = \sigma, \quad \begin{pmatrix} 0 & 1 & 0 \\ 0 & 0 & 1 \\ 1 & 0 & 0 \end{pmatrix} \to \begin{pmatrix} 1 & 2 & 3 \\ 3 & 1 & 2 \end{pmatrix} = \tau$$

が群の同型対応を与えている．この対応は，たとえば

$$(1 \quad 2 \quad 3)\begin{pmatrix} 0 & 1 & 0 \\ 0 & 0 & 1 \\ 1 & 0 & 0 \end{pmatrix} = (3 \quad 1 \quad 2)$$

のように理解するとよい．一般に，$n$ 次の置換行列全体のつくる群 $S_n$（例 26）は $n$ 次の対称群 $\mathfrak{S}_n$ に同型である：　$S_n \cong \mathfrak{S}_n$．それは

$$\begin{array}{r} \\ i_1) \\ i_n) \\ i_2) \end{array}\overset{\;1\quad 2 \qquad\qquad n}{\begin{pmatrix} & \cdots & \vdots & \cdots & 1 & \cdots \\ 1 & & \cdots & \cdots & \cdots & \cdots \\ \cdots & \cdots & \cdots & \cdots & \cdots & 1 \\ \cdots & \cdots & 1 & \cdots & \cdots & \cdots \\ \vdots & & & & \vdots & \vdots \end{pmatrix}} \longrightarrow \begin{pmatrix} 1 & 2 & \cdots & n \\ i_1 & i_2 & \cdots & i_n \end{pmatrix}$$

のように対応させると，群の同型対応が得られる．

**例 99**　2 次の 2 面体群 $D_2 = \{1, a, b, ab\}$ は直積群 $Z_2 \times Z_2$（この群は **Klein の 4 元群** とよばれている）に同型である：

$$D_2 \cong Z_2 \times Z_2$$

実際，写像 $f: D_2 \to Z_2 \times Z_2$

$$1 \to (1, 1), \qquad a \to (-1, 1), \qquad b \to (1, -1), \qquad ab \to (-1, -1)$$

が群の同型対応を与えている．

| | 1 | $a$ | $b$ | $ab$ |
|---|---|---|---|---|
| 1 | 1 | $a$ | $b$ | $ab$ |
| $a$ | $a$ | 1 | $ab$ | $b$ |
| $b$ | $b$ | $ab$ | 1 | $a$ |
| $ab$ | $ab$ | $b$ | $a$ | 1 |

$\xrightarrow{f}$

| | $(1,1)$ | $(-1,1)$ | $(1,-1)$ | $(-1,-1)$ |
|---|---|---|---|---|
| $(1,1)$ | $(1,1)$ | $(-1,1)$ | $(1,-1)$ | $(-1,-1)$ |
| $(-1,1)$ | $(-1,1)$ | $(1,1)$ | $(-1,-1)$ | $(1,-1)$ |
| $(1,-1)$ | $(1,-1)$ | $(-1,-1)$ | $(1,1)$ | $(-1,1)$ |
| $(-1,-1)$ | $(-1,-1)$ | $(1,-1)$ | $(-1,1)$ | $(1,1)$ |

**例 100**　3 次の 2 面体群 $D_3=\{1, a, a^2, b, ab, a^2b\}$ は 3 次の対称群 $\mathfrak{S}_3$ に同型である：

$$D_3 \cong \mathfrak{S}_3$$

実際，写像 $f: D_3 \to \mathfrak{S}_3$

$$1 \to \begin{pmatrix}1&2&3\\1&2&3\end{pmatrix}=1, \quad a \to \begin{pmatrix}1&2&3\\2&3&1\end{pmatrix}=\sigma, \quad a^2 \to \begin{pmatrix}1&2&3\\3&1&2\end{pmatrix}=\tau,$$

$$b \to \begin{pmatrix}1&2&3\\1&3&2\end{pmatrix}=\xi, \quad ab \to \begin{pmatrix}1&2&3\\2&1&3\end{pmatrix}=\eta, \quad a^2b \to \begin{pmatrix}1&2&3\\3&2&1\end{pmatrix}=\zeta$$

が群の同型対応を与えている．（群の乗積表をつくって確かめて下さい）．

**例 101**　6 次の 2 面体群 $D_6$ は 3 次の対応群 $\mathfrak{S}_3$ と群 $Z_2$ の直積群に同型である：

$$D_6 \cong \mathfrak{S}_3 \times Z_2$$

実際，写像 $f: D_6 \to \mathfrak{S}_3 \times Z_2$

$$\begin{array}{llll} 1 & \to (1, 1), & b & \to (\xi, 1) \\ a & \to (\sigma, -1), & ab & \to (\eta, -1) \\ a^2 & \to (\tau, 1), & a^2b & \to (\zeta, 1) \\ a^3 & \to (1, -1), & a^3b & \to (\xi, -1) \\ a^4 & \to (\sigma, 1), & a^4b & \to (\eta, 1) \\ a^5 & \to (\tau, -1), & a^5b & \to (\zeta, -1) \end{array}$$

が群の同型対応を与えている．（群の乗積表をつくるなどして確かめて下さい）．

**例 102**　$n$ 次の2面体群 $D_n$ は，$n$ 次の対称群 $\mathfrak{S}_n$ において

$$\alpha=\begin{pmatrix}1 & 2 & 3 & \cdots & n-1 & n\\ 2 & 3 & 4 & & n & 1\end{pmatrix},\qquad \beta=\begin{pmatrix}1 & 2 & 3 & \cdots & n-1 & n\\ 1 & n & n-1 & \cdots & 3 & 2\end{pmatrix}$$

から生成される部分群 $\mathfrak{D}_n$ に同型である：

$$D_n\cong\mathfrak{D}_n$$

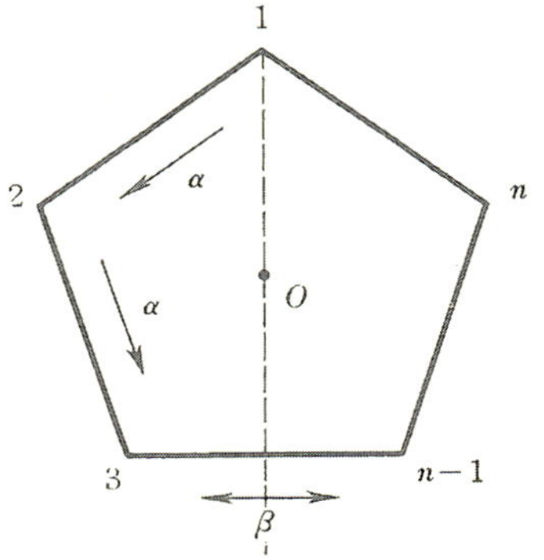


実際，$\mathfrak{S}_n$ において $\alpha, \beta$ が $\alpha^n=1$, $\beta^2=1$, $\beta\alpha\beta=\alpha^{-1}$ の関係があることに注意して，写像 $f: D_n\to\mathfrak{D}_n$

$$f(a^i)=\alpha^i,\quad f(a^ib)=\alpha^i\beta \qquad i=0, 1, \cdots, n-1$$

と定義すると $f$ は同型写像になる．この置換 $\alpha$, $\beta$ は正 $n$ 角形を回転や(破線に関する)裏返しするときの頂点 $\{1, 2, \cdots, n\}$ の置換であると理解するとよい．なお，例 100 の同型対応もこの対応になっている．

**例 103**　実数加群 $\boldsymbol{R}$ と群 $\boldsymbol{R}^+=\{x\in\boldsymbol{R}\mid x>0\}$ は同型である：

$$\boldsymbol{R}\cong\boldsymbol{R}^+$$

実際，写像 $f: \boldsymbol{R}\to\boldsymbol{R}^+$, $f(x)=e^x$ ; $g: \boldsymbol{R}^+\to\boldsymbol{R}$, $g(x)=\log x$ はともに準同型写像であって $gf=1, fg=1$ をみたすからである．

**例 104**　群 $\boldsymbol{R}^*=\boldsymbol{R}-\{0\}$ は群 $S^0=\{1, -1\}$ と群 $\boldsymbol{R}^+=\{x\in\boldsymbol{R}\mid x>0\}$ の直積群に同型である：

$$\boldsymbol{R}^*\cong S^0\times\boldsymbol{R}^+$$

実際，写像

$$f: \boldsymbol{R}^*\to S^0\times\boldsymbol{R}^+,\qquad f(x)=(\operatorname{sgn} x, |x|)$$
$$g: S^0\times\boldsymbol{R}^+\to\boldsymbol{R}^*,\qquad g(a, x)=ax$$

はともに準同型写像であって，$gf=1, fg=1$ をみたすからである．

**例 105**　群 $\boldsymbol{C}^*=\boldsymbol{C}-\{0\}$ は群 $S^1=\{\alpha\in\boldsymbol{C}\mid |\alpha|=1\}$ と群 $\boldsymbol{R}^+=\{x\in\boldsymbol{R}\mid x>0\}$ の直積群に同型である：

$$\boldsymbol{C}^*\cong S^1\times\boldsymbol{R}^+$$

実際，0でない複素数 $a$ は $a=re^{i\theta}$ $(r>0)$ と表わされることを用いて，写像

$$f: \boldsymbol{C}^*\to S^1\times\boldsymbol{R}^+,\qquad f(re^{i\theta})=(e^{i\theta}, r)$$

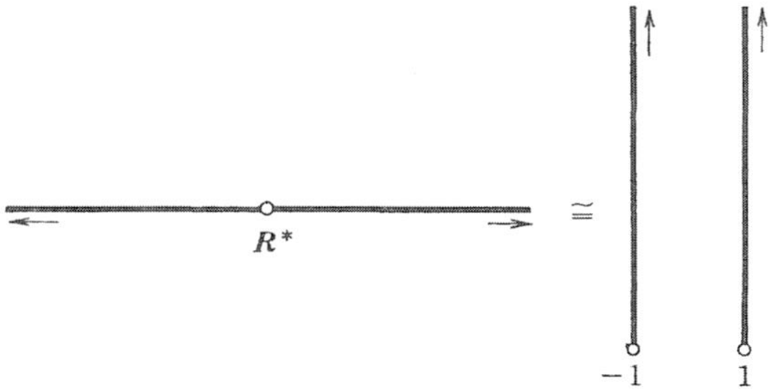


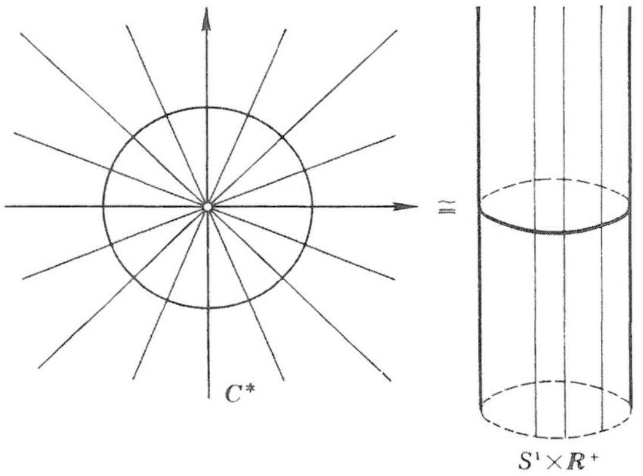


$$g:\ S^1\times \boldsymbol{R}^+\to \boldsymbol{C}^*,\qquad g(\alpha, r)=r\alpha$$

を定義すると，$f, g$ は準同型写像であって，$gf=1$，$fg=1$ をみたしている．

**例 106**　2 次の回転群 $SO(2)=\{A\in M(2, \boldsymbol{R})\,|\,A^tA=E,\ \det A=1\}$ は群 $S^1=\{\alpha\in \boldsymbol{C}\,|\,|\alpha|=1\}$ と同型である：

$$SO(2)\cong S^1$$

これを示すために，まず $SO(2)$ に属する行列 $A$ の形を決定しよう．$A=\begin{pmatrix} a & b \\ c & d \end{pmatrix}$ は $A^tA=E$ をみたすから

$$\begin{pmatrix} a & b \\ c & d \end{pmatrix}\begin{pmatrix} a & c \\ b & d \end{pmatrix}=\begin{pmatrix} 1 & 0 \\ 0 & 1 \end{pmatrix},\qquad \begin{pmatrix} a^2+b^2 & ac+bd \\ ca+db & c^2+d^2 \end{pmatrix}=\begin{pmatrix} 1 & 0 \\ 0 & 1 \end{pmatrix}$$

となる．したがって

$$a^2+b^2=1,\quad c^2+d^2=1,\quad ac+bd=0$$

がなりたつ．初めの2式より

$$a=\sin\varphi,\quad b=\cos\varphi;\qquad c=\sin\theta,\quad d=\cos\theta$$

とおくことができるが，これらを第3の式に代入すると

$$\sin\varphi\sin\theta+\cos\varphi\cos\theta=0,\qquad \cos(\varphi-\theta)=0$$

を得る．したがって $\varphi=\theta+\dfrac{\pi}{2}(\mathrm{mod}\ 2\pi)$ または $\varphi=\theta-\dfrac{\pi}{2}(\mathrm{mod}\ 2\pi)$ となるから

$$a=\cos\theta,\ b=-\sin\theta\quad \text{または}\quad a=-\sin\theta,\ b=\cos\theta$$

となる．よって，$A$は

$$\begin{pmatrix}\cos\theta & -\sin\theta\\ \sin\theta & \cos\theta\end{pmatrix},\qquad \begin{pmatrix}-\cos\theta & \sin\theta\\ \sin\theta & \cos\theta\end{pmatrix}$$

のいずれかの行列である．これらの行列の行列式は，前者が1で後者が $-1$ であるから，結局，$A$は $\begin{pmatrix}\cos\theta & -\sin\theta\\ \sin\theta & \cos\theta\end{pmatrix}$ の形をしていることがわかった．逆に，このような行列は $SO(2)$ に属している．よって

$$SO(2)=\left\{\begin{pmatrix}\cos\theta & -\sin\theta\\ \sin\theta & \cos\theta\end{pmatrix}\ \theta\in\boldsymbol{R}\right\}$$

である．さて，写像 $f: SO(2)\to S^1$ を

$$f\begin{pmatrix}\cos\theta & -\sin\theta\\ \sin\theta & \cos\theta\end{pmatrix}=\cos\theta+i\sin\theta$$

と定義すると $f$ は全単射である．また，3角関数の加法定理を用いると

$$\begin{pmatrix}\cos\theta & -\sin\theta\\ \sin\theta & \cos\theta\end{pmatrix}\begin{pmatrix}\cos\varphi & -\sin\varphi\\ \sin\varphi & \cos\varphi\end{pmatrix}=\begin{pmatrix}\cos(\theta+\varphi) & -\sin(\theta+\varphi)\\ \sin(\theta+\varphi) & \cos(\theta+\varphi)\end{pmatrix}$$
$$(\cos\theta+i\sin\theta)(\cos\varphi+i\sin\varphi)=\cos(\theta+\varphi)+i\sin(\theta+\varphi)$$

となるが，これは $f$ が準同型写像：$f(AB)=f(A)f(B)$ であることを示している．よって $f$ は同型写像である．

最後になってしまったが，ここで群の同型に関する基本定理をあげておく．

**定理 107**　群の集合において，同型の関係は同値法則をみたす．すなわち，群 $G, G', G''$ に対してつぎの (1), (2), (3) がなりたつ．

(1)　$G\cong G$

(2)　$G\cong G'$　ならば　$G'\cong G$

(3)　$G\cong G',\ G'\cong G''$　ならば　$G\cong G''$

**証明**　命題95, 91を用いるとよい．∎

位数が1から15までの群を分類するとつぎのようになる．すなわち，位数が1から15ま

での群はつぎの表のどれかの群と同型になる.

| 位数 | 1 | 2 | 3 | 4 | 5 | 6 | 7 | 8 | 9 | 10 | 11 | 12 | 13 | 14 | 15 | 16 |
|---|---|---|---|---|---|---|---|---|---|---|---|---|---|---|---|---|
| | 1 | $Z_2$ | $Z_3$ | $Z_4$ | $Z_5$ | $Z_6$ | $Z_7$ | $Z_8$ | $Z_9$ | $Z_{10}$ | $Z_{11}$ | $Z_{12}$ | $Z_{13}$ | $Z_{14}$ | $Z_{15}$ | 14個 |
| | | | | $Z_2\times Z_2$ | | $D_3$ | | $Z_4\times Z_2$ | $Z_3\times Z_3$ | $D_5$ | | $Z_6\times Z_2$ | | $D_7$ | | ある |
| | | | | | | | | $Z_2\times Z_2\times Z_2$ | | | | $\mathfrak{S}_3\times Z_2$ | | | | |
| | | | | | | | | $D_4$ | | | | $\mathfrak{A}_4$ | | | | |
| | | | | | | | | $Q$ | | | | $G$ | | | | |

$(G=\{x^4=1,\ y^3=1,\ yxy=x\})$

### (2) 有限群の対称群への埋め込み

群を置換群とみなすことを考えよう.

**定理 108** 位数 $n$ の有限群 $G$ は, $n$ 次の対称群 $\mathfrak{S}_n$ のある部分群と同型である.

**証明** $n$ 次の対称群 $\mathfrak{S}_n$ を, $n$ 個の元の集合 $G$ における全単射全体のつくる変換群 $\mathfrak{S}(G)$ とみなしておく: $\mathfrak{S}_n=\mathfrak{S}(G)$. さて, 元 $a\in G$ に対して, 写像

$$f_a: G\to G, \qquad f_a(x)=ax$$

を考えると, $f_a$ は全単射である. 実際, $ax=ay$ ならば $x=y$ となるから $f$ は単射であり, また, $y\in G$ に対して $f_a(a^{-1}y)=aa^{-1}y=y$ となるから $f$ は全射である. したがって $f_a\in\mathfrak{S}(G)$ となり, 写像

$$f: G\to\mathfrak{S}(G), \qquad f(a)=f_a$$

が定義できる. この写像 $f$ は単射準同型写像である. 実際, まず単射であることは, $f(a)=f(b)$, $f_a=f_b$ とするとき, これを $1\in G$ に施すと, $f_a(1)=f_b(1)$ より $a=b$ となるからである. また $f_{ab}(x)=(ab)x=a(bx)=f_a(f_b(x))=(f_af_b)(x)$, $x\in G$ より

$$f(ab)=f_{ab}=f_af_b=f(a)f(b)$$

となるから, $f$ は準同型写像である. よって, 群 $G$ は $\mathfrak{S}_n$ の部分群 $G'=\mathrm{Im}\,f=\{f_a\,|\,a\in G\}$ と同型である. これで定理が証明された. ▌

**注意** 定理 108 より一般につぎの定理がなりたつ.

**定理 109** (任意の)群 $G$ は変換群 $\mathfrak{S}(G)$ のある部分群に同型である.

**証明** これは定理 108 の証明そのままでよい. ▌

この定理 108 により, 対称群 $\mathfrak{S}_n$, $n=1, 2, \cdots$ の部分群をすべて調べあげることと, 有限群をすべて調べることは同じになる. したがって, 対称群 $\mathfrak{S}_n$ だけとり扱って, その部

分群を逐次調べて行くと有限群がすべてわかるわけである．しかし，$\mathfrak{S}_n$の部分群をすべて調べあげることなどは不可能に近い仕事である．また，与えられた群 $G$ の性質を調べようとするとき，$G$ を $\mathfrak{S}_n$ の部分群とみなしたからといってその性質が急によくわかるわけでもない．だから，この定理108からは対称群 $\mathfrak{S}_n$ の抱擁力の大きさをくみとればよいのではなかろうか．

### (3)　群が直積群に分解されるための条件

群 $G$ が直積群 $G_1\times G_2$ に分解されるための条件を述べる前に，直積群 $G_1\times G_2$ がもつ性質を調べておこう．そしてそれが群 $G$ が直積群に分解される十分条件になっていることを示すのが目的である．

**命題110**　群 $G_1,G_2$ の直積群 $G_1\times G_2$ において，つぎの(1),(2)がなりたつ．

(1)　$G_1'=\{(x_1, 1)\mid x_1\in G_1\}$，$G_2'=\{(1, x_2)\mid x_2\in G_2\}$ はともに $G_1\times G_2$ の正規部分群であって

$$G_1\times G_2=G_1'G_2' \qquad G_1'\cap G_2'=1$$

をみたしている．

(2)　$G_1'$ の元 $(x_1, 1)$ と $G_2'$ の元 $(1, x_2)$ は可換である．

**証明**　(1)　$G_1'$ が $G_1\times G_2$ の部分群であることを示すのは容易である．つぎに $(x_1, x_2)\in G_1\times G_2$, $(a_1, 1)\in G_1'$ に対して

$$(x_1, x_2)(a_1, 1)(x_1, x_2)^{-1}=(x_1a_1x_1^{-1}, x_21x_2^{-1})=(x_1a_1x_1^{-1}, 1)\in G'$$

となるから $G_1'$ は $G_1\times G_2$ の正規部分群である．$G_2'$ についても同様である．なお $(x_1, x_2)=(x_1, 1)(1, x_2)$ より $G_1\times G_2=G_1'G_2'$ であり，$G_1'\cap G_2'=(1, 1)=1$ は明らかである．

(2)　$(x_1, 1)(1, x_2)=(x_1, x_2)=(1, x_2)(x_1, 1)$　∥

さて，この命題の逆命題を示そう．

**命題111**　$G$を群とし，$G_1, G_2$ を$G$の部分群とする．$G$がつぎの2つの条件

(1)　$G=G_1G_2 \qquad G_1\cap G_2=1$

(2)　$G_1$ の元 $x_1$ と $G_2$ の元 $x_2$ は可換である：$x_1x_2=x_2x_1$．

をみたすならば，群$G$は群 $G_1, G_2$ の直積群に同型である：

$$G\cong G_1\times G_2$$

**証明**　写像 $f: G_1\times G_2\to G$ を

$$f(x_1, x_2)=x_1x_2$$

と定義すると，$f$は同型写像になる．実際，

$$f((x_1, x_2)(y_1, y_2)) = f(x_1y_1, x_2y_2) = (x_1y_1)(x_2y_2) = x_1(y_1x_2)y_2 = x_1(x_2y_1)y_2$$
$$= (x_1x_2)(y_1y_2) = f(x_1, x_2)f(y_1, y_2)$$

となるから，$f$ は準同型写像である．$f$ が全射であることは $G=G_1G_2$ の条件である．また，$f(x_1, x_2)=1$ とすると，$x_1x_2=1$, $x_1=x_2^{-1}\in G_1\cap G_2=1$ より $x_1=x_2=1$ となり，$f$ は単射である．よって $f$ は同型写像になり，命題が証明された．∎

**定理 112** $G$を群とし，$G_1, G_2$ を$G$の正規部分群とする．$G$が条件

$$G=G_1G_2 \qquad G_1\cap G_2=1$$

をみたすならば，群$G$は群 $G_1, G_2$ の直積群に同型である：

$$G\cong G_1\times G_2$$

**証明** $G_1$ の元 $x_1$ と $G_2$ の元 $x_2$ が可換であることを示そう．$G_1, G_2$ は正規部分群であるから

$$(x_1x_2x_1^{-1})x_2^{-1} = x_1(x_2x_1^{-1}x_2^{-1})$$

の左辺は $G_2$ の元であり，右辺は $G_1$ の元である．よって，$x_1x_2x_1^{-1}x_2^{-1}\in G_1\cap G_2=1$ より $x_1x_2=x_2x_1$ となる．これがわかると，定理は命題 111 の結果である．

**注意** 群$G$の正規部分群 $G_1, G_2$ が定理 112 の条件 (1), (2) をみたすとき，群$G$は部分群 $G_1, G_2$ の**直積(群)**であるといい，$G$を等号 $G=G_1\times G_2$ で表わすことが多い．

## 6 等質集合と部分群の位数

群$G$をその部分群$H$によって分類した集合 $G/H$ を定義しよう．この集合 $G/H$ は群の構造をもつのではなくて，群$G$が推移的に働く集合として特徴づけられるものである(しかしここでは触れない)．$H$が$G$の正規部分群であるときには$G/H$は群の構造をもっている．

### (1) 等質集合の定義

$G$を群とし，$H$を$G$の部分群とする．$G$において

$$x\sim y \iff x^{-1}y\in H$$

と定義すると，関係 $\sim$ は同値法則をみたす．実際，$x^{-1}x=1\in H$ であるから$x\sim x$ である．つぎに $x\sim y$ すなわち $x^{-1}y\in H$ とすると，$y^{-1}x=(x^{-1}y)^{-1}\in H$ となるから $y\sim x$ となる．また $x\sim y, y\sim z$ すなわち $x^{-1}y\in H, y^{-1}z\in H$ とすると，$x^{-1}z=(x^{-1}y)(y^{-1}z)\in H$ より $x\sim z$ となるからである．

$G$の元$x$に対して，元 $xh$, $h\in H$ は$x$に同値な元であり，逆に$x$に同値な元は $xh$, $h\in H$ の形をしているので，$x$を含む類は

$$[x]=xH=\{xh \mid h \in H\}$$

となっている(この類 $xH$ を $x$ を含む**剰余類**という)．したがって，$G$は

$$G=H \cup xH \cup yH \cup \cdots$$

($H$は単位元1を含む類である)の形に分類される．さて，この同値関係による $G$ の等化集合 $G/\sim$ を $G/H$ で表わし：

$$G/H=\{H, xH, yH, \cdots\}$$

$G/H$ を $G$ の部分群 $H$ による**等質集合**という．もし $G/H$ が有限集合であれば，$G/H$ の元の個数(すなわち剰余類 $xH$ の個数)を$H$の$G$における**指数**といい，$|G:H|$ で表わす．

**(2)　部分群の位数**

$G$が有限群であるときには，部分群$H$による$G$の類別から$H$の位数に関するつぎの命題が得られる．

**命題 113**　$G$を有限群とし，$H$を$G$の部分群とする．このとき，群 $G, H$ の位数 $|G|$, $|H|$ と，$H$ の $G$ における指数 $|G:H|$ の間には

$$|G|=|G:H||H|$$

の関係がなりたつ．

**証明**　$|G:H|=r$ とすると，$G$は$H$により

$$G=x_1H \cup x_2H \cup \cdots \cup x_rH$$

と類別される．各類 $x_iH$ には丁度 $|H|$ 個の元が含まれているから，全部で $r|H|=|G:H||H|$ 個の元があるが，その個数は $|G|$ である．すなわち $|G:H||H|=|G|$ である．∎

この命題よりつぎの定理 114 は自明である．この定理は，群の部分群を見つける一つの手掛りにもなる(特に群 $G$ の位数が小さいときには有効である)．

**定理 114 (Lagrange)**　有限群$G$の部分群$H$の位数(および$H$の$G$における指数)は$G$の位数の約数である．

**定理 115**　有限群$G$の元$x$の位数は群$G$の位数 $|G|$ の約数である．したがって，つねに

$$a^{|G|}=1 \qquad a \in G$$

がなりたつ．

**証明**　元$a$の位数とは，$a$より生成される$G$の部分群$\langle a \rangle$の位数のことである．よって定理 114 より，これは $|G|$ の約数である．定理の後半を示そう．$a$の位数を$m$とすると，$|G|=mq$ とかけるので

$$a^{|G|}=a^{mq}=(a^m)^q=1^q=1$$

である. ∎

この定理114, 115の応用として，つぎの2つの定理をあげておく.

**定理116** 位数が素数$p$である群$G$は巡回群である.

**証明** 単位元1と異なる元$a$をとり，$a$より生成される部分群$\langle a\rangle$をつくる. 部分群$\langle a\rangle$の位数は群$G$の位数$p$の約数であるが，$p$が素数であるから，$\langle a\rangle$の位数は$p$になる. よって$\langle a\rangle=G$となり，$G$は巡回群である. ∎

**定理117** $n$を自然数とし，$a$を$n$と互いに素な整数とすると

$$a^{\varphi(n)}\equiv 1 \pmod n$$

がなりたつ. ここに$\varphi(n)$はEuler関数である. 特に$p$を素数とすれば，$p$の倍数でない任意の整数$a$に対し

$$a^{p-1}\equiv 1 \pmod p$$

がなりたつ.

**証明** 必要があれば，$a$を$n$で割ったときの余り$r$，$1\leqq r<n$を考えることにすれば，$a$を$1\leqq a<n$であって$n$と互いに素な整数としておいてよい. すると，$a$は$n$を法とする既約乗余群$\boldsymbol{Z}_n{}^*$（例32）の元とみなせる. しかるに$\boldsymbol{Z}_n{}^*$は位数$\varphi(n)$の群であったから，定理115より，$\boldsymbol{Z}_n{}^*$で$a^{\varphi(n)}=1$となる. これは（整数内では）$a^{\varphi(n)}\equiv 1 \pmod n$を意味している. 定理の後半はこの特別の場合である. （$a^{p-1}\equiv 1 \pmod p$は**Fermatの定理**とよばれている）. ∎

## 7 剰余群と準同型定理

### (1) 剰 余 群

$N$が群$G$の正規部分群であるときには，$G$の$N$による等質集合$G/N$に積を

$$[x][y]=[xy]$$

で与えると，$G/N$が群の構造をもつことを示そう. そのためには，まずこの積が意味をもつこと，すなわち積が代表元の選び方によらず定まること：

$$[x]=[x'],\ [y]=[y'] \quad ならば \quad [xy]=[x'y']$$

を示さなければならない. しかし，それは$[x]=[x']$，$[y]=[y']$より$x^{-1}x'\in N$，$y^{-1}y'\in N$となるから，$N$が正規部分群であることを用いると

$$(xy)^{-1}(x'y')=y^{-1}x^{-1}x'y'=(y^{-1}(x^{-1}x')y)(y^{-1}y')\in NN\subset N$$

となり，$[xy]=[x'y']$を得る. さて，これがわかると，この積により$G/N$が群になることは

$$[x]([y][z])=[x][yz]=[x(yz)]=[(xy)z]=[xy][z]=([x][y])[z]$$
$$[x][1]=[x1]=[x],\ [1][x]=[1x]=[x]$$
$$[x][x^{-1}]=[xx^{-1}]=[1],\ [x^{-1}][x]=[x^{-1}x]=[1]$$

よりよい．以上のことを定義としてまとめておこう．

**定義** $G$を群とし，$N$を$G$の正規部分群とする．$G$を

$$x\sim y \iff x^{-1}y\in N$$

の同値関係によって類別した等化集合 $G/H$ において，積を

$$[x][y]=[xy]$$

(剰余類の記号で書くと $(xN)(yN)=xyN$ となる)と定義すると，$G/N$ は群になる．この群 $G/N$ を$G$の$N$による**剰余群**という．

### (2) 準同型定理

群$G$の正規部分群$N$による剰余群 $G/N$ を考え， 元 $x\in G$ に$x$を含む類 $[x]\in G/N$ を対応させる写像

$$p: G \to G/N,\quad p(x)=[x]$$

をつくると，$p$は全射準同型写像になっている．実際，$p$が全射であることは自明であり，$p$が準同型写像であることは

$$p(xy)=[xy]=[x][y]=p(x)p(y)$$

となることからわかる．この$p$を**自然な射影(準同型写像)**という．つぎの準同型定理は，この逆がなりたつことを主張する定理である．

**定理 118 (準同型定理)** $G, G'$ を群とし，$f: G\to G'$ を全射準同型写像とする．このとき，$f$ の核を $N=\mathrm{Ker}\, f=\{x\in G \mid f(x)=1\}$ (これは$G$の正規部分群であった)とし，剰余群 $G/N$ から群 $G'$ への写像

$$\bar{f}: G/N \to G',\qquad \bar{f}([x])=f(x)$$

をつくると，$\bar{f}$ は同型写像となる．したがって，群 $G/N$ は群 $G'$ と同型である：

$$G/N\cong G'$$

**証明** $x, y\in G$ に対して

$$x\sim y \iff f(x)=f(y)$$

がなりたつ．実際，$x\sim y$ ならば，定義より $x^{-1}y\in N=\mathrm{Ker}\, f$ であるから，$f(x^{-1}y)=1$, $f(x)^{-1}f(y)=1$ より $f(x)=f(y)$ となる．逆は，今の計算を逆にたどればよい．よって $f$ は well-defined である．このことと$f$が全射であるという仮定より，$f$ は全単射 $\bar{f}$: $G/N\to G'$, $\bar{f}([x])=f(x)$ を誘導する．この $\bar{f}$ は準同型写像である．実際，

$$\bar{f}([x][y])=\bar{f}([xy])=f(xy)=f(x)f(y)=f([x])\bar{f}([y])$$

となるからである．よって $\bar{f}$ は同型写像であり，定理が証明された．

**例 119**　例 69 の全射準同型写像 $f:\ \boldsymbol{R}^* \to \boldsymbol{R}^+$, $f(x)=|x|$ の核は $S^0=\{1, -1\}$ である（例 81）から，準同型定理より，$f$ は群の同型

$$\boldsymbol{R}^*/S^0 \cong \boldsymbol{R}^+$$

を誘導する．同様に，全射準同型写像 $f:\ \boldsymbol{C}^* \to \boldsymbol{R}^+$, $f(x)=|x|$ の核は，$S^1=\{\alpha \in \boldsymbol{C} \mid |\alpha|=1\}$ あるから，$f$ は群の同型

$$\boldsymbol{C}^*/S^1 \cong \boldsymbol{R}^+$$

を誘導する．

この例は，例 104, 105 の同型 $\boldsymbol{R}^* \cong S^0 \times \boldsymbol{R}^+$, $\boldsymbol{C}^* \cong S^1 \times \boldsymbol{R}^+$ を知るならば，つぎの命題の特別の場合であると思える．

**命題 120**　直積群 $G_1 \times G_2$ の正規部分群 $G_1'=\{(x_1, 1) \mid x_1 \in G_1\}$ による剰余群 $(G_1 \times G_2)/G_1'$ は群 $G_2$ に同型である：

$$(G_1 \times G_2)/G_1' \cong G_2$$

**証明**　写像 $f:\ G_1 \times G_2 \to G_2$, $f(x_1, x_2)=x_2$ は全射準同型写像であって，その核は $G_1'$ である．よって準同型定理より，$f$ は群の同型 $(G_1 \times G_2)/G_1' \cong G_2$ を誘導する．▌

**例 121**　例 71 の全射準同型写像 $f:\ \boldsymbol{R} \to S^1$, $f(x)=e^{2\pi i x}$ の核は整数加群 $\boldsymbol{Z}$ である（例 82）から，準同型定理より，$f$ は群の同型

$$\boldsymbol{R}/\boldsymbol{Z} \cong S^1$$

を誘導する．

**例 122**　例 72 の全射準同型写像 $f:\ \mathfrak{S}_n \to Z_2$, $f(\sigma)=\mathrm{sgn}\,\sigma$ の核は交代群 $\mathfrak{A}_n$ である（例 83）から，準同型定理より，$f$ は群の同型

$$\mathfrak{S}_n/\mathfrak{A}_n \cong Z_2$$

を誘導する．

**例 123**　例 73 の全射準同型写像 $f: GL(n, K) \to K^*$, $f(A)=\det A$ の核は特殊線型群 $SL(n, K)$ である（例84）から，準同型定理より，$f$ は群の同型 $GL(n, K)/SL(n, K) \cong K^*$ を誘導する：

$$GL(n, \boldsymbol{R})/SL(n, \boldsymbol{R}) \cong \boldsymbol{R}^*, \quad GL(n, \boldsymbol{C})/SL(n, \boldsymbol{C}) \cong \boldsymbol{C}^*$$

**例 124**　例 74 の全射準同型写像 $f:\ O(n) \to S^0$ （$f:\ U(n) \to S^1$）, $f(A)=\det A$ の核は回転群 $SO(n)$ （特殊ユニタリ群 $SU(n)$）である（例84）から，準同型定理により，$f$ は群の同型

$$O(n)/SO(n)\cong S^0,\quad U(n)/SU(n)\cong S^1$$

を誘導する．

**例 125**　例 75 の全射準同型写像 $f: GL(2, K)\to PGL(1, K)$, $\left(f\begin{pmatrix} a & b \\ c & d\end{pmatrix}\right)(x)=\dfrac{ax+b}{cx+d}$ の核は $GL(2, K)$ の中心 $K^*=C(GL(2, K))=\{aE \mid a\in K^*\}$ である（例85）から，準同型定理より，$f$ は群の同型 $GL(2, K)/K^*\cong PGL(1, K)$ を誘導する：

$$GL(2, \boldsymbol{R})/\boldsymbol{R}^*\cong PGL(1, \boldsymbol{R}),\quad GL(2, \boldsymbol{C})/\boldsymbol{C}^*\cong PGL(1, \boldsymbol{C})$$

なお，一般線型群 $GL(n, K)$ の中心 $K^*=C(GL(n, K))=\{aE \mid a\in K^*\}$（定理66）による剰余群 $GL(n, K)/K^*=PGL(n-1, K)$：

$$GL(n, \boldsymbol{R})/\boldsymbol{R}^*=PGL(n-1, \boldsymbol{R}),\quad GL(n, \boldsymbol{C})/\boldsymbol{C}^*=PGL(n-1, \boldsymbol{C})$$

はそれぞれ $n-1$ 次の **実, 複素射影変換群** とよばれている．

**例 126**　例 76 の全射準同型写像 $f: E(\boldsymbol{R}^n)\to O(n)$, $f(\varphi)=A$ $(\varphi(x)=Ax+\boldsymbol{a})$ の核は平行移動群 $D(\boldsymbol{R}^n)$ である（例86）から，準同型定理より，$f$ は群の同型

$$E(\boldsymbol{R}^n)/D(\boldsymbol{R}^n)\cong O(n)$$

を誘導する．同様に，Affine 変換群 $A(\boldsymbol{R}^n)$ についても，群の同型

$$A(\boldsymbol{R}^n)/D(\boldsymbol{R}^n)\cong GL(n, \boldsymbol{R})$$

が存在する．

**例 127**　例 77 の全射準同型写像 $f: D_n\to Z_2$, $f(a^i)=1$, $f(a^ib)=-1$, $i=0, 1, \cdots, n-1$ の核は $Z_n=\{1, a, a^2, \cdots, a^{n-1}\}$ である（例87）から，準同型定理より，$f$ は群の同型

$$D_n/Z_n\cong Z_2$$

を誘導する．

**例 128**　4 元数群 $Q=\{\pm 1, \pm i, \pm j, \pm k\}$ から群 $Z_2=\{1, -1\}$ への右記の写像 $f: Q\to Z_2$ は全射準同型写像である（確かめて下さい）．この核は巡回群 $Z_4=\{1, i, -1, -i\}$ であるから，準同型定理より，$f$ は群の同型

$$Q/Z_4\cong Z_2$$

を誘導する．

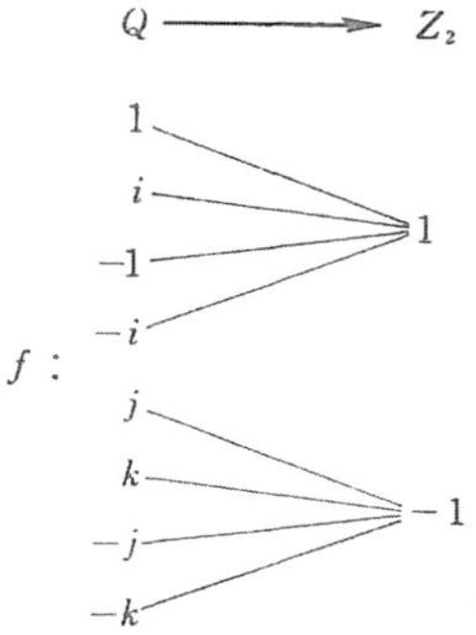


**注意**　例 127 と例 128 より，2 つの群の同型

$$D_4/Z_4\cong Z_2,\qquad Q/Z_4\cong Z_2$$

を得たが，この例が示すように，右辺と分母の群が同型であっても，分子の群が同型にな

るとは限らない.

最後に，剰余群 $G/N$ の部分群について自明に近いつぎの命題をあげておく.

**命題 129** 群$G$の正規部分群 $N$ による剰余群 $G/N$ の部分群について，つぎの (1), (2) がなりたつ.

(1) $G/N$ の部分群 $H'$ は，$G$の部分群 $H(\supset N)$ が存在して $H'=H/N$ となっている.

(2) $G/N$ の正規部分群 $N'$ は，$G$の正規部分群 $N_1(\supset N)$ が存在して $N'=N_1/N$ となっている.

**証明** (1) 自然な射影準同型写像 $p: G \to G/N$, $p(x)=[x]$ による $H'$ の逆像 $H=p^{-1}(H')$ は，$N$ を含む $G$ の部分群であって (命題 89 (1))，$H'=H/N$ となる.

(2) 自然な射影 $p: G \to G/N$ による $N'$ の逆像 $N_1=p^{-1}(N')$ は，$N$ を含む$G$の正規部分群であって (命題 89 (2))，$N'=N_1/N$ となっている. ∎

### (3) 主な同型定理

準同型定理を拡張したいくつかの同型定理を述べよう. しかし，いずれも準同型定理から容易に導かれるものばかりである.

**定理 130 (第 1 同型定理)** $G, G'$ を群とし，$f: G \to G'$ を全射準同型写像とする. このとき，$G'$ の正規部分群 $N'$ に対して，$N'$ の逆像 $N=f^{-1}(N')$ は$G$の正規部分群であって (命題 89 (2))，写像

$$\bar{f}: G/N \to G'/N', \qquad \bar{f}([x])=[f(x)] \ \ (\bar{f}(xN)=f(x)N')$$

は同型写像による. したがって，群 $G/N$ と群 $G'/N'$ は同型である.

$$G/N \cong G'/N'$$

**証明** $p: G' \to G'/N'$ を自然な射影準同型写像とするとき，$f$ と$p$の合成写像

$$f'=pf: G \xrightarrow{f} G' \xrightarrow{p} G'/N'$$

は全射準同型写像である. この $f'$ の核は，$f'^{-1}([1])=f^{-1}(p^{-1}([1]))=f^{-1}(N')=N$ である. よって準同型定理により，$f'$ は同型写像

$$\bar{f'}: G/N \to G'/N', \qquad \bar{f'}([x])=f'(x)$$

を誘導するが，この写像 $\bar{f'}$ は

$$\bar{f'}([x])=f'(x)=pf(x)=[f(x)]$$

である. これで定理が証明された. ∎

**定理 131** $G$を群とし，$N, N'$ はともに$G$の正規部分群であって $N \supset N'$ とする. このとき，$N/N'$ は群 $G/N'$ の正規部分群であって，群の同型

$$G/N'/N/N' \cong G/N$$

が存在する.

**証明** 定理130において, $G'$ を $G/N'$, $N'$ を $N/N'$ とした特別の場合である. しかしその証明を再記しよう. 2つの自然な準同型写像の合成写像

$$f = qp : G \xrightarrow{p} G/N' \xrightarrow{q} G/N'/N/N'$$

は全射準同型写像である. $f$ の核は$N$である. 実際, $x \in N$ならば $f(x) = qp(x) = q(xN') = 1$ である. 逆に, $f(x)=1$, $qp(x)=1$ とすると, $p(x) \in N/N'$ より $x \in N$ となる. よって準同型定理より, $f$ は群の同型 $G/N \cong G/N'/N/N'$ を誘導する. ▮

**定理132(第2同型定理)** $G$を群とし, $H$を$G$の部分群, $N$を$G$の正規部分群とする. このときつぎの群の同型

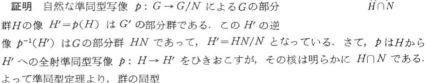

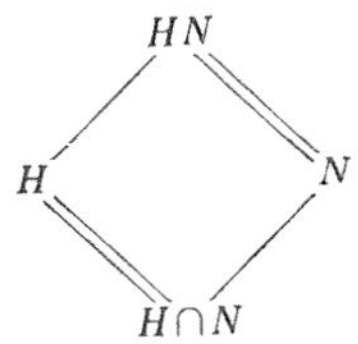


$$HN/N \cong H/H \cap N$$

が存在する.

**証明** 自然な準同型写像 $p: G \to G/N$ による$G$の部分群$H$の像 $H' = p(H)$ は $G'$ の部分群である. この $H'$ の逆像 $p^{-1}(H')$ は$G$の部分群 $HN$ であって, $H' = HN/N$ となっている. さて, $p$は$H$から $H'$ への全射準同型写像 $p: H \to H'$ をひきおこすが, その核は明らかに $H \cap N$ である. よって準同型定理より, 群の同型

$$HN/N \cong H/H \cap N$$

を得る. これで定理の証明が完成したが, もう一度, 準同型定理で試みたような直接的な証明をしてみよう.

元 $x \in H$ の $H/H \cap N$ における類を $[x]$ で表わし, 元 $x \in HN$ ($HN$ は$G$の部分群であることに注意(命題60(2)))の $HN/N$ における類を $[x]'$ で表わすことにする. さて, 写像

$$f: H/H \cap N \to HN/N, \qquad f([h]) = [h]'$$

を考えるのであるが, そのために$f$が well-defined のこと, すなわち, $h, k \in H$ に対して

$$[h] = [k] \quad ならば \quad [h]' = [k]'$$

を示さなければならない. しかしそれは自明に近いことであって, $[h] = [k]$, すなわち $h^{-1}k \in H \cap N$ ならば当然 $h^{-1}k \in N$となっているからである. これで写像$f$が定義できたが, この $f$ は準同型写像である. 実際,

$$f([h][k]) = f([hk]) = [hk]' = [h]'[k]' = f([h])(f[k])$$

である．つぎに，写像

$$g:\ HN/N \to H/H\cap N, \qquad g([ha]')=[h] \quad (h\in H,\ a\in N)$$

を定義する．この写像 $g$ が well-defined のこと，すなわち

$$[ha]'=[kb]' \ (h, k\in H,\ a, b\in N) \quad ならば \quad [h]=[k]$$

を示そう．実際，$[ha]'=[kb]'$ とすると，$(ha)^{-1}(kb)\in N$, $a^{-1}(h^{-1}k)b\in N$, $a, b\in N$ より $h^{-1}k\in N$ である．一方 $h, k\in H$ より $h^{-1}k\in H$ であるから $h^{-1}k\in H\cap N$ となる．よって $[h]=[k]$ である．さて，いま定義した2つの写像は互いに他の逆写像となっている．実際，

$$gf([h])=g([h]')=[h]$$

より $gf=1$ であり，また

$$fg([ha]')=f([h])=[h]'=[ha]' \qquad h\in H,\ a\in N$$

より $fg=1$ である．よって $f$ は同型写像であり，群の同型 $H/H\cap N\cong HN/N$ が示された．

**命題 133** $G_1, G_2$ を群とし，$N_1, N_2$ をそれぞれ $G_1, G_2$ の正規部分群とする．このとき，$N_1\times N_2$ は $G_1\times G_2$ の正規部分群であって，つぎの群の同型

$$(G_1\times G_2)/(N_1\times N_2)\cong G_1/N_1\times G_2/N_2$$

が存在する．

**証明** 自然な射影 $p_1:\ G_1\to G_1/N_1$, $p_1(x_1)=[x_1]$; $p_2:\ G_2\to G_2/N_2$, $p_2(x_2)=[x_2]$ が全射準同型写像であることに注意すると，写像

$$f:\ G_1\times G_2 \to G_1/N_2\times G_2/N_2, \qquad f(x_1, x_2)=(p_1(x_1), p_2(x_2))$$

も全射準同型写像になる．この $f$ の核は明らかに $N_1\times N_2$ であるから，準同型定理より，$f$ は群の同型 $(G_1\times G_2)/(N_1\times N_2)\cong G_1/N_1\times G_2/N_2$ を誘導する．▌

## 8 完全系列

加群のときと同様，剰余群 $G/N=H$ をつぎのような図式

$$1 \longrightarrow N \xrightarrow{\ i\ } G \xrightarrow{\ p\ } H \longrightarrow 1$$

で表わすことを考えよう．しかし，その前につぎのようなお話をしておきたい．

### (1) 群の集合としての分解

$G$ を群とし，$H$ を $G$ の部分群とする．$G$ を $H$ による剰余類

$$G=aH\cup bH\cup cH\cup\cdots$$

に分けるとき，集合 $S=\{a, b, c, \cdots\}$ はその類別の1つの代表系になっている．このとき，

つぎの命題がなりたつ.

**命題 134**　$G$を群とし，$H$を$G$の部分群とする．このとき，$S$を等質集合 $G/H$ の1つの代表系とすると，$G$の任意の元は

$$x=ah \qquad a\in S,\ h\in H$$

と表わされる．すなわち，$G$は

$$G=SH$$

となっている．さらに，上記のような $x=ah$, $a\in S$, $h\in H$ の表わし方は一意的である.

**証明**　$S=\{a, b, c, \cdots\}$ を $G/H$ の代表系とすると，$G$は

$$G=aH\cup bH\cup cH\cup\cdots$$

と類別されているので，$G$の元$x$はある類 $aH$ に含まれている．したがって，$x$ は $x=ah$, $a\in S$, $h\in H$ と表わされる．よって $G=SH$ である．つぎに $x=ah$, $a\in S$, $h\in H$ の表わし方が一通りであることを示そう．$x=ah=a'h'$, $a, a'\in S$, $h, h'\in H$ とすると，$a'^{-1}a=h'h^{-1}\in H$ となる．これより $a'\sim a$ となるので，$a'$ と $a$ は同じ類に属する．$a, a'$ は同じ類の代表系であるから $a'=a$ である．$a=a'$ がわかると，$ah=a'h'$ より $h=h'$ もわかる．これで一意性が示され，命題が証明された.

**例 135**　$\boldsymbol{R}$ を実数加群とし，$\boldsymbol{Z}$ を $\boldsymbol{R}$ の部分加群である整数加群とする．このとき，等質集合 $\boldsymbol{R}/\boldsymbol{Z}$（$\boldsymbol{R}/\boldsymbol{Z}$ は群の構造をもっている：$\boldsymbol{R}/\boldsymbol{Z}=S^1$（例 121）が，ここではその群構造は問わない）の代表系として，区間 $[0,1)=\{t\in\boldsymbol{R}\,|\,0\leqq t<1\}$ を選ぶことができる．したがって，命題 134 より，$\boldsymbol{R}$ は

$$\boldsymbol{R}=[0, 1)+\boldsymbol{Z}$$

（$\boldsymbol{R}$ は加群であるから，命題 134 の $G=SH$ の代りに $G=S+H$ の記号を用いている).
これは，実数 $x\in\boldsymbol{R}$ は

$$x=t+n \qquad 0\leqq t<1,\ n\text{ は整数}$$

と表わされることを意味している．また，$[0, 1)+n=\{t+n\,|\,0\leqq t<1\}=[n, n+1)$ であるから，$\boldsymbol{R}=[0, 1)+\boldsymbol{Z}$ は，$\boldsymbol{R}$ が区間 $[n, n+1)$ の和集合

$$\boldsymbol{R}=\cdots\cup[-1, 0)\cup[0, 1)\cup[1, 2)\cup\cdots$$

に類別されることも示している.

さて，図式

$$1 \longrightarrow H \xrightarrow{\ i\ } G \xrightarrow{\ p\ } G/H \longrightarrow *$$

$$i(h)=h \quad h\in H, \quad p(x)=[x] \quad x\in G$$

において，$i$ は単射準同型写像であり，$p$ は全射である．さらに

$$\mathrm{Im}\, i = H = p^{-1}([1])$$

をみたしている．かつ，$G/H$ の代表系 $S$ を1つとり，写像 $s: G/H \to G$ を

$$s([a]) = a \qquad a \in S$$

と定義すると，明らかに $ps=1$ をみたしている．この段階においては，$G/H$ は集合であり，$p: G \to G/H$, $s: G/H \to G$ も単なる写像に過ぎない．このことだけでも，群 $G$ の性質を調べるのに相当役立つのであるが，さらに，$G/H$ が群の構造をもち，$p, s$ に準同型写像であることを要求したときがこれからの話題となる

## (2) 完全系列

**定義** 群 $G_n$ と準同型写像 $f_n: G_n \to G_{n-1}$ の系列

$$\cdots \longrightarrow G_{n+1} \xrightarrow{f_{n+1}} G_n \xrightarrow{f_n} G_{n-1} \longrightarrow \cdots$$

において，すべての $n$ に対して

$$\mathrm{Im}\, f_{n+1} = \mathrm{Ker}\, f_n$$

がなりたつとき，この系列は**完全**であるという．特につぎの形の完全系列

$$1 \longrightarrow N \xrightarrow{i} G \xrightarrow{p} H \longrightarrow 1$$

を**短完全系列**ということがある．このような短い系列が完全であるということは，つぎの3つの条件

(1) $i$ は単射準同型写像である．

(2) $p$ は全射準同型写像である．

(3) $\mathrm{Im}\, i = \mathrm{Ker}\, p$

がなりたつことと同じである．

つぎの定理は，剰余群と短完全系列とが本質的に同じであることを示す定理である．

**定理 136** (1) $G$ を群とし，$N$ を $G$ の正規部分群とする．このとき，

$$1 \longrightarrow N \xrightarrow{i} G \xrightarrow{p} G/N \longrightarrow 1$$

$$i(a) = a \quad a \in N, \quad p(x) = [x] \quad x \in G$$

は完全系列になる．

(2)
$$1 \longrightarrow N \xrightarrow{i} G \xrightarrow{p} H \longrightarrow 1$$

を群の完全系列とするとき，群の同型

$$G/N' \cong H$$

が存在する．ここに $N' = \mathrm{Im}\, i$ とする（$N'$ は $N$ に同型な $G$ の正規部分群である）．

**証明** (1) $i$ は単射準同型写像であり，$p$ は全射準同型写像である．また明らかに $\mathrm{Im}\, i=N=\mathrm{Ker}\, p$ がなりたっている．

(2) 全射準同型写像 $p: G\to H$ に対して準同型定理を用いると，群の同型

$$G/N'=G/\mathrm{Im}\, i=G/\mathrm{Ker}\, p\cong H$$

を得る．∎

**例 137** 例 121 の群の同型 $R/Z\cong S^1$ を完全系列の形でかくと

$$0\longrightarrow Z\overset{i}{\longrightarrow}R\overset{f}{\longrightarrow}S^1\longrightarrow 1$$

$$i(k)=k\quad k\in \boldsymbol{Z},\quad f(x)=e^{2\pi ix}\quad x\in \boldsymbol{R}$$

となる．例 119, 122-126 についても同様である．

**(3) 分裂する完全系列**

**定義** 群の完全系列

$$1\longrightarrow N\overset{i}{\longrightarrow}G\underset{s}{\overset{p}{\rightleftarrows}}H\longrightarrow 1$$

において

$$ps=1$$

をみたす準同型写像 $s: H\to G$ が存在するとき，この完全系列は**分裂**するという．

**例 138** 例 119 の完全系列

$$1\longrightarrow S^0\overset{i}{\longrightarrow}\boldsymbol{R}^*\overset{f}{\longrightarrow}\boldsymbol{R}^+\longrightarrow 1$$

($f(x)=|x|$) は分裂している．実際，写像

$$s: \boldsymbol{R}^+\to\boldsymbol{R}^*,\quad s(x)=x$$

は準同型写像であって $fs=1$ をみたすからである．同様に，完全系列

$$1\longrightarrow S^1\overset{i}{\longrightarrow}\boldsymbol{C}^*\overset{f}{\longrightarrow}\boldsymbol{R}^+\longrightarrow 1$$

($f(x)=|x|$) も分裂している．実際，$ps=1$ をみたす準同型写像として $s: \boldsymbol{R}^+\to\boldsymbol{C}^*$, $s(x)=x$ をとればよい．

群 $\boldsymbol{R}^*, \boldsymbol{C}^*$ はそれぞれ直積群 $\boldsymbol{R}^*=S^0\times\boldsymbol{R}^+$, $\boldsymbol{C}^*=S^1\times\boldsymbol{R}^+$ に分解される (例 104, 105) ことを知るならば，この例はつぎの命題の特別の場合と思うことができる．

**命題 139** $G_1, G_2$ を群とするとき

$$1\longrightarrow G_1\overset{i}{\longrightarrow}G_1\times G_2\overset{q}{\longrightarrow}G_2\longrightarrow 1$$

$$i(x_1)=(x_1, 1),\qquad q(x_1, x_2)=x_2$$

は分裂する完全系列である.

**証明** この系列が完全であることは容易であろう(命題93参照). 分裂することは, 写像

$$j: G_2 \to G_1 \times G_2, \quad j(x_2) = (1, x_2)$$

は準同型写像であって, $qj=1$ をみたすからである. ∎

この命題が示すように, 群が直積群 $G_1 \times G_2$ に分解されることは, 完全系列が分裂するための十分条件であるが, 一般には必要条件ではない(加群のときは必要十分条件であった(加群 定理154)). 分裂するための必要十分条件はつぎの半直積の所で述べよう.

**例 140** 例 122 の完全系列

$$1 \longrightarrow \mathfrak{A}_n \xrightarrow{i} \mathfrak{S}_n \xrightarrow{f} Z_2 \longrightarrow 1$$

$(f(\sigma) = \mathrm{sgn}\,\sigma)$ は分裂している. 実際, 写像

$$s: Z_2 \to \mathfrak{S}_n, \quad s(1) = 1, \quad s(-1) = (1\ 2)$$

は準同型写像であって, $fs=1$ をみたすからである.

**例 141** 例 123 の完全系列

$$1 \longrightarrow SL(n, \boldsymbol{R}) \xrightarrow{i} GL(n, \boldsymbol{R}) \xrightarrow{f} \boldsymbol{R}^* \longrightarrow 1$$

$$1 \longrightarrow SL(n, \boldsymbol{C}) \xrightarrow{i} GL(n, \boldsymbol{C}) \xrightarrow{f} \boldsymbol{C}^* \longrightarrow 1$$

$(f(A) = \det A)$ はいずれも分裂している. 実際, 写像

$$s: K^* \to GL(n, K), \qquad s(a) = \begin{pmatrix} a & & 0 \\ & 1 & \\ & & \ddots & \\ 0 & & & 1 \end{pmatrix}$$

は準同型写像であって, $fs=1$ をみたすからである. 同様に, 例 124 の完全系列

$$1 \longrightarrow SO(n) \xrightarrow{i} O(n) \xrightarrow{f} S^0 \longrightarrow 1$$

$$1 \longrightarrow SU(n) \xrightarrow{i} U(n) \xrightarrow{f} S^1 \longrightarrow 1$$

$(f(A) = \det A)$ も分裂している. 証明も $GL(n, K)$ のときと同じである.

**例 142** 例 126 の完全系列

$$1 \longrightarrow D(\boldsymbol{R}^n) \xrightarrow{i} E(\boldsymbol{R}^n) \xrightarrow{f} O(n) \longrightarrow 1$$

$(f(\varphi) = A\ \ (\varphi(\boldsymbol{x}) = A\boldsymbol{x} + \boldsymbol{a}))$ は分裂している. 実際, 写像

$$s: O(n) \to E(\boldsymbol{R}^n), \qquad s(A)(\boldsymbol{x}) = A\boldsymbol{x} \quad \boldsymbol{x} \in \boldsymbol{R}^n$$

は準同型写像であって $fs=1$ をみたすからである. 同様に

$$1 \longrightarrow D(\boldsymbol{R}^n) \xrightarrow{i} A(\boldsymbol{R}^n) \xrightarrow{f} GL(n, \boldsymbol{R}) \longrightarrow 1$$

も分裂する完全系列である．

**例 143**　例 127 の完全系列

$$1 \longrightarrow Z_n \xrightarrow{i} D_n \xrightarrow{f} Z_2 \longrightarrow 1$$

$(f(a^i)=1, f(a^ib)=-1)$ は分裂している．実際，写像

$$s: Z_2 \to Z_n, \quad s(1)=1, \quad h(-1)=b$$

は準同型写像であって $fs=1$ をみたすからである．

**例 144**　例 128 の完全系列

$$1 \longrightarrow Z_4 \xrightarrow{i} Q \xrightarrow{f} Z_2 \longrightarrow 1$$

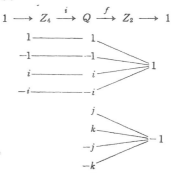

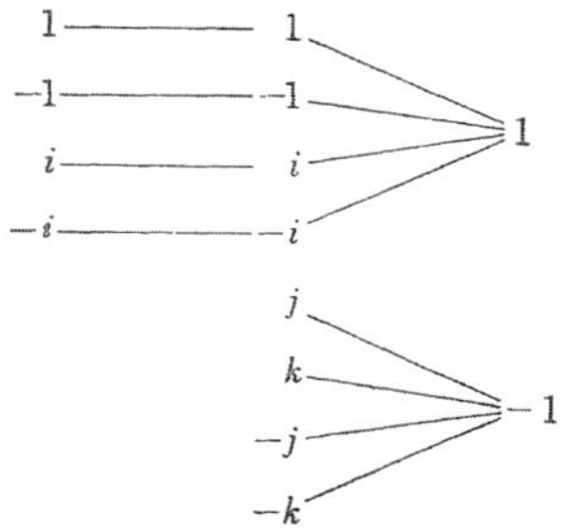


は決して分裂しない．分裂しないことは，$-1$ の位数は 2 であるが，$j, k, -j, -k$ の位数はいずれも 4 であることからわかる．

### (4)　半　直　積

群の半直積を定義し，それが分裂する完全系列と同じであることを示そう．

**定義**　$G$を群とし，$N$を$G$の正規部分群，$H$を$G$の部分群とする．$G$がつぎの条件

$$G=NH, \quad N\cap H=1$$

をみたすとき，$G$は$N$と$H$の**半直積**であるという．(さらに，$H$が$G$の正規部分群であるときが，直積群 $G=N\times H$ のことである(定理 112 の注意)．なお上の条件は，$G$の任意の元$x$は

$$x=ah \quad a\in N,\ h\in H$$

と一通りに表わされるということと同じである．

**定理 145**　(1)　$G$を群とし，$N$を$G$の正規部分群，$H$を$G$の部分群とする．$G$が$N$と$H$の半直積

$$G=NH, \quad N\cap H=1$$

であれば，つぎの形の分裂する完全系列が存在する．

$$1 \longrightarrow N \xrightarrow{\ i\ } G \underset{s}{\overset{p}{\rightleftarrows}} H \longrightarrow 1$$

(2) 逆に

$$1 \longrightarrow N \xrightarrow{\ i\ } G \underset{s}{\overset{p}{\rightleftarrows}} H \longrightarrow 1, \quad ps=1$$

を群の分裂する完全系列とすると，$G$は $N'=\mathrm{Im}\,i$ と $H'=\mathrm{Im}\,s$ の半直積になる：

$$G=N'H', \quad N'\cap H'=1$$

なお，$N'$ は$N$に同型な$G$の正規部分群であり，$H'$ は$H$に同型な$G$の部分群である．

**証明** (1) $i: H\to G$ を包含写像とする．$G$の元$x$は $x=ah$, $a\in N$, $h\in H$ と一通りに表わされているので，写像 $p: G\to H$ を

$$p(x)=p(ah)=h$$

と定義する．この$p$は準同型写像になる．実際，$x, x'\in G$ が $x=ah$, $x'=a'h'$, $a, a'\in N$, $h, h'\in H$ であるとするとき

$$xx'=(ah)(a'h')=(a(ha'h^{-1}))hh' \quad a(ha'h^{-1})\in N, \ hh'\in H$$

より

$$p(xx')=hh'=p(x)p(x')$$

となるからである．さて，系列

$$1 \longrightarrow N \xrightarrow{\ i\ } G \xrightarrow{\ p\ } H \longrightarrow 1$$

は完全である．実際，$i$ は単射準同型写像であり，また $p(h)=h$, $h\in H$ であるから，$p$ は全射準同型写像である．そして $\mathrm{Im}\,i=N=\mathrm{Ker}\,p$ となっているから完全である．さらに，この系列は分裂している．実際，$s: H\to G$ を包含写像とすると，$s$ は準同型写像であって $ps=1$ をみたすからである．以上で (1) が証明された．

(2) 元 $x\in G$ に対して $p(x)=h$ とおき，$G$の元 $x(s(h))^{-1}$ を考えると

$$p(x(s(h))^{-1})=p(x)p((s(h))^{-1})=p(x)(ps(h))^{-1}=hh^{-1}=1$$

となる．したがって，系列の完全性より，ある元 $a\in N$ が存在して $x(s(h))^{-1}=i(a)$ となる．よって，$x$は

$$x=i(a)s(h) \qquad a\in N, \ h\in H$$

と表わされ，$G=N'H'$ が示された．つぎに，$i(a)=s(h)\in N'\cap H'$, $a\in N$, $h\in H$ とするとき

$$1=(pi)(a)=p(i(a))=p(s(h))=(ps)(h)=h$$

であるから，$N'\cap H'=1$ となる．よって$G$は $N'$ と $H'$ の半直積である．

例 140-143 の分裂する完全系列を半直積の形で書いておこう．

**例 146**　対称群 $\mathfrak{S}_n$ は交代群 $\mathfrak{A}_n$ と部分群 $Z_2=\{1, (1\ 2)\}$ の半直積である：

$$\mathfrak{S}_n=\mathfrak{A}_n Z_2, \qquad \mathfrak{A}_n\cap Z_2=1$$

**例 147**　一般線型群 $GL(n, K)$ は特殊線型群 $SL(n, K)$ と部分群 $K^*=\left\{\begin{pmatrix} a & & \\ & 1 & \\ & & \ddots \\ & & & 1\end{pmatrix}\,\middle|\, a\in K^*\right\}$ の半直積である：

$$GL(n, \boldsymbol{R})=SL(n, \boldsymbol{R})\boldsymbol{R}^*, \quad SL(n, \boldsymbol{R})\cap\boldsymbol{R}^*=1$$
$$GL(n, \boldsymbol{C})=SL(n, \boldsymbol{C})\boldsymbol{C}^*, \quad SL(n, \boldsymbol{C})\cap\boldsymbol{C}^*=1$$

同様に，直交群 $O(n)$ は回転群 $SO(n)$ と部分群 $S^0=\left\{\begin{pmatrix} 1 & & \\ & 1 & \\ & & \ddots \\ & & & 1\end{pmatrix}, \begin{pmatrix} -1 & & \\ & 1 & \\ & & \ddots \\ & & & 1\end{pmatrix}\right\}$ の半直積

$$O(n)=SO(n)S^0, \quad SO(n)\cap S^0=1$$

であり，ユニタリ群 $U(n)$ は特殊ユニタリ群 $SU(n)$と部分群 $S^1=\left\{\begin{pmatrix} a & & \\ & 1 & \\ & & \ddots \\ & & & 1\end{pmatrix}\,\middle|\, a\in S^1\right\}$ の半直積である：

$$U(n)=SU(n)S^1, \quad SU(n)\cap S^1=1$$

**例 148**　合同変換群 $E(\boldsymbol{R}^n)$ は平行移動群 $D(\boldsymbol{R}^n)$と部分群である直交群 $O(n)$ の半直積である：

$$E(\boldsymbol{R}^n)=D(\boldsymbol{R}^n)O(n), \quad D(\boldsymbol{R}^n)\cap O(n)=1$$

同様に，Affine 変換群 $A(\boldsymbol{R}^n)$ は平行移動群 $D(\boldsymbol{R}^n)$と部分群である一般線型群 $GL(n, \boldsymbol{R})$ の半直積になる：

$$A(\boldsymbol{R}^n)=D(\boldsymbol{R}^n)GL(n, \boldsymbol{R}), \quad D(\boldsymbol{R}^n)\cap GL(n, \boldsymbol{R})=1$$

**例 149**　2 面体群 $D_n$ はその正規部分群 $Z_n=\{1, a, a^2, \cdots, a^{n-1}\}$ と部分群 $Z_2=\{1, b\}$ の半直積である：

$$D_n=Z_nZ_2, \quad Z_n\cap Z_2=1$$

**注意**　6 次の 2 面体群 $D_6$ は，$D_6\cong\mathfrak{S}_3\times Z_2$ のように直積群に分解される(例 101) ので，分裂する完全系列

$$1 \longrightarrow \mathfrak{S}_3 \longrightarrow D_6 \longrightarrow Z_2 \longrightarrow 1$$

が存在する（命題139）．一方，例149より，分裂する完全系列

$$1 \longrightarrow Z_6 \longrightarrow D_6 \longrightarrow Z_2 \longrightarrow 1$$

も存在する．このように，中央と右端の群が同じであっても左端の群が異なることがある．このことからもわかるように，群$G$を半直積

$$G=NH, \quad N\cap H=1$$

に分解する仕方は幾通りもある．また$H$が$G$の正規部分群でないために，直積群のときと違って，$N$と$H$の群構造から$G$の群構造を完全に規定することはできない．　しかし群$G$を直積群に分解できないまでも，半直積に分解できれば，群$G$の性質を知るのに役立つことも事実である．

## 9　可　解　群

可解群を定義し，対称群 $\mathfrak{S}_n$ は $n\leqq 4$ ならば可解であり，$n\geqq 5$ ならば可解でないことを示そう．前にも述べたように，このことが，$n$次の代数方程式

$$x^n+a_{n-1}x^{n-1}+\cdots+a_1x+a_0=0$$

は，$n\leqq 4$ ならば根の代数的な公式をつくることができるが（実際に根の公式がある），$n\geqq 5$ ならば根の代数的な公式をつくることができないことに対応しているのである．これは天才児 Galois の発想であって，これを理解するには体論の知識も必要とするために，ここで紹介することはできないので，上記のような $\mathfrak{S}_n$ の可解性を知るだけで我慢しよう．なお，可解群は可換群を順次拡大して得られる群である（定理163）から，ある意味で可換群についで取り扱い易い群であるといえるかもしれない．可解群を定義するために交換子群の定義から始める．

### (1)　交 換 子 群

**定義**　$G$を群とする．$G$において

$$xyx^{-1}y^{-1} \qquad x, y\in G$$

の形の元全体から生成される$G$の部分群を$G$の**交換子群**といい，$[G, G]$ または $D(G)$ で表わす．

**注意**　集合 $\{xyx^{-1}y^{-1}|x, y\in G\}$ は $G$ の部分群でないことに注意しよう．それは $xyx^{-1}y^{-1}$，$aba^{-1}b^{-1}$ の積が $uvu^{-1}v^{-1}$ の形にならないからである．$[G, G]$ の一般の元は，$xyx^{-1}y^{-1}$ の形の元を有限個掛けた形をしている．

**命題150**　可換群$G$の交換子群は単位元1のみよりなる：$[G, G]=1$．（逆も正しい）．

**証明**　$xy=yx$ ならば $xyx^{-1}y^{-1}=1$ であるから，命題は明らかである．∎

つぎの定理は交換子群のもつ基本的な性質である．

**定理 151**　$G$を群とし，$[G,G]$ を$G$の交換子群とする．このときつぎの (1), (2), (3) がなりたつ．

(1)　$[G,G]$ は$G$の正規部分群である．

(2)　剰余群 $G/[G,G]$ は可換群である．

(3)　$N$が$G$の正規部分群で，$G/N$ が可換群ならば，$N$は$[G,G]$を含む：$[G,G]\subset N$.

**証明**　(1)　$x\in G$, $aba^{-1}b^{-1}\in[G,G]$ に対して

$$x(aba^{-1}b^{-1})x^{-1}=(xax^{-1})(xbx^{-1})(xax^{-1})^{-1}(xbx^{-1})^{-1}\in[G,G]$$

となるから，これより $[G,G]$ が$G$の正規部分群であることが導かれる．

(2)　$[x],[y]\in G/[G,G]$ に対して

$$[x][y][x]^{-1}[y]^{-1}=[xyx^{-1}y^{-1}]\in[[G,G]]=1$$

より $[x][y]=[y][x]$ を得る．よって $G/[G,G]$ は可換群である．

(3)　$G/N$ が可換群ならば，$[x],[y]\in G/N$ に対して

$$[xyx^{-1}y^{-1}]=[x][y][x]^{-1}[y]^{-1}=1$$

より $xyx^{-1}y^{-1}\in N$ となる．これより $[G,G]\subset N$ を得る．∎

具体的な群の交換子群を求めておこう．

**例 152**　4元数群 $Q=\{\pm1,\pm i,\pm j,\pm k\}$ の交換子群は $Z_2=\{1,-1\}$ である：

$$[Q,Q]=Z_2$$

実際に $iji^{-1}j^{-1}=ij(-i)(-j)=(ij)(ij)=kk=-1$ 等の計算をするとわかる．

**定理 153**　対称群 $\mathfrak{S}_n$ の交換子群は交代群 $\mathfrak{A}_n$ である：

$$[\mathfrak{S}_n,\mathfrak{S}_n]=\mathfrak{A}_n$$

**証明**　$\mathfrak{S}_2$ は可換群であるから $[\mathfrak{S}_2,\mathfrak{S}_2]=1=\mathfrak{A}_2$ であり，明らかになりたっている．したがって $n\geqq3$ としておく．まず，$\sigma,\tau\in\mathfrak{S}_n$ に対して

$$\mathrm{sgn}(\sigma\tau\sigma^{-1}\tau^{-1})=\mathrm{sgn}\,\sigma\,\mathrm{sgn}\,\tau\,\mathrm{sgn}\,\sigma^{-1}\,\mathrm{sgn}\,\tau^{-1}=1$$

となるから，$\sigma\tau\sigma^{-1}\tau^{-1}\in\mathfrak{A}_n$ となり $[\mathfrak{S}_n,\mathfrak{S}_n]\subset\mathfrak{A}_n$ がわかる．($\mathfrak{S}_n/\mathfrak{A}_n\cong Z_2$ (例 122) が可換群であるから，定理 151(3) を用いて $[\mathfrak{S}_n,\mathfrak{S}_n]\subset\mathfrak{A}_n$ としてもよい)．逆の包含関係を示そう．$\mathfrak{A}_n$ ($n\geqq3$) は長さ3の巡回置換 $(1\ 2\ k)$, $k=3,\cdots,n$ で生成される(定理 47)が

$$(1\ 2\ k)=(1\ 2)(1\ k)(1\ 2)^{-1}(1\ k)^{-1}\in[\mathfrak{S}_n,\mathfrak{S}_n]$$

となるから，$\mathfrak{A}_n\subset[\mathfrak{S}_n,\mathfrak{S}_n]$ がわかる．以上で $\mathfrak{A}_n=[\mathfrak{S}_n,\mathfrak{S}_n]$ が示された．∎

**定理 154** 交代群 $\mathfrak{A}_n$ の交換子群はつぎのようである.

$$[\mathfrak{A}_2, \mathfrak{A}_2]=1, \qquad [\mathfrak{A}_3, \mathfrak{A}_3]=1$$
$$[\mathfrak{A}_4, \mathfrak{A}_4]=\{1, (1\ 2)(3\ 4), (1\ 3)(2\ 4), (1\ 4)(2\ 3)\}=V$$
$$[\mathfrak{A}_n, \mathfrak{A}_n]=\mathfrak{A}_n \quad (n\geqq 5)$$

**証明** $\mathfrak{A}_2=1, \mathfrak{A}_3\cong Z_2$ は可換群であるから, $[\mathfrak{A}_2, \mathfrak{A}_2]=1, [\mathfrak{A}_3,\mathfrak{A}_3]=1$ は明らかである.

$\mathfrak{A}_4$ の交換子群を調べよう. $V=\{1, (1\ 2)(3\ 4), (1\ 3)(2\ 4), (1\ 4)(2\ 3)\}$ は $\mathfrak{A}_4$ の正規部分群であった(例 57). $\mathfrak{A}_4$ の位数は $4!/2=12$, $V$の位数は4であるから, 剰余群 $\mathfrak{A}_4/V$ は位数3の群になるが, 3が素数であるため $\mathfrak{A}_4/V$ は可換群になる(定理116) : $\mathfrak{A}_4/V\cong Z_3$. 念のため $\mathfrak{A}_4/V\cong Z_3$ の具体的な対応を書いておこう.

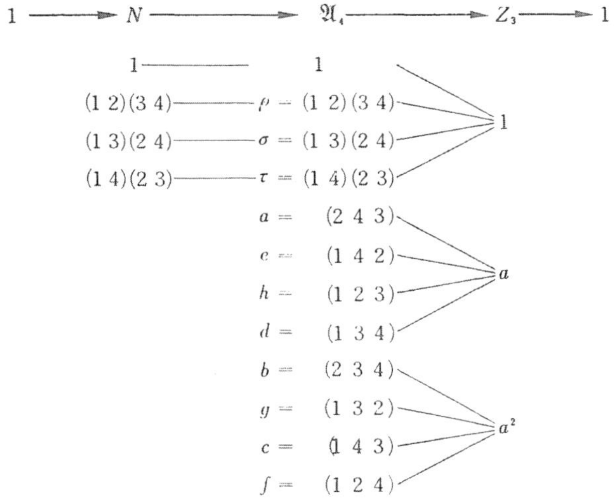


さて, 定理151(3) より $[\mathfrak{A}_4, \mathfrak{A}_4]\subset V$ の包含関係を得る. 逆の包含関係は

$$\rho=aca^{-1}c^{-1}, \quad \tau=ada^{-1}d^{-1}, \quad \sigma=afa^{-1}f^{-1}$$

より $V\subset[\mathfrak{A}_4, \mathfrak{A}_4]$ となる. 以上で $V=[\mathfrak{A}_4, \mathfrak{A}_4]$ が示された.

$n\geqq 5$ のときの $\mathfrak{A}_n$ の交換子群を調べよう. まず $[\mathfrak{A}_n, \mathfrak{A}_n]\subset[\mathfrak{S}_n, \mathfrak{S}_n]\subset\mathfrak{A}_n$ はよい. 逆の包含関係を示そう. $\mathfrak{A}_n$は長さ3の巡回置換 $(1\ 2\ k)$, $k=3, \cdots, n$ で生成される(定理47)が, $n\geqq 5$ であるから, $1, 2, k$ と異なる文字 $i, j$ をとると

$$(1\ 2\ k)=(1\ 2\ i)(1\ k\ j)(1\ 2\ i)^{-1}(1\ k\ j)^{-1}\in[\mathfrak{A}_n, \mathfrak{A}_n]$$

となるので $\mathfrak{A}_n\subset[\mathfrak{A}_n, \mathfrak{A}_n]$ となる. よって $\mathfrak{A}_n=[\mathfrak{A}_n, \mathfrak{A}_n]$ が示された. ∎

**定理 155** 一般線型群 $GL(n, K)$ の交換子群は特殊線型群 $SL(n, K)$ である :

$$[GL(n, K), GL(n, K)] = SL(n, K)$$

**証明** $GL(1, K) = K^*$ は可換群であるから $[GL(1, K), GL(1, K)] = 1 = SL(1, K)$ であり，明らかになりたっている．したがって $n \geqq 2$ としておく．まず，$A, B \in GL(n, K)$ に対して

$$\det(ABA^{-1}B^{-1}) = \det A \det B \det A^{-1} \det B^{-1} = 1$$

となるから，$ABA^{-1}B^{-1} \in SL(n, K)$ となり $[GL(n, K), GL(n, K)] \subset SL(n, K)$ がわかる．($GL(n, K)/SL(n, K) \cong K^*$ (例 123) が可換群であるから，定理 153 (3) を用いて $[GL(n, K), GL(n, K)] \subset SL(n, K)$ としてもよい)．逆の包含関係を示そう．$SL(n, K)$ は特殊基本行列

$$\underset{i)}{} \begin{pmatrix} 1 & & & & \\ & \ddots & & & \\ & & 1 & \cdots & \lambda \\ & & & \ddots & \vdots \\ & & & & 1 \\ & & & & & \ddots \\ & & & & & & 1 \end{pmatrix} \overset{j}{} = E + \lambda E_{ij} \qquad \begin{array}{l} i, j = 1, \cdots, n \\ i \neq j \end{array}$$

で生成されている(定理 54)から，この行列が $ABA^{-1}B^{-1}$，$A, B \in GL(n, K)$ に書けることをいえばよい(実は $A, B \in SL(n, K)$ と選べていることに注意 (定理 156 のため))．さて，$n = 2$ のときは

$$\begin{pmatrix} 1 & \lambda \\ 0 & 1 \end{pmatrix} = \begin{pmatrix} 1 & -\dfrac{\lambda}{3} \\ 0 & 1 \end{pmatrix} \begin{pmatrix} 2 & 0 \\ 0 & \dfrac{1}{2} \end{pmatrix} \begin{pmatrix} 1 & -\dfrac{\lambda}{3} \\ 0 & 1 \end{pmatrix}^{-1} \begin{pmatrix} 2 & 0 \\ 0 & \dfrac{1}{2} \end{pmatrix}^{-1}$$

と表わせる．$n \geqq 3$ のときにもこれと同じようにして証明できるが，つぎのようにしてもよい．$i, j$ と異なる $k$ をとると

$$E + \lambda E_{ij} = (E + \lambda E_{ik})(E + E_{kj})(E + \lambda E_{ik})^{-1}(E + E_{kj})^{-1}$$

と表わせる．この計算は

$$\begin{aligned} \text{右辺} &= (E + \lambda E_{ik})(E + E_{kj})(E - \lambda E_{ik})(E - E_{kj}) \\ &= (E + E_{kj} + \lambda E_{ik} + \lambda E_{ij})(E - E_{kj} - \lambda E_{ik} + \lambda E_{ij}) \\ &= E - E_{kj} - \lambda E_{ik} + \lambda E_{ij} + E_{kj} + \lambda E_{ik} - \lambda E_{ij} + \lambda E_{ij} \\ &= E + \lambda E_{ij} \end{aligned}$$

とすればよい)．いずれにしても $SL(n, K) \subset [GL(n, K), GL(n, K)]$ が示されて，定理が証明された．∎

**定理 156** 特殊線型群 $SL(n, K)$ の交換子群は自分自身である：

$$[SL(n, K), SL(n, K)] = SL(n, K)$$

**証明** $[SL(n, K), SL(n, K)] \subset [GL(n, K), GL(n, K)] \subset SL(n, K)$ であり，逆の包含関係の証明は定理 155 そのままでよい．▌

**例 157** 2 面体群 $D_n$ の交換子群はつぎのような巡回群である：

$$[D_{2m+1}, D_{2m+1}] = \{1, a, a^2, \cdots, a^{2n}\} \cong Z_{2m+1}, \quad [D_{2m}, D_{2m}] = \{1, a^2, a^4, \cdots, a^{2m-2}\} \cong Z_m$$

実際，$a^i, a^jb \in D_n$ 等に対して

$$a^ia^ja^{-i}a^{-j} = 1$$
$$a^i(a^jb)(a^i)^{-1}(a^jb)^{-1} = a^ia^jba^{-i}ba^{-j} = a^ia^ja^ia^{-j} = a^{2i}$$
$$(a^ib)(a^jb)(ba^i)^{-1}(ba^j)^{-1} = a^iba^jbba^{-i}ba^{-j} = a^ia^{-j}a^ia^{-j} = a^{2(i-j)}$$

となるから，$[D_n, D_n]$ は $1, a^2, a^4, \cdots$ から生成される $D_n$ の部分群であることがわかる．$n$ が偶数のときには，$1, a^2, a^4, \cdots$ でつきるが，$n$ が奇数 $2m+1$ のときは $a = a^{2m+2}$ より $a$ も現われる．これより $[D_n, D_n]$ は定理のようになる．▌

定理 151 (3) によると，群 $G$ の交換子群 $[G, G]$ による剰余群は可換群になるが，実際にどのような可換群になるのか，上記の例の群で調べてみよう．

**例 158** $\mathfrak{S}_n/[\mathfrak{S}_n, \mathfrak{S}_n] = \mathfrak{S}_n/\mathfrak{A}_n \cong Z_2, \quad \mathfrak{A}_4/[\mathfrak{A}_4, \mathfrak{A}_4] = \mathfrak{A}_4/V \cong Z_3$

$$GL(n, K)/[GL(n, K), GL(n, K)] = GL(n, K)/SL(n, K) \cong K^*$$

$$\begin{cases} D_{2m+1}/[D_{2m+1}, D_{2m+1}] \cong Z_2 \\ D_{2m}/[D_{2m}, D_{2m}] \cong Z_2 \times Z_2 \end{cases}$$

$$Q/[Q, Q] \cong Z_2 \times Z_2$$

### (2) 可解群

**定義** $G$ を群とする．$G$ の交換子群を $D_1(G) = [G, G]$ とし，$D_1(G)$ の交換子群を $D_2(G) = [D_1(G), D_1(G)]$ とし，一般に $D_{i-1}(G)$ の交換子群を $D_i(G) = [D_{i-1}(G), D_{i-1}(G)]$ とすると，$G$ の部分群の列

$$G \supset D_1(G) \supset D_2(G) \supset \cdots \supset D_i(G) \supset \cdots$$

を得る．(各 $D_i(G)$ は $D_{i-1}(G)$ の正規部分群であることは定理 145 (1) よりわかるが，さらに強く，各 $D_i(G)$ は $G$ の正規部分群になっている．$i$ に関する帰納法で直ぐ証明できるので各自確かめておいて下さい)．この列を $G$ の**交換子群列**という．さて，ある $r$ が存在して

$$D_r(G) = 1$$

となるとき，$G$ を**可解群**という．

可換群 $G$ は，$D_1(G) = 1$ となるから，可換群である．

つぎの定理が本節の目的の定理であった.

**定理 159** 対称群 $\mathfrak{S}_n$ は, $n \leqq 4$ ならば可解群であり, $n \geqq 5$ ならば可解群でない.

**証明** 定理 153, 154 より, $\mathfrak{S}_n$ の交換子群列はつぎのようになる.

$$\mathfrak{S}_1 = 1$$
$$\mathfrak{S}_2 \ni 1$$
$$\mathfrak{S}_3 \supset \mathfrak{A}_3 \ni 1$$
$$\mathfrak{S}_4 \supset \mathfrak{A}_4 \supset V \ni 1 \quad (V \cong Z_2 \times Z_2 \text{ である})$$
$$\mathfrak{S}_n \supset \mathfrak{A}_n = \mathfrak{A}_n = \mathfrak{A}_n = \cdots \quad (n \geqq 5)$$

これより定理を得る.

**定理 160** 一般線型群 $GL(n, K)$, $n \geqq 2$, 特殊線型群 $SL(n, K)$, $n \geqq 2$ はともに可解群でない. (ただし $n=1$ のとき, $GL(1, K) = K^*$, $SL(1, K) = 1$ は可解群である).

**証明** 定理 155, 156 より, $GL(n, K)$, $SL(n, K)$ の交換子群列は

$$GL(n, K) \supset SL(n, K) = SL(n, K) = \cdots \neq 1 \quad (n \geqq 2)$$

となるから定理を得る.

**例 161** 2 面体群 $D_n$ は可解群である. 実際, 例 157 より 2 次の交換子群が $D_2(D_n) = 1$ となるからである.

**例 162** 4 元数群 $Q$ は可解群である. 実際, 例 152 より $D_1(Q) = Z_2$, $D_2(Q) = 1$ となるからである.

**(3) 可解群のもつ簡単な性質**

つぎの定理は可解群の今 1 つの定義を与えている. (本質的には余り変りないことかもしれないが).

**定理 163** 群 $G$ が可解群であるための必要十分条件は, $G$ がつぎのような部分群の列をもつことである.

$$G = G_0 = G_1 \supset G_2 \supset \cdots \supset G_m = 1$$

各 $G_i$ は $G_{i-1}$ の正規部分群であって, $G_i/G_{i-1}$ は可換群である.

**証明** $G$ が可解群ならば, $G$ の交換子群列

$$G = D_0(G) \supset D_1(G) \supset D_2(G) \supset \cdots \supset D_r(G) = 1$$

は定理の条件をみたしている. 実際, $D_i(G)$ は $D_{i-1}(G)$ の正規部分群であり (定理 153 (1)) (実際には $D_i(G)$ は $G$ の正規部分群であったが), $D_{i-1}(G)/D_i(G)$ は可換群である (定理 153 (2)). 逆に, 群 $G$ が定理の条件をみたす部分群の列

$$G \supset G_1 \supset G_2 \supset \cdots \supset G_m = 1$$

をもつとしよう．$G/G_1$ は可換群であるから，定理 153(2) より

$$D_1(G) = [G, G] \subset G_1$$

となる．また $G_1/G_2$ も可換群であるから，$[G_1, G_1] \subset G_2$ を用いると

$$D_2(G) = [D_1(G), D_1(G)] \subset [G_1, G_1] \subset G_2$$

となる．これを続けると，一般に

$$D_i(G) \subset G_i$$

を得る．特に $D_m(G) \subset G_m = 1$ より $D_m(G) = 1$ となり，$G$は可解群である．

**定理 164** 群$G$が可解群ならば，その部分群$H$および剰余群 $G/N$ も可解群である．

**証明** $H$が部分群であれば，明らかに

$$D_i(H) \subset D_i(G)$$

がなりたつから，$D_r(G) = 1$ ならば $D_i(H) = 1$ となる．したがって $H$ は可解群である．つぎに $p : G \to G/N$, $p(x) = [x]$ を自然な準同型写像とすると

$$[x][y][x]^{-1}[y]^{-1} = [xyx^{-1}y^{-1}] = p(xyx^{-1}y^{-1})$$

となるから $D_1(p(G)) = p(D_1(G))$ がわかる．これを繰り返すと一般に

$$D_i(p(G)) = p(D_i(G))$$

がなりたつから，$D_r(G) = 1$ ならば $D_r(p(G)) = 1$，すなわち $D_r(G/N) = 1$ となる．したがって $G/N$ は可解群である．

**定理 165** $G$を群とし，$N$を$G$の正規部分群とする．このとき

$$G/N,\ N \text{ が可解群　ならば　} G \text{ も可解群}$$

がなりたつ．

**証明** $G/N$, $N$ が可解群であるから，定理 163 の条件をみたす部分群の列

$$G/N = G_0/N \supset G_1/N \supset G_2/N \supset \cdots \supset G_m/N = 1$$
$$N \supset N_1 \supset N_2 \supset \cdots \supset N_n = 1$$

が存在する．このとき，$G$の部分群の列

$$G = G_0 \supset G_1 \supset G_2 \supset \cdots \supset G_m \supset N_1 \supset N_2 \supset \cdots \supset N_n = 1$$

は定理 157 の条件をみたしている．実際，$G_i$ は $G_{i-1}$ の正規部分群であり（命題 129 (2)），かつ

$$G_i/G_{i-1} \cong G_i/N/G_{i-1}/N \text{（定理 131）は可換群}$$

となるからである．よって$G$は可解群である．

可解群についてつぎの定理がなりたつ．しかし証明は省略した．証明を省略したといってもその証明は決して容易ではなく，特に後者のそれは300頁近い大論文(Pacific Jour. Math. 13 (1963), 775-1026) であって，その結果は，最近の有限群論における最も大きな成果の1つであるとされている．

**定理 166 (Burnside)** 位数が $p^a q^b$（$p, q$ は素数）である群は可解群である．

**定理 167 (Feit-Thompson)** 位数が奇数の群は可解群である．

**例 168** 位数1から59までの群はすべて可解群である．実際，位数が奇数の群は可解群である（定理 167）から除くことにし，2から58までの偶数を素因数分解してみよう．

$2,\ 2^2,\ 2\cdot3,\ 2^3,\ 2\cdot5,\ 2^2\cdot3,\ 2\cdot7,\ 2^4,\ 2\cdot3^2,\ 2^2\cdot5,\ 2\cdot11,\ 2^3\cdot3,\ 2\cdot13,\ 2^2\cdot7,\ \boxed{2\cdot3\cdot5},\ 2^5,$

$2\cdot17,\ 2^2\cdot3^2,\ 2\cdot19,\ 2^3\cdot5,\ \boxed{2\cdot3\cdot7},\ 2^2\cdot11,\ 2\cdot23,\ 2^4\cdot3,\ 2\cdot5^2,\ 2^2\cdot13,\ 2\cdot3^3,\ 2^3\cdot7,\ 2\cdot29$

Burnside の 定理 166 によれば，位数 30, 42 の群 $G_1, G_2$ を除いたすべての群が可解群であることがわかる．しかし実は，これらの群 $G_1, G_2$ も可解群なのである．その証明の概略を述べると，$G_1$ の位数5の部分群 $N_1$ は $G_1$ の正規部分群になる（これは後出の Sylow の 定理 207-209 からわかる）から 定理 165 を用いればよい． $G_2$ については位数7の部分群 $N_2$ を用いて上記の同じことをすればよい．なお，位数60の群には5次の交代群 $\mathfrak{A}_5$ があり，$\mathfrak{A}_5$ は可解群でない．

## 10 巾（べキ）零群

可解群より条件の強い巾零群を定義し，位数が素数巾 $p^r$ である群は巾零群になることを示そう．

### (1) 巾零群

**定義** $G$を群とする．$G$の部分群 $H, K$ に対して

$$hkh^{-1}k^{-1} \qquad h\in H,\ k\in K$$

の形の元全体から生成される$G$の部分群を $[H, K]$ で表わし，$H$と$K$の**交換子群**という．

**命題 169** $G$を群とし，$N$を$G$の正規部分群とする．このとき，$G$と$N$の交換子群 $[G, N]$ は$N$に含まれる$G$の正規部分群である：$[G, N]\subset N$.

**証明** 定理 151 (1) と同様であるが再記しよう． $x\in G,\ yay^{-1}a^{-1}\in[G, N]$ $(y\in G,\ a\in N)$ に対して

$$x(yay^{-1}a^{-1})x^{-1}=(xyx^{-1})(xax^{-1})(xyx^{-1})^{-1}(xa^{-1}x)^{-1}\in[G, N]$$

となることから，$[G, N]$ が$G$の正規部分群であることがわかる．また

$$yay^{-1}a^{-1}=(yay^{-1})a^{-1}$$

のように書きかえてみると，$[G, N]\subset N$ もわかる．

**例 170** 対称群 $\mathfrak{S}_n$ と(その正規部分群である)交代群 $\mathfrak{A}_n$ の交換子群は $\mathfrak{A}_n$ である：

$$[\mathfrak{S}_n, \mathfrak{A}_n]=\mathfrak{A}_n$$

実際，$n=2$ ならば $[\mathfrak{S}_2, \mathfrak{A}_2]=1=\mathfrak{A}_2$ であり，明らかになりたっている．したがって $n\geqq 3$ としておく．まず $[\mathfrak{A}_n, \mathfrak{S}_n]\subset\mathfrak{A}_n$ は明らかである(命題 169)． 逆の包含関係を示そう．交代群 $\mathfrak{A}_n$ は3次の巡回置換 $(1\ 2\ k)$, $k=3, \cdots, n$ で生成される(定理 47)が

$$(1\ 2\ k)=(1\ 2)(1\ 2\ k)(1\ 2)^{-1}(1\ 2\ k)^{-1}\in[\mathfrak{S}_n, \mathfrak{A}_n]$$

より $\mathfrak{A}_n\subset[\mathfrak{S}_n, \mathfrak{A}_n]$ がわかる．よって $\mathfrak{A}_n=[\mathfrak{S}_n, \mathfrak{A}_n]$ である．

さて，巾零群を定義しよう．

**定義** $G$を群とする．$G$ の交換子群を $G^{(1)}=[G, G]$ とし， $G$ と $G^{(1)}$ の交換子群を $G^{(2)}=[G, G^{(1)}]$ とし，一般に $G$ と $G^{(i-1)}$ の交換子群を

$$G^{(i)}=[G, G^{(i-1)}]$$

とおくと，$G$の正規部分群の列

$$G\supset G^{(1)}\supset G^{(2)}\supset\cdots\supset G^{(i)}\supset\cdots$$

ができる．この列を$G$の**降中心列**という．さて，ある $s$ に対して

$$G^{(s)}=1$$

となるとき，$G$を**巾零群**という．

**定理 171** (1) 可換群は巾零群である．

(2) 巾零群は可解群である．

**証明** (1) $G$が可換群ならば $[G, G]=1$ となるから，明らかに$G$は巾零群である．

(2) 群$G$の降中心列と交換子群列

$$G\supset G^{(1)}\supset G^{(2)}\supset\cdots\supset G^{(s)}=1$$
$$G\supset D_1(G)\supset D_2(G)\supset\cdots\supset D_s(G)\supset\cdots$$

を比較してみると，$D_1(G)=G^{(1)}$, $D_2(G)=[G^{(1)}, G^{(1)}]\subset[G, G^{(1)}]=G^{(2)}$であり，一般に

$$D_i(G)\subset G^{(i)}$$

となる．したがって， $G^{(s)}=1$ ならば $D_s(G)=1$ となる．よって$G$が巾零群ならば$G$は可解群である． ▎

**例 172** 4元数群$Q$は巾零群である．実際，

$$Q^{(1)}=[Q, Q]=\{1, -1\}=Z_2\ (例\ 152),\qquad Q^{(2)}=[Q, Z_2]=1$$

となるからである．

**例 173**　対称群 $\mathfrak{S}_n$ $(n\geqq 3)$ は巾零群でない．($\mathfrak{S}_2$ は可換群であるから巾零群である)．実際，例 170 より，$\mathfrak{S}_n$ の降中心列は

$$\mathfrak{S}_n\supset\mathfrak{A}_n=\mathfrak{A}_n=\cdots=\mathfrak{A}_n\neq 1\quad(n\geqq 3)$$

となるからである(定理 153, 154 参照)．

**例 174**　2 面体群 $D_n$ は，$n$ が 2 の巾乗：$n=2^k$ であるときに限り巾零群である．実際，$D_n{}^{(1)}=[D_n, D_n]$ は元 $a^2$ から生成される部分群であった (例 157) が，一般に $D_n{}^{(i)}$ は元 $a^{2^i}$ から生成される部分群になる：

$$D_n{}^{(i)}=\langle a^{2^i}\rangle$$

それは，$a^{2^{i-1}}\in D_n{}^{(i-1)}$，$b\in D_n$ に対して

$$a^{2^{i-1}}b(a^{2^{i-1}})^{-1}b^{-1}=a^{2^{i-1}}ba^{-2^{i-1}}b=a^{2^{i-1}}a^{2^{i-1}}=a^{2^i}$$

となるからである．このことから，$D_n$，$n=2^kl$ ($l$ は奇数) の降中心列は(群の同型の意味において)

$$D_n=D_{2^kl}\supset Z_{2^{k-1}l}\supset Z_{2^{k-2}l}\supset\cdots\supset Z_l=Z_l=\cdots$$

となる．このことから $D_{2^kl}$ の巾零性は $l=1$ のときに限り，上記の結果を得る．

定理 172 (2) の対偶をとれば，

群$G$が可解群でない　ならば　巾零群でない

となる．これを用いると，定理 160 よりつぎの事実がわかる．

**例 175**　一般線型群 $GL(n, K)$ $(n\geqq 2)$，特殊線型群 $SL(n, K)$ $(n\geqq 2)$ は巾零群でない．(ただし $GL(1, K)=K^*$，$SL(1, K)=1$ は可換群であるから巾零群である)．

例 173, 175 のことはつぎの命題からもわかる．

**命題 176**　巾零群 $G$ $(G\neq 1)$ の中心は単位元以外の元を含む：

$$C(G)\neq 1$$

**証明**　群 $G(G\neq 1)$ が巾零群ならば，$G^{(s-1)}\neq 1$, $G^{(s)}=1$ となる $s$ が存在する．このとき

$$[G, G^{(s-1)}]=G^{(s)}=1$$

であるが，これは $G^{(s-1)}$ の元が$G$のすべての元と可換のこと，すなわち $G^{(s-1)}$ が$G$の中心に含まれること：

$$1\neq G^{(s-1)}\subset C(G)$$

を示している．これで命題が証明された．❙

**例 177**　対称群 $\mathfrak{S}_n$ $(n\geqq 3)$，交代群 $\mathfrak{A}_n$ $(n\geqq 4)$ は巾零群でない．実際，これらの群の中心は単位元のみからなる：$C(\mathfrak{S}_n)=1$ $(n\geqq 3)$ (定理 64)，$C(\mathfrak{A}_n)=1$ $(n\geqq 4)$ (定理 65) か

らである(命題 176).

**(2) $p$-群が巾零群であること**

位数 8 の 4 元数群 $Q$ や位数 $2^k$ の 2 面体群 $D_{2^k}$ が巾零群であった (例 172, 174). このことを一般化した定理 180 を述べよう.

**定義** 位数が素数 $p$ の巾乗 $p^r$ である群を **$p$-群** という.

$p$-群の巾零性を示すために, つぎの 2 つの補題を準備しておく.

**補題 178** $G$を群とし, 元 $a \in G$ を固定しておく.

(1) $a$ と可換な$G$の元全体の集合

$$N(a)=\{x \in G \mid ax=xa\}$$

は$G$の部分群をつくる. (この群 $N(a)$ を $a$ の**中心化群**という).

(2) $G$が有限群であるとき, $a$ と共役な元全体の集合, すなわち, 集合

$$C(a)=\{xax^{-1} \mid x \in G\}$$

の元の個数は, $G$の $N(a)$ による指数 $|G:N(a)|$ に等しい.

**証明** (1) は容易である.

(2) 集合 $C(a)$ と等質集合 $G/N(a)$ との間の写像

$$f: C(a) \to G/N(a), \qquad f(xax^{-1})=[x]$$
$$g: G/N(a) \to C(a), \qquad g([x])=xax^{-1}$$

を考えよう. 写像 $f, g$ が定義されるためには

$$xax^{-1}=yay^{-1} \iff [x]=[y]$$

を示さなければならない. しかしそれは, $xax^{-1}=yay^{-1}$ならば $ax^{-1}y=x^{-1}ya$ より $x^{-1}y \in N(a)$ となり, さらに逆も正しいからよい. さて, 2 つの写像 $f, g$ の間には明らかに

$$gf=1, \qquad fg=1$$

の関係がなりたっているから, $f$ は全単射である. よって, 集合 $C(a)$ の元の個数と集合 $G/N(a)$ の元の個数 $|G:N(a)|$ は等しい.

**補題 179** $p$-群$G$の中心は単位元以外の元を含む:

$$C(G) \neq 1$$

同じことであるが, $C(G)$ の位数は$p$で割り切れる.

**証明** $G$において

$$a \sim b \iff b=xax^{-1} \text{ となる } x \in G \text{ がある}$$

と定義すると, 関係 $\sim$ は同値法則をみたす(確かめて下さい). この関係によって$G$を分

類すると

$$G=C(a)\cup C(b)\cup\cdots\cup C(d) \qquad \text{(i)}$$
$$C(a)=\{xax^{-1}\mid x\in G\}$$

となる．ここで，$G$の中心 $C(G)$ の元$c$は単独で1つの類をつくっている：$C(c)=c$ ことに注意しよう．さて，各類 $C(a)$の元の個数は指数 $|G:N(a)|$ に等しい（補題178）が，指数は$G$の位数 $p^r$ の約数である（定理114）から，$C(a)$ の元の個数は$p$の巾 $p^e$ $(e<r)$ である．したがって，(i)の両辺の個数を比較すると

$$p^r=\underbrace{1+\cdots+1}_{C(G)\text{ の位数}}+p^{e_1}+\cdots+p^{e_k}$$

となる．よって，$C(G)$ の位数は$p$で割り切れる．

**定理 180**　$p$-群$G$は巾零群である．

**証明**　群$G$の位数が $p^r$ であるとし，$r$に関する帰納法で証明しよう．$r=1$ のときは，$G$は巡回群になる（定理116）から，当然可換群であり，したがって巾零群である．位数 $p^s$ $(s<r)$ の群に対して定理がなりたつと仮定する．さて，補題179より，$G$の中心 $C(G)$ は $C(G)\neq 1$ であるから，剰余群 $G'=G/C(G)$ に対しては帰納法の仮定がなりたち，$G'$ は巾零群である．したがって，ある$n$に対し

$$G'^{(n)}=1$$

となる．これは $G^{(n)}\subset C(G)$ を意味している．よって

$$G^{(n+1)}=[G,G^{(n)}]\subset[G,C(G)]=1$$

となり，$G$が巾零群であることが示された．▌

### (3)　巾零群のもつ簡単な性質

つぎの定理は巾零群の今1つの定義を与えている．

**定理 181**　群$G$が巾零群であるための必要十分条件は，$G$がつぎのような正規部分群の列

$$1=C_0\subset C_1\subset C_2\subset\cdots\subset C_s=G$$

$C_1$が$G$の中心，$C_2/C_1$ が $G/C_1$ の中心，…… $C_i/C_{i-1}$ が $G/C_{i-1}$ の中心，……

が存在することである．（この部分群の列を群$G$の**昇中心列**という）．

**証明**　$G$が巾零群ならば，$G$は降中心列

$$G=G^{(0)}\supset G^{(1)}\supset G^{(2)}\supset\cdots\supset G^{(r-1)}\supset G^{(r)}=1$$

をもつ．このとき $[G,G^{(r-1)}]=G^{(r)}=1$

$$G^{(r-1)}\subset C(G)=C_1$$

となる．つぎに $[G, G^{(r-2)}]=G^{(r-1)}\subset C_1$ の両辺に自然な準同型写像 $f: G\to G/C_1$ を施すと

$$[f(G), f(G^{(r-2)})]=f[G, G^{(r-2)}]\subset f(C_1)=1$$

となるから，$f(G^{(r-2)})\subset f(G)$ の中心$=G/C_1$ の中心$=C_2/C_1$ より

$$G^{(r-2)}\subset C_2$$

となる．これを続けて，一般に

$$G^{(r-i)}\subset C_i$$

を得る．特に $G^{(0)}\subset C_r$ より $G=C_r$ となり，$G$の定理の条件をみたす昇中心列をもつ．

逆に，群$G$が昇中心列

$$1\in C_1\subset C_2\subset\cdots\subset C_{s-1}\subset C_s=G$$

をもつとしよう．$G/C_{s-1}$ の中心が $C_s/C_{s-1}=G/C_{s-1}$ であるから，$G/C_{s-1}$ は可換群である．これは

$$G^{(1)}=[G, G]\subset C_{s-1}$$

を示している．つぎに $G/C_{s-2}$ の中心が $C_{s-1}/C_{s-2}$ であるから，$[G, C_{s-1}]\subset C_{s-2}$ となり

$$G^{(2)}=[G, G^{(1)}]\subset[G, C_{s-1}]\subset C_{s-2}$$

となる．これを続けると，一般に

$$G^{(i)}\subset C_{s-i}$$

を得る．特に $G^{(s)}\subset C_0=1$ より $G^{(s)}=1$ となるから，$G$は巾零群である．‖

**定理 182** $G$群が巾零群ならば，その部分群$H$および剰余群 $G/N$ も巾零群である．

**証明** $H$が部分群であれば，明らかに

$$H^{(i)}\subset G^{(i)}$$

がなりたつから，$G^{(r)}=1$ ならば $H^{(r)}=1$ となる．したがって $H$ は巾零群である．つぎに $f: G\to G/N$ を自然な準同型写像とするとき，$f(x)f(y)f(x)^{-1}f(y)^{-1}=f(xyx^{-1}y^{-1})$ 等より

$$(f(G))^{(i)}=f(G^{(i)})$$

がなりたつ．したがって，$G^{(r)}=1$ ならば$(f(G))^{(r)}=1$, $(G/N)^{(r)}=1$となるから，$G/N$ は巾零群である．

**例 183** 可解群のとき（定理 165）と違って，巾零群に関しては

$N, G/N$ が巾零群であっても$G$は巾零群であるとは限らない

実際，3次の対称群 $\mathfrak{S}_3$ は巾零群でない（例 173）が，交代群 $\mathfrak{A}_3\cong Z_3$ およびその剰余群

$\mathfrak{S}_3/\mathfrak{A}_3 \cong Z_2$ は巾零群である.

## 11 組成列

可解群や巾零群$G$の定義を与えたり，それらの群の性質を調べるために，$G$の部分群の列

$$G \supset G_1 \supset G_2 \supset \cdots \supset G_m \supset \cdots$$

を考察した．この考え方は，一般の群$G$についてもしばしば用いられる.

**定義** 群$G$の部分群の列

$$G = G_0 \supset G_1 \supset G_2 \supset \cdots \supset G_m \supset \cdots$$

において，各 $G_{i+1}$ が $G_i$ の正規部分群であるとき，この列を$G$の**正規鎖**という．また，正規鎖から得られる剰余群の列

$$G_0/G_1,\quad G_1/G_2,\ \cdots,\ G_{m-1}/G_m,\ \cdots$$

をこの正規鎖の**剰余群列**という.

正規鎖のうち，特につぎの組成列が重要である.

**定義** 群$G$の正規鎖

$$G = G_0 \supset G_1 \supset G_2 \supset \cdots \supset G_m \supset \cdots$$

において，各剰余群 $G_{i-1}/G_i$ が単純群 $\neq 1$ であるとき，この列を$G$の **組成列**という．（この定義によれば，組成列は無限個続いてもよいが， 有限個で終るときに組成列という書物の方が多い．$G$が有限群ならば，その組成列は必ず有限で終ることは明らかである).

つぎに，組成列の例を 3 つ程あげるが，部分群を同型の意味で書いてしまっている．なお，部分群の列の下に書かれているのは剰余群列である.

**例 184** 整数加群 $\boldsymbol{Z}$ の部分加群の列

$$\boldsymbol{Z} \supset 2\boldsymbol{Z} \supset 4\boldsymbol{Z} \supset 8\boldsymbol{Z} \supset 16\boldsymbol{Z} \supset \cdots$$
$$\boldsymbol{Z}_2,\quad \boldsymbol{Z}_2,\quad \boldsymbol{Z}_2,\quad \boldsymbol{Z}_2,\quad \boldsymbol{Z}_2\ \cdots$$

は組成列である．この組成列は無限に続いている.

**例 185** 加群 $\boldsymbol{Z}_{12}$ の部分加群の 3 つの列

$$\begin{cases} \boldsymbol{Z}_{12} \supset \boldsymbol{Z}_6 \supset \boldsymbol{Z}_3 \ni 1 \\ \quad \boldsymbol{Z}_2,\ \boldsymbol{Z}_2,\ \boldsymbol{Z}_3 \end{cases},\qquad \begin{cases} \boldsymbol{Z}_{12} \supset \boldsymbol{Z}_6 \supset \boldsymbol{Z}_2 \ni 1 \\ \quad \boldsymbol{Z}_2,\ \boldsymbol{Z}_3,\ \boldsymbol{Z}_2 \end{cases},\qquad \begin{cases} \boldsymbol{Z}_{12} \supset \boldsymbol{Z}_4 \supset \boldsymbol{Z}_2 \ni 1 \\ \quad \boldsymbol{Z}_3,\ \boldsymbol{Z}_2,\ \boldsymbol{Z}_2 \end{cases}$$

はいずれも組成列である.

**例 186** 対称群 $\mathfrak{S}_n$ の部分群の列

$$\begin{cases} \mathfrak{S}_3 \supset \mathfrak{A}_3 \ni 1 \\ \quad Z_2\quad Z_3 \end{cases},\qquad \begin{cases} \mathfrak{S}_4 \supset \mathfrak{A}_4 \supset V \supset Z_2 \ni 1 \\ \quad Z_2,\ Z_3,\ Z_2,\ Z_2 \end{cases},\qquad \begin{cases} \mathfrak{S}_n \supset \mathfrak{A}_n \ni 1 \\ \quad Z_2,\ \mathfrak{A}_n \end{cases} \quad (n \geq 5)$$

は組成列である．

例 185 が示すように，群$G$の組成列はいくつもあるが，これに関してつぎの重要な定理がなりたつ．しかしその証明は省略した．

**定理 187 (Jordan-Hölder)** $G$を群とし

$$G=G_0\supset G_1\supset G_2\supset\cdots\supset G_r=1$$
$$G=H_0\supset H_1\supset H_2\supset\cdots\supset H_s=1$$

を$G$の 2 つの組成列とすれば，$r=s$ であって，しかもそれぞれの剰余群列

$$G_0/G_1,\quad G_1/G_2,\ \cdots,\ G_{r-1}/G_r$$
$$H_0/H_1,\quad H_1/H_2,\ \cdots,\ H_{s-1}/H_s$$

の順序を適当にいれかえて，上下の群がそれぞれ同型になるようにすることができる．

最後に，組成列の考え方について少し触れておこう．一般に，群 $N, G/N$ から群$G$を決定する問題，同じことであるが，図式

$$1 \longrightarrow N \xrightarrow{f} G \xrightarrow{g} H \longrightarrow 1$$

において，群 $N, H$ を与えて，この系列が完全になるように群$G$を決定する問題を**群の拡大問題**と呼んでいる．さて，群$G$の組成列

$$G\supset G_1\supset G_2\supset\cdots\supset G_{m-1}\supset G_m=1$$
$$G/G_1,\ \cdots,\ G_{m-2}/G_{m-1},\ G_{m-1}\ \text{が単純群}$$

は，有限群 $G$ はつねに単純群を順次拡大することにより得られることを示している．このように，群を分類するには，群の拡大理論と単純群の分類が重要となる．このうち群の拡大問題は，群のコホモロジー群のことにおきかえられるという意味で一応解決されている．（実際には，具体的な群のコホモロジー群を求めることが問題であって，それが計算できている群はほんの些かしかないのだが）．一方，単純群を分類する問題は，前にも述べたように，群論の主要課題であり，現在未解決の問題である．

## 12 自 己 同 型 群

集合$X$における全単射全体の集合 $\mathfrak{S}(X)$ は合成写像の積によって(変換)群をつくった(例16)が，$X$が群$G$であるときには，変換群 $\mathfrak{S}(G)$ のうちで，$G$の群構造を保つ全単射，すなわち$G$の同型写像全体の集合 $Aut(G)$ は $\mathfrak{S}(G)$の部分群をつくる．この $Aut(G)$ は群$G$の構造を調べるのに重要であるので，これについて述べよう．

### (1) 自己同型群

**定義** $G$を群とする．$G$における同型写像全体の集合

$$Aut(G)=\{f:G\rightarrow G\,|\,f \text{は同型写像}\}$$

は合成写像の積により群をつくる．この群 $Aut(G)$ を$G$の**自己同型群**という．

群$G$が具体的に与えられたとき，その自己同型群 $Aut(G)$ を決定することは容易なことではない．つぎに2つの例をあげておくが(3節も参照のこと)，これらの例では$Aut(G)\cong G$となっている．しかし，それはたまたまそうなっているだけのことであって，一般の群ではめったにそうはならない．(だからあまりよい例とはいえないかもしれないが)．

**例188**　3次の対称群 $\mathfrak{S}_3$ の自己同型群 $Aut(\mathfrak{S}_3)$ は自分自身に同型である：

$$Aut(\mathfrak{S}_3)\cong\mathfrak{S}_3$$

実際，$\mathfrak{S}_3$ の元を例15のように

$$1,\quad \sigma=(1\ 2\ 3),\quad \tau=(1\ 3\ 2),\quad \xi=(2\ 3),\quad \eta=(1\ 2),\quad \zeta=(1\ 3)$$

と名付けておく．これらの位数は $\sigma,\tau$ が3で，$\xi,\eta,\zeta$ が2であった．自己同型写像 $f\in Aut(\mathfrak{S}_3)$ は元の位数を変えないので，$f$ は $\sigma,\tau$ の間の置換および $\xi,\eta,\zeta$ の間の置換をひきおこす．このことと$f$が群の積を保たねばならないことに注意すると，$\mathfrak{S}_3$ の自己同型写像はつぎの6個あり，かつこれらに限ることがわかる．このとき，写像$\varphi:Aut(\mathfrak{S}_3)$

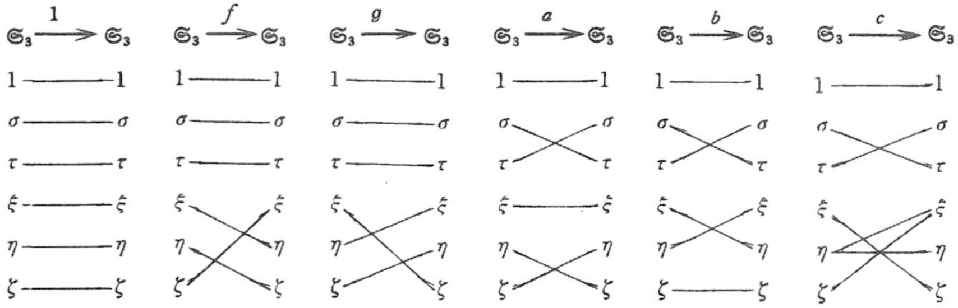

$\rightarrow\mathfrak{S}_3$ をつぎのように定義すると，$\varphi$が同型写像になっている(乗積表を書くなどして確かめて下さい)．よって $Aut(\mathfrak{S}_3)\cong\mathfrak{S}_3$ である．

$$Aut(\mathfrak{S}_3)\xrightarrow{\ \varphi\ }\mathfrak{S}_3$$

| $Aut(\mathfrak{S}_3)$ | $\mathfrak{S}_3$ |
|---|---|
| $1$ | $1$ |
| $f$ | $\sigma$ |
| $g$ | $\tau$ |
| $a$ | $\xi$ |
| $b$ | $\eta$ |
| $c$ | $\zeta$ |

**例 189**　4次の2面体群 $D_4$ の自己同型群 $Aut(D_4)$ は自分自身に同型である：

$$Aut(D_4) \cong D_4$$

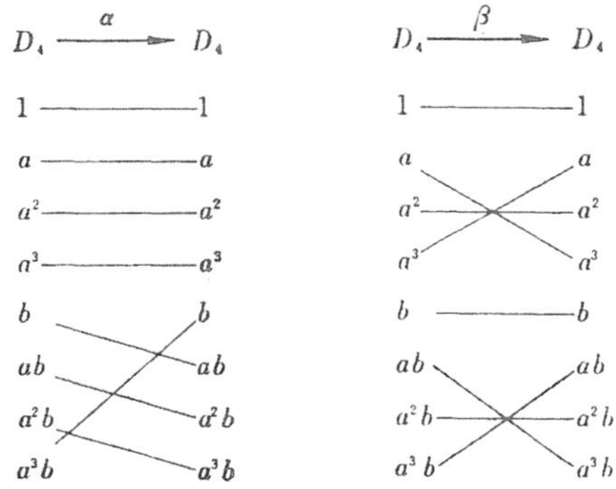


実際，下の写像は $D_4$ の自己同型写像であって（確かめて下さい），それぞれの位数は4，2である．さらに同型写像は元の位数を変えないことなどに注意すると，$D_4$ の自己同型写像は

$$1,\quad \alpha,\quad \alpha^2,\quad \alpha^3,\quad \beta,\quad \alpha\beta,\quad \alpha^2\beta,\quad \alpha^3\beta$$

の8個であることが(実際に逐一吟味していくと)わかる．すると，写像 $f: Aut(D_4) \to D_4$

$$f(\alpha^i) = a^i, \qquad f(\alpha^i\beta) = a^ib$$

が同型写像であることをみることは容易である．よって $Aut(D_4) \cong D_4$ である．

## (2)　内部自己同型群

群 $G$ の自己同型写像 $f: G \to G$（すなわち $f \in Aut(G)$ のこと）のうちで，つぎの形のものを内部自己同型写像といい，その性質は比較的よくわかっている．

**定義**　$G$ を群とする．元 $a \in G$ に対し，写像

$$f_a: G \to G, \qquad f_a(x) = axa^{-1}$$

は $G$ の自己同型写像になる．実際，$f_a: G \to G$ は全単射であって

$$f_a(xy) = a(xy)a^{-1} = (axa^{-1})(aya^{-1}) = f_a(x)f_a(y)$$

となるからである．この $f_a$ を，元 $a \in G$ より誘導された**内部自己同型写像**という．$G$ の内部自己同型写像 $f_a$ の全体の集合

$$Inn(G) = \{f_a \mid a \in G\}$$

は群（$Aut(G)$ の部分群）をつくる．（この証明は容易であるが，つぎの命題の証明の途中に示されているので，ここでは省略する）．この群 $Inn(G)$ を $G$ の**内部自己同型群**という．

**定理 190** 群$G$の内部自己同型群 $Inn(G)$ は，群$G$の中心 $C(G)$ による剰余群に同型である：

$$Inn(G) \cong G/C(G)$$

特に，$G$が可換群ならば $Inn(G)=1$ である．

**証明** 群$G$から $Aut(G)$ への写像 $f: G \to Aut(G)$

$$f(a)=f_a, \qquad f_a(x)=axa^{-1} \quad x \in G$$

は準同型写像である．実際，

$$f_{ab}(x)=(ab)x(ab)^{-1}=a(bxb^{-1})a^{-1}=f_a(f_b(x))$$

より $f(ab)=f_{ab}=f_af_b=f(a)f(b)$となるからである．明らかに$f$の像が $Inn(G)$ である．(このことから $Inn(G)$ が群であることがわかる(命題90))．$f$の核は$G$の中心 $C(G)$ である：$\mathrm{Ker}\, f=C(G)$．実際，$c \in \mathrm{Ker}\, f$ とすると，$f_c=1$，すなわち，すべての $x \in G$ に対して $f_c(x)=x$，$cxc^{-1}=x$ より $cx=xc$ がなりたつので $c \in C(G)$ である．よって $\mathrm{Ker}\, f \subset C(G)$ である．逆の包含関係は上記の計算を逆にたどるとよい．さて，全射準同型写像 $f: G \to Inn(G)$ に準同型定理を用いると，群の同型

$$G/C(G)=G/\mathrm{Ker}\, f \cong Inn(G)$$

を得る．

**定理 191** 対称群 $\mathfrak{S}_n$ $(n \geqq 3)$ の内部自己同型群 $Inn(\mathfrak{S}_n)$ は自分自身に同型である：

$$Inn(\mathfrak{S}_n) \cong \mathfrak{S}_n \qquad (n \geqq 3)$$

なお，$n=2$ のとき $\mathfrak{S}_2$ は可換群であるから

$$Inn(\mathfrak{S}_2)=1$$

である．

**証明** $n \geqq 3$ ならば，$\mathfrak{S}_3$ の中心は $C(\mathfrak{S}_3)=1$ である(定理64)から，定理190より

$$Inn(\mathfrak{S}_n) \cong \mathfrak{S}_n/C(\mathfrak{S}_n)=\mathfrak{S}_n$$

である．∎

**例 192** 定理191の同型 $Inn(\mathfrak{S}_n) \cong \mathfrak{S}_n$ を $n=3$ のときに実際に書いてみよう．記号は例188のをそのまま用いる．(なお，$Aut(\mathfrak{S}_3) \cong \mathfrak{S}_3$ であったから $Aut(\mathfrak{S}_3)=Inn(\mathfrak{S}_3)$ になっている)．

$f_\sigma(1)=\sigma 1 \sigma^{-1}=1$，$f_\sigma(\sigma)=\sigma\sigma\sigma^{-1}=\sigma$，$f_\sigma(\tau)=\sigma\tau\sigma^{-1}=\sigma\tau\tau=\sigma\sigma=\tau$，

$f_\sigma(\xi)=\sigma\xi\sigma^{-1}=\sigma\xi\tau=\eta\tau=\zeta$，$f_\sigma(\eta)=\sigma\eta\sigma^{-1}=\sigma\eta\tau=\zeta\tau=\xi$，$f_\sigma(\zeta)=\sigma\zeta\sigma^{-1}=\sigma\zeta\tau=\xi\tau=\eta$

であるから，$f_\sigma=g$ である．同様な計算を各元について行なうと

$$f_1=1, \quad f_\sigma=g, \quad f_\tau=f, \quad f_\xi=a, \quad f_\eta=b, \quad f_\zeta=c$$

となっている．

**命題 193** $G$を群とする．$G$の内部自己同型群 $Inn(G)$ は$G$の自己同型群 $Aut(G)$ の正規部分群である．

**証明** $Inn(G)$ が $Aut(G)$ の部分群であることは既に(命題190の証明の中で)示した．つぎに $g\in Aut(G)$，$f_a\in Inn(G)$ $(a\in G)$ に対して

$$gf_ag^{-1}(x)=g(ag^{-1}(x)a^{-1})=g(a)g(g^{-1}(x))g(a^{-1})=g(a)xg(a)^{-1}=f_{g(a)}(x) \qquad x\in G$$

より

$$gf_ag^{-1}=f_{g(a)} \qquad (g(a)\in G)$$

となるから，$Inn(G)$ は $Aut(G)$ の正規部分群である．∎

**定義** $G$を群とする．$G$の内部自己同型写像でない$G$の自己同型写像 $f: G\to G$ ($f\in Aut(G)$, $f\notin Inn(G)$ のこと) を$G$の**外部自己同型写像**という．また，剰余群

$$Aut(G)/Inn(G)$$

を$G$の**外部自己同型群**という．($Aut(G)/Inn(G)$ の元のことを$G$の外部自己同型写像ということもある)．

$G$が可換群ならば，$Inn(G)=1$ であるから，$G$の自己同型写像 $f: G\to G$ (ただし$f\neq 1$) はすべて$G$の外部自己同型写像である．

### (3) 巡回群の自己同型群

与えられた群 $G$ の自己同型群 $Aut(G)$ を決定することが容易でないことは前にも少し触れたが，最も簡単な群であると思われる巡回群については，$Aut(G)$の構造は完全に決定されている．これについて述べよう．以下，群は加群であるとする．すなわち，群の算法を和の記号で書いている．したがって，$G$の自己同型写像 $\alpha: G\to G$ とは

$$\alpha(x+y)=\alpha(x)+\alpha(y) \qquad x, y\in G$$

をみたす全単射のことである．

**定理 194** 整数加群 $\mathbb{Z}$ の自己同型群 $Aut(\mathbb{Z})$ は位数 2 の巡回群である：

$$Aut(\mathbb{Z})\cong Z_2$$

**証明** 自己同型写像は生成元を生成元に移すが，加群 $\mathbb{Z}$ の生成元は $1, -1$ のいずれかであることから，$\mathbb{Z}$ の自己同型写像 $\alpha: \mathbb{Z}\to\mathbb{Z}$ は $\alpha(1)=1$ か $\alpha(1)=-1$ をみたさなければならない．よって，$\mathbb{Z}$ の自己同型写像は

$$1: \mathbb{Z}\to\mathbb{Z}, \quad 1(k)=k \qquad \alpha: \mathbb{Z}\to\mathbb{Z}, \quad \alpha(k)=-k$$

の2つに限る．この$\alpha$は明らかに$\alpha^2=1$をみたすから，$Aut(\boldsymbol{Z})$は群$Z_2=\{1,-1\}$と同型である．

つぎに，次数が有限である巡回群$\boldsymbol{Z}_n$の自己同型群$Aut(\boldsymbol{Z}_n)$を決定するのであるが，その前に，これから述べる話の理解を助けるために，つぎの2つの例をあげておく．

**例195** 加群$\boldsymbol{Z}_5=\{0,1,2,3,4\}$の自己同型群$Aut(\boldsymbol{Z}_5)$は位数4の巡回群である：

$$Aut(\boldsymbol{Z}_5)\cong Z_4$$

実際，5が素数であるから，1,2,3,4の各元がそれぞれ加群$\boldsymbol{Z}_5$の生成元になり得ることに注意すると，$\boldsymbol{Z}_5$の自己同型写像はつぎの4つに限ることがわかる．

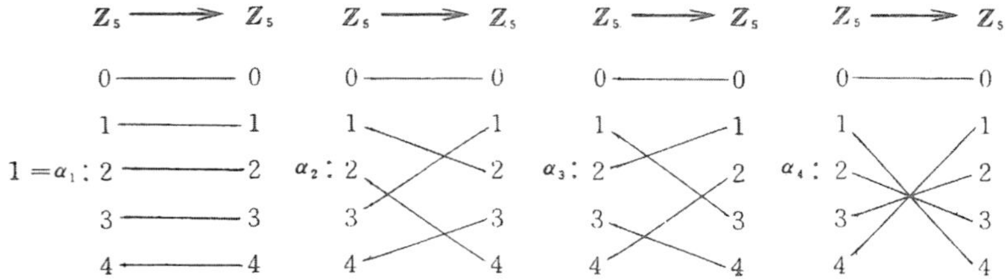


写像$\alpha_k$の添数$k$は1の行き先$k$を示している．さて，$\alpha_2$の$Aut(\boldsymbol{Z}_4)$における位数は4である：

$$\alpha_2{}^2=\alpha_4,\quad \alpha_2{}^3=\alpha_3,\quad \alpha_2{}^4=\alpha_1=1$$

このことは，たとえば$\alpha_2{}^2=\alpha_4$は

$$\alpha_2{}^2(1)=\alpha_2(\alpha_2(1))=\alpha_2(2)=2\alpha_2(1)=2\cdot 2=4=\alpha_4(1)$$

よりわかる．なお，この計算は$\alpha$を省略し，

$$2^2\equiv 4,\quad 2^3=8\equiv 3,\quad 2^4\equiv 1 \pmod 5$$

のように求めるとよい．話をもとにもどそう．$Aut(\boldsymbol{Z}_5)$は位数4の群であるが，$\alpha_2$の位数が4であったから，$Aut(\boldsymbol{Z}_5)$は$\alpha_2$を生成元にもつ巡回群である：$Aut(\boldsymbol{Z}_5)=\langle\alpha_2\rangle\cong Z_4$．写像$\alpha_3$の位数も4であるから，$\alpha_3$も$Aut(\boldsymbol{Z}_5)$の生成元になり得る．（$\alpha_4$の位数は2であるから，$\alpha_4$は$Aut(\boldsymbol{Z}_5)$の生成元になり得ない）．

**例196** 加群$\boldsymbol{Z}_8=\{0,1,2,3,4,5,6,7\}$の自己同型群$Aut(\boldsymbol{Z}_8)$は直積群$Z_2\times Z_2$に同型である：

$$Aut(\boldsymbol{Z}_8)\cong Z_2\times Z_2$$

実際，加群$\boldsymbol{Z}_8$の生成元は1,3,5,7であることに注意すると，$\boldsymbol{Z}_8$の自己同型写像はつぎの4つに限ることがわかる．

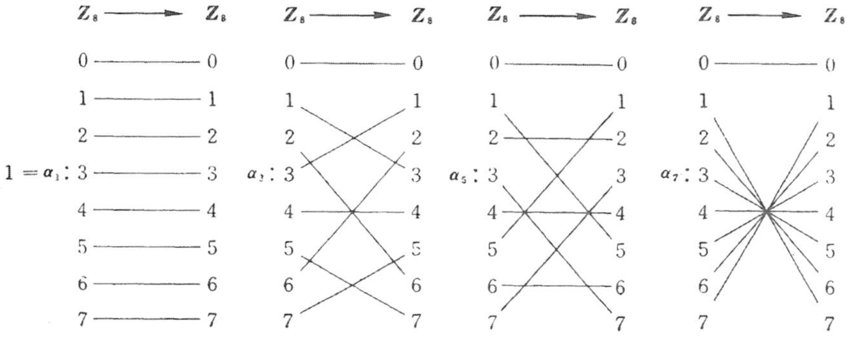


写像 $\alpha_1, \alpha_3, \alpha_5, \alpha_7$ の間には

$$\alpha_3{}^2=1, \quad \alpha_5{}^2=1, \quad \alpha_5\alpha_3=\alpha_7$$

の関係がなりたつので，$Aut(\boldsymbol{Z}_8)$ は群 $\langle\alpha_3\rangle\times\langle\alpha_5\rangle\cong Z_2\times Z_2$ に同型である．

巡回加群 $\boldsymbol{Z}_n$ の自己同型群 $Aut(\boldsymbol{Z}_n)$ を決定するには，つぎの 2 つの定理が基本的である．

**定理 197** 巡回加群 $\boldsymbol{Z}_n$ の自己同型群 $Aut(\boldsymbol{Z}_n)$ は $n$ を法とする既約剰余群 $\boldsymbol{Z}_n{}^*$ (例32) に同型である：

$$Aut(\boldsymbol{Z}_n)\cong\boldsymbol{Z}_n{}^*$$

**証明** $n$ と互いに素な整数 $a$, $1\leqq a<n$ はそれぞれ加群 $\boldsymbol{Z}_n$ の生成元であるから，$\boldsymbol{Z}_n{}^*$ は加群 $\boldsymbol{Z}_n$ の生成元全体からなりたっている．さて，加群 $\boldsymbol{Z}_n$ の自己同型写像 $\alpha: \boldsymbol{Z}_n\to\boldsymbol{Z}_n$ は $\boldsymbol{Z}_n$ の生成元 1 を $\boldsymbol{Z}_n$ の生成元に移すから，$\alpha(1)\in\boldsymbol{Z}_n{}^*$ になる．したがって，写像

$$f: Aut(\boldsymbol{Z}_n)\to\boldsymbol{Z}_n{}^*, \quad f(\alpha)=\alpha(1)$$

が定義できる．この $f$ は準同型写像である．実際，$\alpha, \beta\in Aut(\boldsymbol{Z}_n)$ に対して ($\alpha(1)=a$, $\beta(1)=b$ とおいた)

$$f(\alpha\beta)=(\alpha\beta)(1)=\alpha(\beta(1))=\alpha(b)=b\alpha(1)=ba=ab=\alpha(1)\beta(1)=f(\alpha)f(\beta)$$

となるからである．つぎに $f$ が全単射であることを示そう．元 $a\in\boldsymbol{Z}_n{}^*$ に対して，写像

$$\alpha=\alpha_a: \boldsymbol{Z}_n\to\boldsymbol{Z}_n, \quad \alpha(k)=ka$$

をつくると，$a$ が $\boldsymbol{Z}_n$ の生成元であることから，$\alpha$ は $\boldsymbol{Z}_n$ の自己同型写像になる．よって写像

$$g: \boldsymbol{Z}_n{}^*\to Aut(\boldsymbol{Z}_n), \quad g(a)=\alpha_a$$

が定義できる．このとき明らかに $gf=1$, $fg=1$ がなりたっている．よって $f$ は全単射である．以上で，$f$ が同型写像であることがわかり，定理が証明された．

**定理 198** $m, n$ を互いに素な自然数とするとき，群 $\boldsymbol{Z}_{mn}{}^*$ は直積群 $\boldsymbol{Z}_m{}^* \times \boldsymbol{Z}_n{}^*$ に同型である：

$$\boldsymbol{Z}_{mn}{}^* \cong \boldsymbol{Z}_m{}^* \times \boldsymbol{Z}_n{}^*$$

**証明** $a \in \boldsymbol{Z}_{mn}{}^*$ に対して

$$b \equiv a \pmod{m}, \quad 1 \leqq b < m$$
$$c \equiv a \pmod{n}, \quad 1 \leqq c < n$$

とおく．$a$ は $mn$ と互いに素な整数であり，$m$ と $n$ は互に素であるから，$b, c$ はそれぞれ $m, n$ に互いに素の整数である．したがって写像

$$f: \boldsymbol{Z}_{mn}{}^* \to \boldsymbol{Z}_m{}^* \times \boldsymbol{Z}_n{}^*, \quad f(a) = (b, c)$$

が定義できる．$f$ が準同型写像であることは容易にわかる．$f$ は単射である．実際，$a \in \boldsymbol{Z}_{mn}{}^*$ が $f(a) = (1, 1)$ とする．これは $a-1$ が $m, n$ で割り切れることを意味するが，$m$ と $n$ が互いに素であるから，$a-1$ は $mn$ で割り切れる．しかるに $a$ は $1 \leqq a < mn$ の整数であるから $a-1=0$, $a=1$ となる．よって $f$ は単射である．群 $\boldsymbol{Z}_{mn}{}^*$ の位数は Euler の関数 $\varphi(mn)$ であり，一方，群 $\boldsymbol{Z}_m{}^* \times \boldsymbol{Z}_n{}^*$ の位数は $\varphi(m) \times \varphi(n)$ である．Euler 関数 $\varphi(mn)$ は，$m$ と $n$ が互いに素であるならば，$\varphi(m) \times \varphi(n)$ に等しい（これは $\varphi(n) = n\left(1-\dfrac{1}{p}\right)\left(1-\dfrac{1}{q}\right)\cdots\left(1-\dfrac{1}{r}\right)$, $n = p^u q^v \cdots r^w$ ($p, q, \cdots r$ は素数) よりわかる）から，$\boldsymbol{Z}_{mn}{}^*$ と $\boldsymbol{Z}_m{}^* \times \boldsymbol{Z}_n{}^*$ の位数は等しい．したがって単射 $f: \boldsymbol{Z}_{mn}{}^* \to \boldsymbol{Z}_m{}^* \times \boldsymbol{Z}_n{}^*$ は全射である．よって $f$ は同型写像であり，定理が証明された．∎

$m, n$ が互いに素であれば，加群 $\boldsymbol{Z}_{mn}$ は直和加群 $\boldsymbol{Z}_m \oplus \boldsymbol{Z}_n$ に同型である（加群の定理 102）から，定理 197, 198 からつぎの定理を得る．

**定理 199** $m, n$ が互いに素な自然数であるとき，加群 $\boldsymbol{Z}_m \oplus \boldsymbol{Z}_n$ の自己同型群 $Aut(\boldsymbol{Z}_m \oplus \boldsymbol{Z}_n)$ は加群 $\boldsymbol{Z}_m, \boldsymbol{Z}_n$ の自己同型群 $Aut(\boldsymbol{Z}_m)$, $Aut(\boldsymbol{Z}_n)$ の直積群に同型である：

$$Aut(\boldsymbol{Z}_m \oplus \boldsymbol{Z}_n) \cong Aut(\boldsymbol{Z}_m) \times Aut(\boldsymbol{Z}_n)$$

**証明** $Aut(\boldsymbol{Z}_m \oplus \boldsymbol{Z}_n) \cong Aut(\boldsymbol{Z}_{mn}) \cong \boldsymbol{Z}_{mn}{}^* \cong \boldsymbol{Z}_m{}^* \times \boldsymbol{Z}_n{}^* \cong Aut(\boldsymbol{Z}_m) \times Aut(\boldsymbol{Z}_n)$ ∎

上記の 2 つの定理 197, 198 より，自己同型群 $Aut(\boldsymbol{Z}_n)$ を決定するには，$n$ が素数巾 $p^r$ であるときに $\boldsymbol{Z}_{p^r}{}^*$ の群構造を決定すればよいことになった．群構造を決定するとは，$\boldsymbol{Z}_{p^r}{}^*$ は有限な可換群であるから「Abel 群の基本定理」より巡回群の直積に分解されるが，その直積成分にどのような巡回群が現われるかを調べることである．まず $r=1$ のときを決定しよう．

**定理 200 と定義** $p$ が素数であるとき，群 $\boldsymbol{Z}_p{}^*$ は位数 $p-1$ の巡回群である：

$$\boldsymbol{Z}_p{}^* \cong Z_{p-1}$$

群 $\boldsymbol{Z}_p{}^*$ の生成元 $a$ を素数 $p$ の**原始根**という．すなわち，$a$ が $p$ の原始根であるとは，位

数が $p-1$ の $\boldsymbol{Z}_p{}^*$ の元のことである.

**証明** $p$ が素数であるから, $\boldsymbol{Z}_p=\boldsymbol{Z}_p{}^*\cup\{0\}$ は加減乗除の4則が自由にできる集合, すなわち可換体になっている. $\boldsymbol{Z}_p$ は可換体であるから, 未知数 $x$ の方程式

$$x^m=1$$

の解は高々 $m$ 個であることに注意しよう. さて, 元 $a\in\boldsymbol{Z}_p{}^*$ をとり, $a$ の位数が $m$ であるとする. このとき, $m$ 個の元

$$1,\ a,\ a^2,\ \cdots,\ a^{m-1} \qquad \text{(i)}$$

はすべて異なっており, いずれも $m$ 乗すると1となる. すなわち(i)の各元は方程式 $x^m=1$ をみたしているが, $x^m=1$ の解は $m$ 個以下であるから, 結局 $x^m=1$ をみたす $\boldsymbol{Z}_p{}^*$ の元は(i)の $m$ 個以外にないことがわかった. $a$ の位数 $m$ が $p-1$ ならば $a$ が原始根であるから定理は既になりたっている. したがって $m<p-1$ であるとする. このとき $\boldsymbol{Z}_p{}^*$ の中に位数が $m$ より大きい元が存在することを示そう. $m<p-1$ であるから, (i)のどの元とも異なる元 $b\in\boldsymbol{Z}_p{}^*$ が存在する. $b$ の位数を $n$ とする.

(1) $m$ と $n$ が互いに素であるとき, $ab$ の位数は $mn$ である($mn>m$). 実際, $(ab)^{mn}=(a^m)^n(b^n)^m=1$ である. 逆に $(ab)^k=1$ とすると, $1=(ab)^{km}=a^{km}b^{km}=b^{km}$ である. よって $mk$ は $b$ の位数 $n$ で割り切れる(命題13). しかるに $m$ と $n$ は互いに素であるから, $k$ は $n$ で割り切れる. 同様に $k$ は $m$ で割り切れるので, $k$ は $mn$ の倍数である. よって $ab$ の位数は $mn$ である.

(2) $m, n$ の最大公約数 $d$ が $d>1$ のとき, $m, n$ の最小公倍数 $l$ を

$$l=\frac{mn}{d}=m'n' \qquad \begin{array}{l} m' \text{ は } m \text{ の約数} \\ n' \text{ は } n \text{ の約数} \\ m', n' \text{ は互いに素} \end{array}$$

となるように分解する(これが可能であることを確かめて下さい). このとき $a^{m/m'}$ の位数は $m'$, $a^{n/n'}$ の位数は $n'$ であるから, (1)の結果より $a^{m/m'}b^{n/n'}$ の位数は $m'n'=l$ である. この $l$ は $l>m$ である. 実際, $n$ は $m$ の約数でない. それは, もし $n$ が $m$ の約数ならば $b^m=1$ となるが, これは $b$ の選び方に反するからである. よって $m, n$ の最小公倍数は $m$ より大きくなる.

このようにして, $a$ の位数 $m$ が $m<p-1$ ならば, $m$ より大きい位数をもつ元をつくることができた. この操作を繰り返すと位数 $p-1$ の元を見出すことができる. ▍

**例 201** $\boldsymbol{Z}_2{}^*=1$

$\boldsymbol{Z}_3{}^*\cong Z_2$ の原始根は2である.

$\boldsymbol{Z}_5{}^*\cong Z_4$ の原始根は2, 3である.

$\boldsymbol{Z}_7{}^*\cong Z_6$ の原始根は3, 5である.

$$\mathbb{Z}_{11}^* \cong Z_{10}$$ の原始根は 2, 6, 7, 8 である．

$$\mathbb{Z}_{13}^* \cong Z_{12}$$ の原始根は 2, 6, 7, 11 である．

以下，50までの素数に対して原始根を1つずつあげておこう．

$$\mathbb{Z}_{17}^* \ni 3,\quad \mathbb{Z}_{19}^* \ni 2,\quad \mathbb{Z}_{23}^* \ni 5,\quad \mathbb{Z}_{29}^* \ni 2,\quad \mathbb{Z}_{31}^* \ni 3,\quad \mathbb{Z}_{37}^* \ni 2,\quad \mathbb{Z}_{41}^* \ni 6,$$
$$\mathbb{Z}_{43}^* \ni 3,\quad \mathbb{Z}_{47}^* \ni 5$$

**定理 202** 群 $\mathbb{Z}_{2^r}^*$ $(r \geqq 3)$ は直積群 $Z_2 \times Z_{2^{r-2}}$ に同型である：

$$\mathbb{Z}_{2^r}^* \cong Z_2 \times Z_{2^{r-2}}$$

($r=2$ のとき $\mathbb{Z}_4^* \cong \mathbb{Z}_2$ である)．

この定理を証明するためにつぎの補題を用意しておく．

**補題 203** $k \geqq 2$ なる整数 $k$ に対して

$$5^{2^{k-2}} = 1 + l_k 2^k \qquad l_k \text{ は奇数}$$

がなりたつ．

**証明** $k$ に関する帰納法で証明する．$k=2$ のとき $5 = 1 + 1 \cdot 2^2$ であるから $l_2 = 1$ とするとよい．$5^{2^{k-2}} = 1 + l_k 2^k$, $l_k$ は奇数，がなりたつと仮定すると

$$\begin{aligned} 5^{2^{k-1}} &= (5^{2^{k-2}})^2 = (1 + l_k 2^k)^2 \\ &= 1 + 2 l_k 2^k + l_k^2 2^{2k} \\ &= 1 + (l_k + l_k^2 2^{k-1}) 2^{k+1} \end{aligned}$$

となるので，$l_{k+1} = l_k + l_k^2 2^{k-1}$ とおくとよい．‖

**定理 202 の証明** 補題 203 を用いると，群 $\mathbb{Z}_{2^r}^*$ $(r \geqq 3)$ において

$$5^{2^{r-2}} = 1 + l_r 2^r = 1$$
$$5^{2^k} \neq 1 \qquad\qquad 1 \leqq k < r-2$$

がなりたつことがわかる．すなわち，5 の位数は $2^{r-2}$ である．一方，$-1 = 2^r - 1$ の位数は 2 である：$(-1)^2 = 1$．さて，$-1, 5$ より生成される $\mathbb{Z}_{2^r}^*$ の部分群をそれぞれ $H, K$ とする．このとき $H \cap K = 1$ である．実際，$H \cap K \ni a \neq 1$ ならば

$$a = 5^k \equiv -1 \pmod{2^r}$$

となっている．すると，$5^k + 1$ は $2^r$ で割り切れるので当然 4 で割り切れるが，これはあり得ない．($5^k + 1 \equiv 1 + 1 = 2 \not\equiv 0 \pmod 4$)．よって $HK (\cong H \times K)$ は位数 $2 \times 2^{r-2} = 2^{r-1}$ の部分群になる．しかるに，群 $\mathbb{Z}_{2^r}^*$ の位数も $\varphi(2^r) = 2^{r-1}$ であるから，$\mathbb{Z}_{2^r}^*$ は $HK$ に一致する．よって

$$\mathbb{Z}_{2^r}^* = HK \cong H \times K = \langle -1 \rangle \times \langle 5 \rangle \cong Z_2 \times Z_{2^{r-2}}$$

となる．(なお $Z_4^* \cong Z_2$ は明らかである)．

**定理 204** $p$ を 2 と異なる素数とするとき，群 $\mathbb{Z}_{p^r}^*$ は位数 $(p-1)p^{r-1}$ の巡回群に同

型である：

$$\mathbb{Z}_{p^r}{}^* \cong Z_{(p-1)p^{r-1}}$$

この定理を証明するためにつぎの補題を用意しておく．

**補題 205**　$k \geqq 2$ なる整数 $k$ に対して

$$(1+p)^{(p-1)p^{k-2}} = 1 + l_k p^{k-1} \qquad l_k \text{ は } p \text{ と素}$$

がなりたつ．

**証明**　$k$ に関する帰納法で証明する．$k=2$ のとき $(1+p)^{(p-1)}$ を 2 項定理で展開すると

$$(1+p)^{(p-1)} = 1 + (p-1)p + \binom{p-1}{2}p^2 + \cdots + p^{p-1}$$

$$= 1 + (-1 + p(1 + \binom{p-1}{2} + \cdots + p^{p-3}))p$$

となるから，　$l_2 = -1 + p(1 + \binom{p-1}{2} + \cdots + p^{p-3})$　とおくとよい．　$(1+p)^{(p-1)p^{k-2}} = 1 + l_k p^{k-1}$，$l_k$ は $p$ と素，がなりたつと仮定すると

$$(1+p)^{(p-1)p^{k-1}} = ((1+p)^{(p-1)p^{k-2}})^p$$

$$= (1 + l_k p^{k-1})^p$$

$$= 1 + p l_k p^{k-1} + \binom{p}{2}(l_k p^{k-1})^2 + \cdots + (l_k p^{k-1})^p$$

$$= 1 + (l_k + \binom{p}{2} l_k{}^2 p^{k-2} + \cdots + l_k{}^p p^{(k-1)p-k}) p^k$$

となるので，　$l_{k+1} = l_k + \binom{p}{2} l_k{}^2 p^{k-2} + \cdots + l_k{}^p p^{(k-1)p-k}$　とおくとよい．

**定理 204 の証明**　群 $\mathbb{Z}_{p^r}{}^*$ の位数は $\varphi(p^r) = p^r\left(1 - \frac{1}{p}\right) = (p-1)p^{r-1}$ であることに注意しよう．さて，$a$ を $p$ の原始根とする．$a$ を $\mathbb{Z}_{p^r}{}^*$ の元とみるとき，その位数 $m$ は群 $\mathbb{Z}_{p^r}{}^*$ の位数 $(p-1)p^{r-1}$ の約数である(定理 115)が，$a$ が $p$ の原始根であることから，$a$ の位数 $m$ は $p-1$ の倍数でなければならない．したがって $m$ は

$$m = (p-1)p^s \qquad 1 \leqq s \leqq r-1$$

の形をしている．$m = (p-1)p^{r-1}$ ならば既に定理は証明されている．$m < (p-1)p^{r-1}$ ならば，元 $a(1+p)$ の位数はちょうど $(p-1)p^{r-1}$ となっている．実際，$a(1+p) \equiv a \pmod{p}$ であるから，$a(1+p)$ の位数は $p-1$ の倍数であることがわかる．$m < (p-1)p^{r-1}$ であるから $a^{(p-1)p^{r-2}} = 1$ となるので，これと補題 205 から

$$(a(1+p))^{(p-1)p^{r-2}} = (1+p)^{(p-1)p^{r-2}} = 1 + l_r p^{r-1} \neq 1$$

となる．よって $a(1+p)$ の位数は $(p-1)p^{r-1}$ である．これで定理が証明された．

以上で，巡回加群 $\boldsymbol{Z}_n$ の自己同型群 $Aut(\boldsymbol{Z}_n)$ はすべて決定された． 念のため $n=2$ から $n=25$ までの自己同型群 $Aut(\boldsymbol{Z}_n)$ を列記しておこう．

**例 206** $Aut(\boldsymbol{Z}_2)=1$， $Aut(\boldsymbol{Z}_3)\cong Z_2$， $Aut(\boldsymbol{Z}_4)\cong Z_2$， $Aut(\boldsymbol{Z}_5)\cong Z_4$，
$Aut(\boldsymbol{Z}_6)\cong Z_2$， $Aut(\boldsymbol{Z}_7)\cong Z_6$， $Aut(\boldsymbol{Z}_8)\cong Z_2\times Z_2$， $Aut(\boldsymbol{Z}_9)\cong Z_6$，
$Aut(\boldsymbol{Z}_{10})\cong Z_4$， $Aut(\boldsymbol{Z}_{11})\cong Z_{10}$， $Aut(\boldsymbol{Z}_{12})\cong Z_2\times Z_2$， $Aut(\boldsymbol{Z}_{13})\cong Z_{12}$，
$Aut(\boldsymbol{Z}_{14})\cong Z_6$， $Aut(\boldsymbol{Z}_{15})\cong Z_2\times Z_4$， $Aut(\boldsymbol{Z}_{16})\cong Z_2\times Z_4$， $Aut(\boldsymbol{Z}_{17})\cong Z_{16}$，
$Aut(\boldsymbol{Z}_{18})\cong Z_6$， $Aut(\boldsymbol{Z}_{19})\cong Z_{18}$， $Aut(\boldsymbol{Z}_{20})\cong Z_2\times Z_4$， $Aut(\boldsymbol{Z}_{21})\cong Z_2\times Z_6$，
$Aut(\boldsymbol{Z}_{22})\cong Z_{10}$， $Aut(\boldsymbol{Z}_{23})\cong Z_{22}$， $Aut(\boldsymbol{Z}_{24})\cong Z_2\times Z_2\times Z_2$， $Aut(\boldsymbol{Z}_{25})\cong Z_{20}$

## 13 Sylow 群と群の表現

前節までで群論の代数的な一般論を一応終えたいと思うが，群論でどうしても欠かせないものに Sylow 群や群の表現論がある．これらについて(申し訳程度であるが)触れておこう．

### (1) Sylow 群

群 $G$ の部分群の位数は $G$ の位数の約数である（定理114)が，逆に$G$の位数 $g$ の約数 $h$ に対し，$h$を位数にもつ部分群が存在するとは限らない．しかしつぎの定理がなりたつ．

**定理 207 (Sylow) と定義** $G$を有限群とする．$p$を素数とし，$G$の位数 $g$ を

$$g=p^r g' \qquad p \text{ と } g' \text{ は互いに素}$$

と分解すると，$p^r$ を位数にもつ $G$ の部分群 $P$ が存在する．このような位数 $p^r$ の部分群を$G$の **$p$-Sylow 群**という．

**定理 208 (Sylow)** 有限群 $G$ の 2 つの $p$-Sylow 群 $P, P'$ は互いに共役である．すなわち，ある元 $a\in G$ が存在して

$$P'=aPa^{-1}$$

となる．(したがって，$G$ がただ 1 つの $p$-Sylow 群 $P$ をもつならば，$P$ は$G$の正規部分群である)．

**定理 209 (Sylow)** 有限群$G$の異なる $p$-Sylow 群の個数 $m$ は，$m$ を $p$ で割ると 1 余る：

$$m\equiv 1 \pmod p$$

これらの Sylow の定理の証明は（別に難しいというわけではないが）すべて省略した．有限群$G$の性質を調べるには，その $p$-Sylow 群の状態がわかると（それがわからないこ

との方が多いが）都合よいことが意外と多いようである．

### (2) 群の表現

群$G$を調べるのに，群$G$自身やその部分群などの内部構造に注目するのもよいが，群$G$を比較的よく性質のわかった他の群$G'$と比較して考察するのもよく用いられる方法である．この比較対象される群として対称群$\mathfrak{S}_n$や一般線型群$GL(n, \boldsymbol{R})$, $GL(n, \boldsymbol{C})$がよく用いられるが，特によく用いられるのが複素一般線型群$GL(n, \boldsymbol{C})$である．

**定義**　$G$を群とする．準同型写像

$$A : G \to GL(n, \boldsymbol{C})$$

を$G$の$n$次の**複素表現**という．

群$G$を与えて，その表現をすべて求めようとするのが群の表現論である．この表現論は非常に興味ある分野であるが，ここで述べることは到底できない量と内容をもっているので残念ながら省略せざるを得ない．

# 付録

## 多様体上の積 Lie 群

## 1 Lie 群の定義

Lie 群とは多様体の構造と群の構造を併せもつ集合のことである．その Lie 群の定義を与えることから話を始めよう．

**定義** 集合$G$が **Lie 群**であることは，$G$がつぎの3つの条件をみたすことである．

(1) $G$は可微分多様体である．

(2) $G$は群である．

(3) 写像 $\mu: G\times G\to G$, $\mu(x, y)=xy$ および写像 $\nu: G\to G$, $\nu(x)=x^{-1}$ はともに微分可能である．

この定義によって規定される Lie 群を，どのような方法で調べるのか，またどのようにして分類するのかを，簡単な例を用いてやさしくお話ししようとするのがこの小論の目的である．そのために，多様体と群のもつ特徴等を直感に訴えながら説明することにしよう．

## 2 多様体の例

**多様体**とは「滑らかな図形」のことである．多様体の定義を与える前に，つぎのいくつかの例によって多様体の感じをつかんでいただこう．

**例 1**

1点$p$

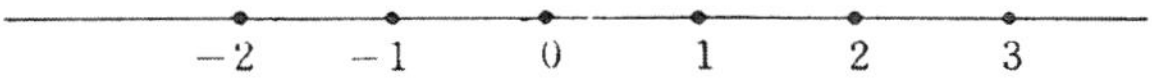


整数全体の集合$\boldsymbol{Z}$

直線$\boldsymbol{R}$

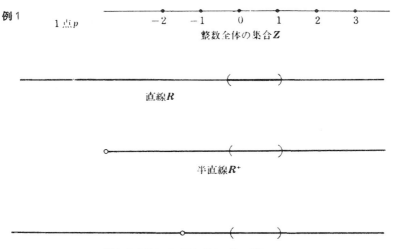

半直線$\boldsymbol{R}^+$

原点0を除いた直線 $\boldsymbol{R}^*=\boldsymbol{R}-\{0\}$

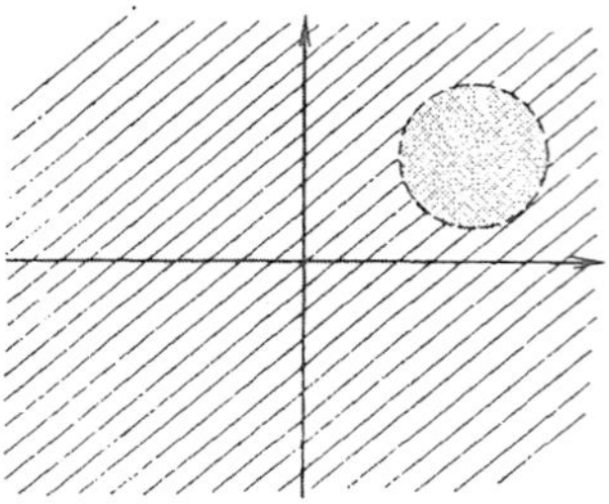

全平面 $\boldsymbol{R}^2$

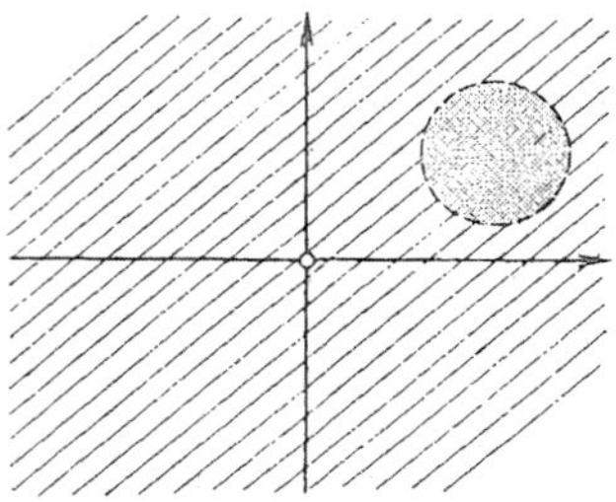

原点 0 を除いた平面 $\boldsymbol{R}^2-\{0\}$

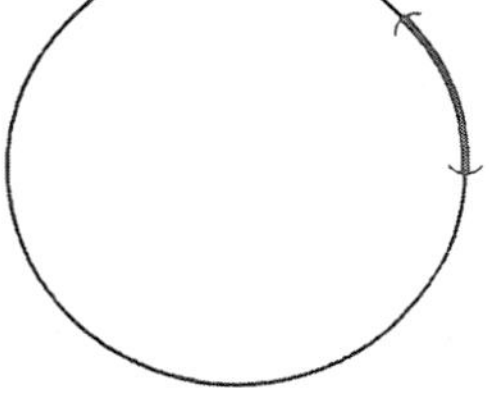

円 $S^1$

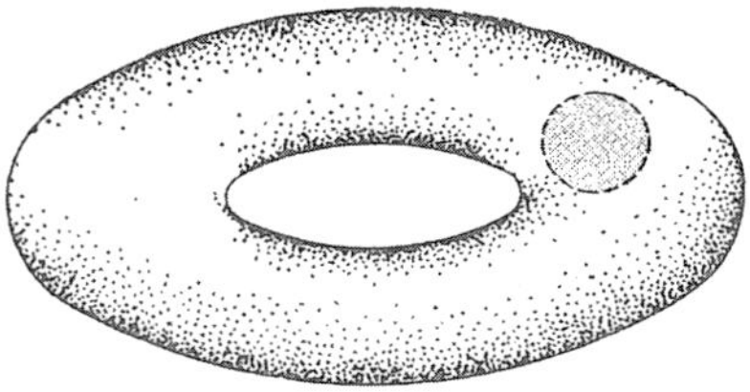

トーラス $T$

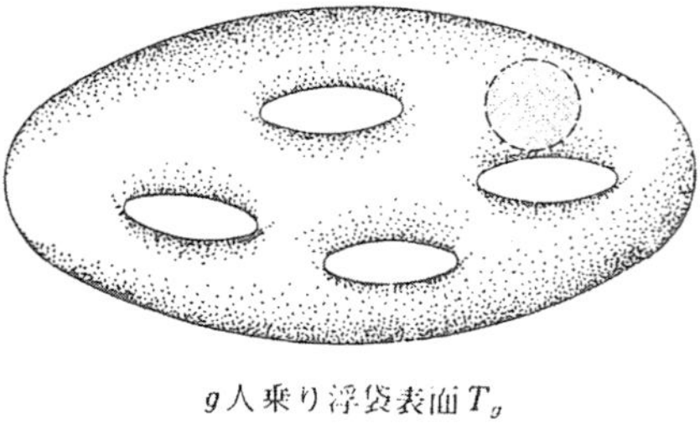

$g$ 人乗り浮袋表面 $T_g$

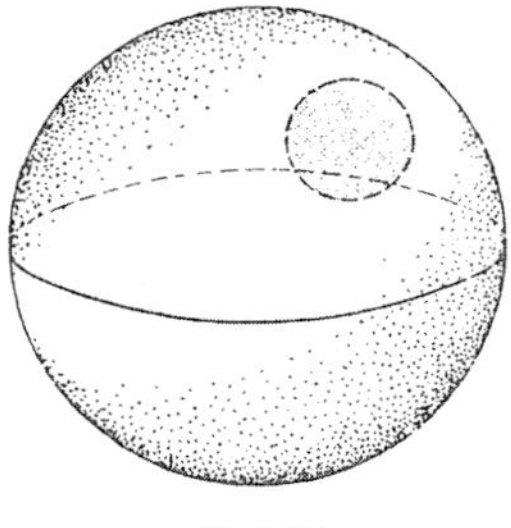

球面 $S^2$

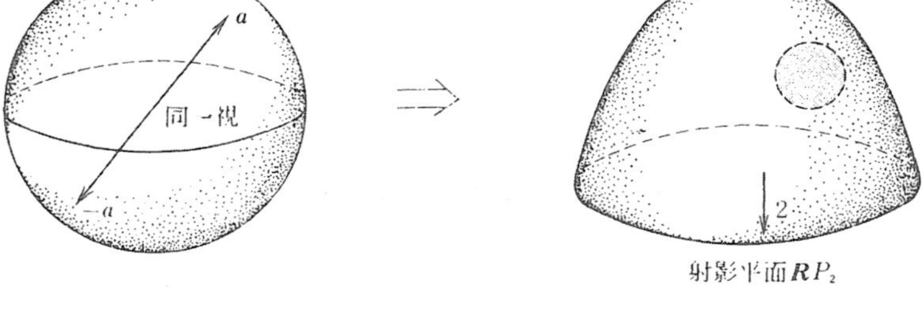


射影平面 $\boldsymbol{R}P_2$

(射影平面 $\boldsymbol{R}P_2$ とは球面 $S^2$ の各向い合った2点 $a, -a$ を同一視した図形である)．以上の図形はいずれも可微分多様体の例である．1点 $p$ および整数全体の集合 $\boldsymbol{Z}$ は0次元多様体である．($p$ や $\boldsymbol{Z}$ のようにばらばらな点からなる集合(離散集合)は，あとの都合上0次元多様体として多様体とよんでおくが，余りに簡単な図形のため多様体といわないことの方が多い)．直線 $\boldsymbol{R}$，半直線 $\boldsymbol{R}^+$，原点0を除いた直線 $\boldsymbol{R}^*=\boldsymbol{R}-\{0\}$，円 $S^1$ は1次元多様体であり，トーラス $T$，$g$ 人乗り浮袋表面 $T_g$，全平面 $\boldsymbol{R}^2$，原点0を除いた平面 $\boldsymbol{R}^2-\{0\}$，球面 $S^2$，射影平面 $\boldsymbol{R}P_2$ は2次元多様体である．

以上の例からわかるように，多様体 $M$ の各点 $p$ はユークリッド空間 $\boldsymbol{R}^n$（$n$ は一定）のある開集合 $V$ と同相な開近傍 $U$ をもっている：

$$M=\bigcup_{\lambda\in\Lambda} U_\lambda \qquad \underset{\text{同相}}{U_\lambda\simeq V_\lambda}$$

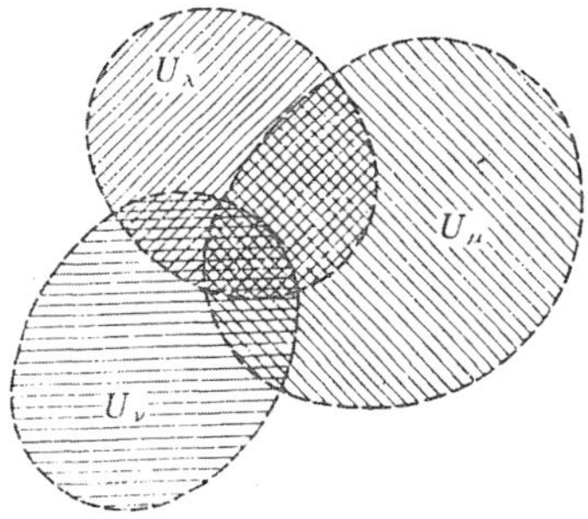


したがって，多様体とは $\boldsymbol{R}^n$ の開円板と同相な図形 $U_\lambda$ を何枚か重ね合せて作られた図形であるということができる．この多様体の定義は実は**位相多様体**の定義であって，**可微分多様体**はさらにこれらの開円板の重ね合せ方に「滑らかさ」(微分可能性)を要求したものである．このような滑らかさを要求された2つの可微分多様体 $M, N$ の間の写像 $f: M\to N$ に対しては，$f$ が微分可能であるかどうかということも意味をもつことになる．

ついでながら多様体でない図形の例もあげておこう．

**例2**

線分 $A$

有理数全体の集合 $Q$

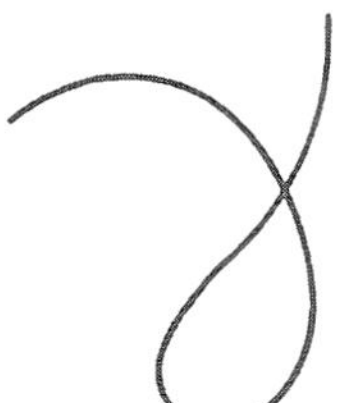

交わった曲線 $B$

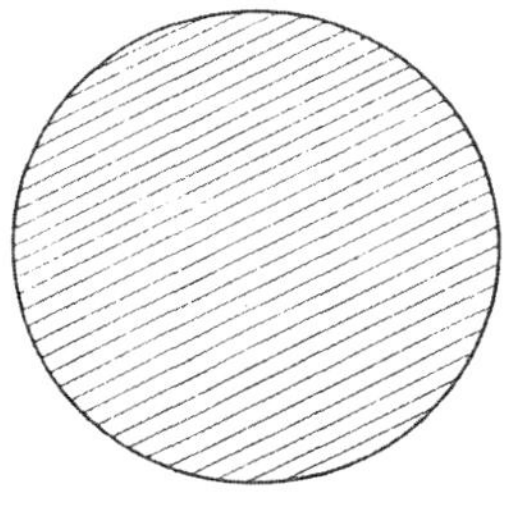

円板 $C$

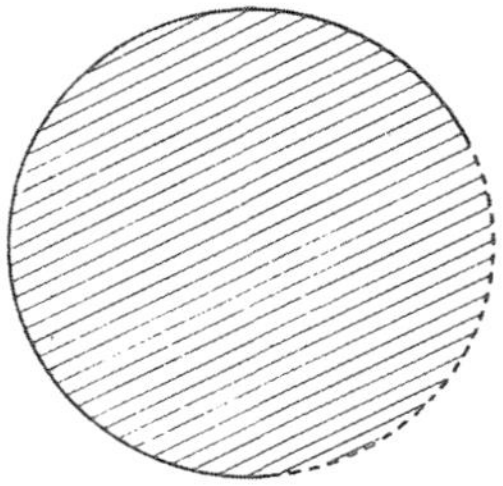

一部境界のない円板 $D$

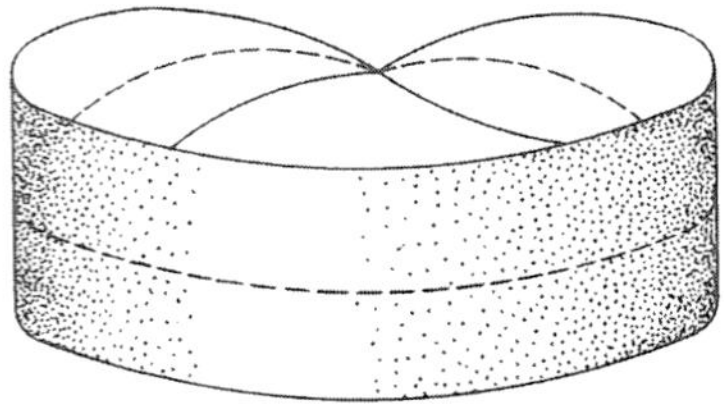

Möbius の帯 $M$

これらの図のうち，線分 $A$，円板 $C$，Möbius の帯 $M$ は「境界をもつ多様体」とよばれていて，広い意味で多様体のうちにはいっている．しかし，これから問題にする Lie 群での多様体には境界があってはならないので，今後多様体といえば境界のない多様体をさすものとする．最後に，有理数全体の集合 $Q$，交わった曲線 $B$，一部境界のない円板 $D$ はいずれも多様体でない．

## 3　Lie 群の例

**群**とは，乗法と除法の算法(または加法と減法の算法)が自由にできる集合のことである．(算法が加減のとき**加群**ともいう)．群の厳密な定義はよく知られているだろうから省略して，例をいくつかあげて説明し，定義にかえておく．

**例 3**　整数全体の集合

$$\boldsymbol{Z}=\{\cdots,\ -2,\ -1,\ 0,\ 1,\ 2,\ 3,\ \cdots\}$$

は(和に関して)加群をつくっている．

**例 4**　2つの整数 1, −1 からなる集合

$$S^0=\{1,\ -1\}$$

は(積に関して)群をつくっている．

例 3, 4 のように，点がばらばらになっている群を**離散群**という．離散集合を 0 次元多様体といって多様体のうちにいれたように，離散群も広い意味で Lie 群である．しかし，このような離散群は Lie 群としてではなく，むしろ代数的な群として代数学で取り扱うことの方が普通である．

**例 5**　実数全体の集合 $\boldsymbol{R}$ は(和に関して)加群をつくっている．この実数加群 $\boldsymbol{R}$ を例にして Lie 群の感じを説明してみよう．$\boldsymbol{R}$ は加群であるから，$\boldsymbol{R}$ 上で加減の算法が自由にできる．たとえば

$$2-5=-3$$

のようである．しかし，$\boldsymbol{R}$ は単なる加群であるだけでなくて，$\boldsymbol{R}$ 上での加減の算法は連続写像になっている．すなわち，上記の算法は $2-5=-3$ であると同時に，2の十分近くの数から5の十分近くの数を引くと，その値は $-3$ に十分近い数になっている．この

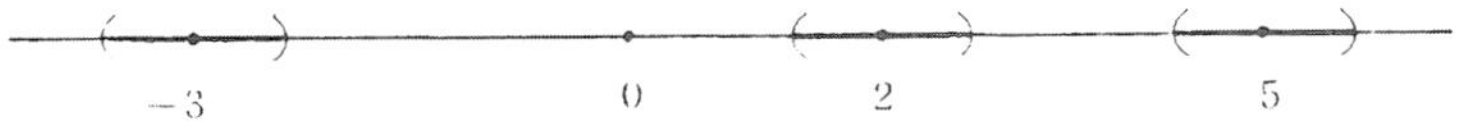


ように群の算法が連続になっている群を**位相群**とよんでいる．すなわち実数加群 $\boldsymbol{R}$ は位相群である．さらに，$\boldsymbol{R}$ 上での算法

$$z=x-y$$

は，$z$ を $x, y$ の関数とみるとき，$x$ および $y$ に関して(連続であること以上に)微分可能になっている．このように群の算法が微分可能な群を Lie 群というのであるから，実数加群 $\boldsymbol{R}$ は Lie 群であるということになる．

**例 6**　正の実数全体の集合

$$\boldsymbol{R}^+=\{x\in\boldsymbol{R}\,|\,x>0\}$$

は(積に関して)群をつくっている．$\boldsymbol{R}^+$ は Lie 群である．

**例 7**　0以外の実数全体の集合

$$\boldsymbol{R}^*=\boldsymbol{R}-\{0\}=\{x\in\boldsymbol{R}\,|\,x\neq 0\}$$

は(積に関して)群をつくっている．$\boldsymbol{R}^*$ は Lie 群である．

**例 8**　全平面

$$\boldsymbol{R}^2=\{(x, y)\,|\,x, y\in\boldsymbol{R}\}$$

は，和

$$(x, y)+(x', y')=(x+x', y+y')$$

に関して群をつくっている．$\boldsymbol{R}^2$ は Lie 群である．

**例 9**　0以外の複素数全体の集合

$$\boldsymbol{C}^*=\boldsymbol{C}-\{0\}=\{z\in\boldsymbol{C}\,|\,z\neq 0\}$$

は(複素数の積に関して)群をつくっている．$\boldsymbol{C}^*$ は Lie 群である．

**例 10**　($\boldsymbol{C}$ で複素数全体の集合を表わしている)．円

$$\begin{aligned} S^1&=\{z\in\boldsymbol{C}\,|\,|z|=1\}\\ &=\{\cos\theta+i\sin\theta\,|\,\theta\in\boldsymbol{R}\}\\ &=\{e^{i\theta}\,|\,\theta\in\boldsymbol{R}\} \end{aligned}$$

は(積に関して)群をつくっている．$S^1$ が群であることを $\cos\theta+i\sin\theta$ の表示でかくと，それは de Moivre の公式

$$(\cos\theta+i\sin\theta)(\cos\varphi+i\sin\varphi)=\cos(\theta+\varphi)+i\sin(\theta+\varphi)$$
$$(\cos\theta+i\sin\theta)^{-1}=\cos(-\theta)+i\sin(-\theta)$$

のことにほかならない．$S^1$ も Lie 群である．

**例 11** （2次元）トーラス

$$T=S^1\times S^1=\{(x, y)\mid x, y\in S^1\}$$

は積

$$(x, y)(x', y')=(xx', yy')$$

に関して群をつくっている．$T$ も Lie 群である．

以上の Lie 群の例 3-11 はいずれも可換群（$xy=yx$ をみたす群）である．可換な Lie 群の構造はよくわかっているので，Lie 群の研究は非可換な Lie 群に重点がおかれている．それらの重要な例はあとであげることにし，これらからしばらくこれらの簡単な例により Lie 群を説明して行こうと思う．

最後に，群であるが Lie 群でない例を1つあげておこう．

**例 12** 有理数全体の集合

$$Q=\left\{\frac{n}{m}\,\middle|\, m, n \text{ は整数},\ m\neq 0\right\}$$

は(和に関して)加群をつくっている．さらに$Q$における算法

$$z=x-y$$

は $x, y$ に関して連続であるから，$Q$ は位相群である．しかし，$Q$ 上では（有理点は密につまっているとはいうものの無理点が至る所で抜けているため）微分の算法を行うことができないので，$Q$ は Lie 群でない．（なお $Q$ は多様体でもなかった）．

## 4 多様体と接空間

多様体とは「滑らかな図形」のことであった．2節の多様体の例でもわかるように，直

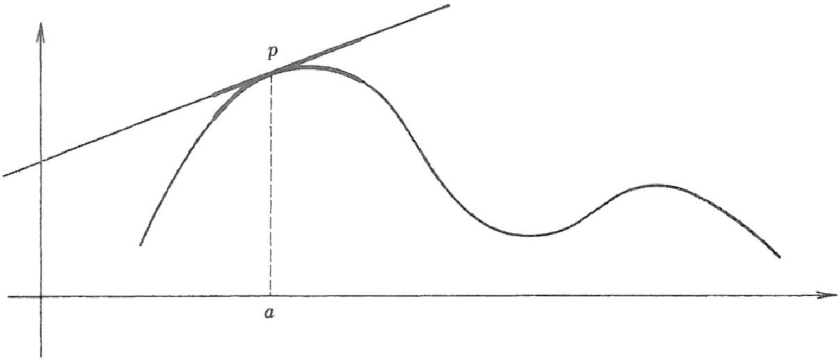

線 $\boldsymbol{R}$, 全平面 $\boldsymbol{R}^2$ や $\boldsymbol{R}^*$, $\boldsymbol{R}^2-\{0\}$ 等の特殊例を除くと，多様体は曲った図形である．その曲った図形である多様体を調べるにはどのような方法が考えられるだろうか．

曲線 $y=f(x)$ のグラフを描こうとするとき，その曲線に接線を引いてその接線の動向を考察したことを思い出そう．接線を引いて考察することの第一の理由は，曲った図形である曲線をよく性質のわかった直線におきかえることにある．そして有難いことには，接点 $p$ の近くの曲線の状態と $p$ の近くの接線の状態が非常によく似ていることである．接線とは，関数 $f(x)$ の Taylor 展開

$$f(x)=f(a)+f'(a)(x-a)+\frac{f''(a)}{2!}(x-a)^2+\frac{f'''(a)}{3!}(x-a)^3+\cdots$$

の 2 次以上の項を省略して，$f(x)$ を

$$f(x)\fallingdotseq f(a)+f'(a)(x-a)$$

で近似したものである．だから，もとの曲線 $y=f(x)$ と接線 $y=f(a)+f'(a)(x-a)$ とでは 2 次以上の項だけの誤差がある．しかし，この誤差は $|x-a|$ を小さくすれば無視できる程小さいものである．事実，$|x-a|$ を十分小さくとれば，$p$ の曲線上の近傍 $U$ と $p$ の接線上の近傍 $V$ が同相（さらに微分同相）になる：$U\simeq V$ ようにすることができる．

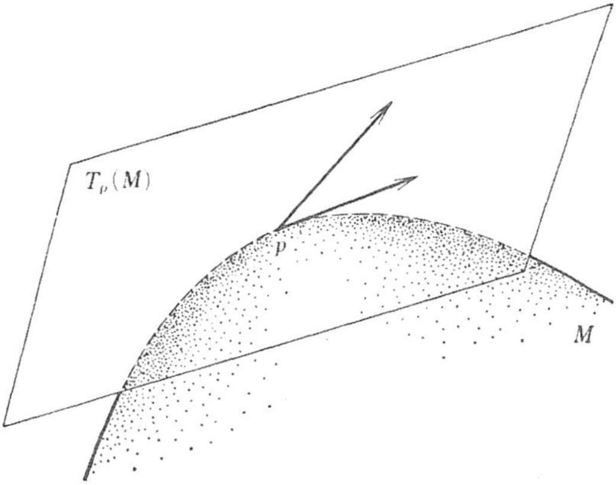


以上のことは一般の多様体でも同様であって，多様体 $M$ 上の点 $p$ の近くの状態を知りたければ，その点 $p$ において接空間 $T_p(M)$ をひいて代用させるとよい．接空間 $T_p(M)$ はベクトル空間であるために線型代数の理論が使えて都合がよい．

ここで接空間の定義を与えておこう．点 $p$ を通る $M$ 上の滑らかな曲線 $x(t)$（ただし $t=0$ のとき $x(0)=p$ としておく）をとり，$p$ において曲線 $x(t)$ に接線ベクトル $X$ を引く：

$$\left.\frac{dx(t)}{dt}\right|_{t=0}=X$$

点 $p$ におけるこのような接線ベクトル全体は 1 つのベクトル空間 $T_p(M)$ をつくる．このベクトル空間 $T_p(M)$ を点 $p$ における**接空間**という．接空間 $T_p(M)$ の次元は多様体 $M$ の次元と同じである．

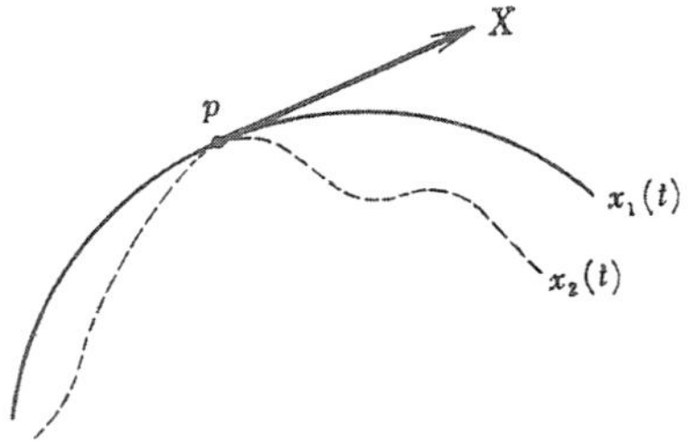


ここで曲線と接線ベクトルの関係について少し注意しておこう．点 $p$ における接ベクトル $X$ とは，$p$ を通る $M$ 上の曲線の接線ベクトルのことであったから，接ベクトル $X \in T_p(M)$ を与えると $X$ を接線ベクトルにもつ曲線 $x(t)$ （$x(0)=p$）が存在することは当然であるが，この曲線は 1 つとは限らず数多くある．そこで，これらの数多い曲線のうちからなるべくよい性質をもつ曲線を選んで考察しようとするのである．そのよい性質をもつ曲線として採用されるのが，長さの最も短かい測地線であり，Lie 群のときには 1 助変数部分群である．後者については後でもう少し詳しく述べようと思っている．

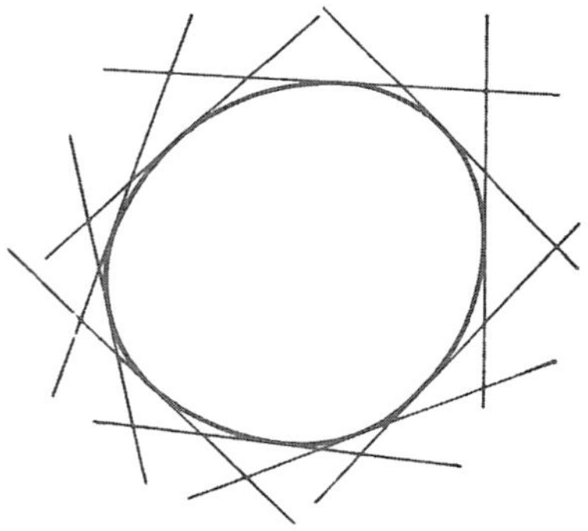

さて，話をもとに戻そう．多様体 $M$ 上の点 $p$ の近くの状態はその接空間 $T_p(M)$ におきかえて調べるとよいことは今まで何回か述べてきたことであるが，これで点 $p$ の局所的な性質の大よその解決が得られたことになるが，多様体全体の様子の解決にはなっていない．そこで，多様体全体の様子を調べようとするには，$M$ の各点において接空間を引いて，その全体

$$E = \bigcup_{p \in M} T_p(M)$$

の状態を調べたらよかろうという考え方が生ずる．これが多様体の**接ベクトル束**の考え方であり，多様体の研究にはなくてはならないものとなっている．

## 5　群の等質性

2 節にあげられた図形のうち，群をつくっていた図形である直線 $\boldsymbol{R}$，円 $S^1$，全平面 $\boldsymbol{R}^2$，トーラス $T$ や $\boldsymbol{R}^*$, $\boldsymbol{C}^*$ 等いずれもそれらの図形にある種の対称性があることに気づかれるであろう．たとえば，円 $S^1$ はどこから眺めても同じ形をしている．これは群がつねにもつ性質なのである．このことについて述べよう．

群$G$においては積が定義されているので，元 $a\in G$ に対して写像

$$l_a: G\to G, \qquad l_a(x)=ax$$

を考えると，写像 $l_a$ は$G$の単位元$e$を$a$に移し：

$$l_a(e)=a$$

かつ全単射である．一般に，集合$X$の任意の2点 $a, b$ に対し，$a$を$b$に移す全単射 $f$: $X\to X$ が存在するような集合を**等質性**もった集合とよんでおこう．

群の等質性から直ちに結論されることは，群$G$では，単位元$e$の近くの状態と点$a$の近くの状態が写像 $l_a$ のもとで同じであるということである．したがって，下段の右2つのような図形は等質性をもっていないので，積をどのように定義しても絶対に位相群にすることができないことがわかる．

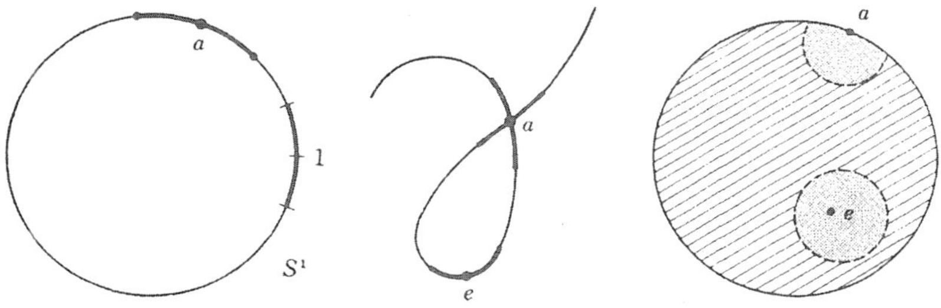


一方，球面 $S^2$ もどこから眺めても同じ形をしていて等質性をもっている．しかし，球面 $S^2$ には積をどのように定義しても絶対に Lie 群になり得ないことがわかっている（これは Cartan の結果である．ホモロジー群のこと等を用いるとわかる）．球面 $S^2$ は絶対に Lie 群にならないとはいうものの，その等質性は回転群 $SO(3)$ が推移的に働いているという意味で Lie 群と密接に関係しているのである．

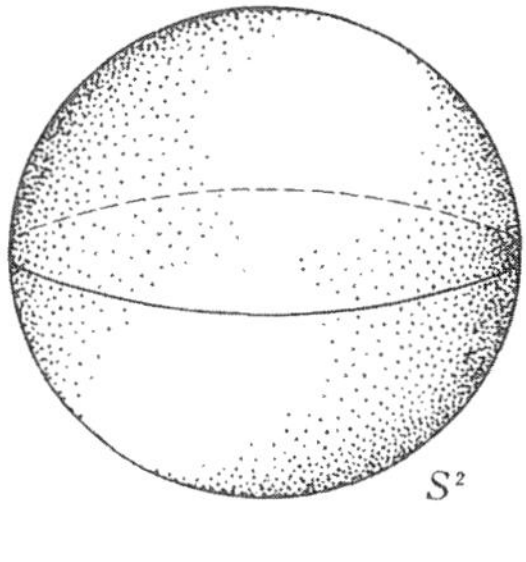


## 6　Lie 群の等質性と Lie 環

多様体$M$を調べるには，$M$の各点に接空間を引いて，それら接空間全体 $E=\bigcup_{p\in M} T_p(M)$

の構造を調べることが有力であると前に述べたが，多様体が群の構造を併せもつときには話がずっと簡単になる．なぜなら，群には等質性があるために，群$G$の単位元$e$の接空間$T_e(G)$だけを調べておくと，他の点$a$の接空間$T_a(G)$は同じ状態にあるといえる．無数にある接空間を調べる代りにたった一枚の接空間$T_e(G)$を調べるだけでよいということは，多様体より Lie 群の方がよく研究されてその内容がよくわかっているということにつながってくる．

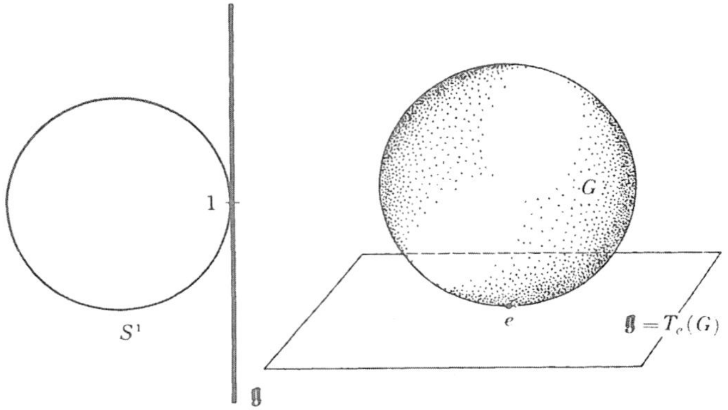


接空間上では，和$X+Y$と実数倍$\lambda X$が定義されてベクトル空間になっていたが，さらに Lie 群であるときには，Lie 群$G$の群構造を接空間$\mathfrak{g}=T_e(G)$に反映させるために**blacket 積**と名付ける積をつぎのように定義する．$X, Y\in\mathfrak{g}$に対し，$X, Y$を接線ベクトルにもつ$e$を通る$G$上の曲線$x(t)$，$y(t)$をそれぞれとる（ただし$x(0)=e=y(0)$としておく）．そして

$$[X, Y]=\lim_{t\to 0}\frac{x(t)^{-1}y(t)^{-1}x(t)y(t)}{t^2} \tag{i}$$

と定義する（この$[X, Y]$の定義は曲線$x(t), y(t)$のとり方によらない）．すると，つぎの4つの法則がなりたつことがわかる．

(1)　$[X, Y]=-[Y, X]$

(2)　$[X+X', Y]=[X, Y]+[X', Y]$

(3)　$[\lambda X, Y]=\lambda[X, Y]\qquad \lambda\in\boldsymbol{R}$

(4)　$[X, [Y, Z]]+[Y, [Z, X]]+[Z, [X, Y]]=0$

一般に，上記の4つの条件をみたす blacket 積が定義されている（実数体$\boldsymbol{R}$上の）有限次元ベクトル空間を（実）**Lie 環**という．上記に述べたことは，Lie 群$G$に対しては，(i)式のように blacket 積を定義するならば，単位元$e$の接空間$\mathfrak{g}=T_e(G)$が Lie 環になるということである．この Lie 環 $\mathfrak{g}$ を **Lie 群 $G$ の Lie 環**という．Lie 群 $G$ の Lie 環 $\mathfrak{g}$ は，その定義からわかるように，$G$ の局所的性質を表示するものといえる．

## 7 Lie 群の同型と局所同型

**定義** 2つの Lie 群 $G, G'$ の間に

$$gf=1, \qquad fg=1$$

(1は恒等写像)をみたす微分可能な準同型写像

$$f: G\to G', \qquad g: G'\to G$$

($f$ が準同型写像とは $f(xy)=f(x)f(y)$ をみたすこと)が存在するとき，$G$ と $G'$ は **Lie 群として同型**であるといい，記号 $G\cong G'$ で表わす．Lie 群として同型である2つの Lie 群は同じとみなして区別しないことになっている．

**例 13** 実数加群 $\boldsymbol{R}$ と群 $\boldsymbol{R}^+=\{x\in\boldsymbol{R}\mid x>0\}$ は Lie 群として同型である：

$$\boldsymbol{R}\cong\boldsymbol{R}^+$$

実際，2つの写像

$$f: \boldsymbol{R}\to\boldsymbol{R}^+, \qquad f(x)=e^x$$
$$g: \boldsymbol{R}^+\to\boldsymbol{R}, \qquad g(x)=\log x$$

はともに準同型：$e^{x+y}=e^xe^y$, $\log xy=\log x+\log y$ な微分可能な写像であって，かつ $gf=1, fg=1$ をみたしているからである．

Lie 群の同型よりも条件の弱い局所同型を定義しよう．

**定義** Lie 群 $G, G'$ の単位元 $e, e'$ の近傍 $V, V'$ がそれぞれ存在し，かつ

$$gf=1, \qquad fg=1$$

をみたす2つの微分可能な写像 $f: V\to V'$, $g: V'\to V$ で

$x, y\in V$ が $xy\in V$ ならば $f(xy)=f(x)f(y)$

$x', y'\in V'$ が $x'y'\in V'$ ならば $g(x'y')=g(x')g(y')$

をみたす $f, g$ が存在するとき，$G$ と $G'$ は**局所同型**であるといい，記号 $G\sim G'$ ～で表わす．

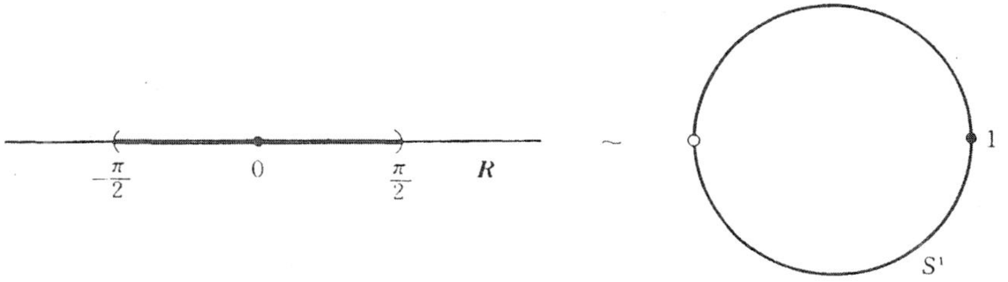

**例 14** 実数加群 $\boldsymbol{R}$ と円 $S^1$ は局所同型な Lie 群である：

$$\boldsymbol{R} \sim S^1$$

実際，$\boldsymbol{R}$ の 0 の近傍 $V=\left(-\frac{\pi}{2}, \frac{\pi}{2}\right)$ と $S^1$ の 1 の近傍 $V'=S^1-\{-1\}$ をとると，2 つの写像

$$f: V \to V', \qquad f(x)=\cos x+i \sin x$$
$$g: V' \to V, \qquad g(\cos x+i \sin x)=x$$

は局所同型の条件をみたしているからである．円 $S^1$ での積は

$$(\cos x+i \sin x)(\cos y+i \sin y)=\cos(x+y)+i \sin(x+y)$$

で与えられているが，$x, y$ が十分 0 に近い所では，この積は本質的には $\boldsymbol{R}$ における和 $x+y$ と同じであろうというのが局所同型の感じである．$\boldsymbol{R}$ と $S^1$ は局所同型であるが群として同型でない．

最後に，Lie 環の同型の定義も与えておこう．

**定義** 2 つの Lie 環 $\mathfrak{g}, \mathfrak{g}'$ の間に

$$gf=1, \qquad fg=1$$

をみたす 2 つの Lie 環準同型写像

$$f: \mathfrak{g} \to \mathfrak{g}', \qquad g: \mathfrak{g}' \to \mathfrak{g}$$

（$f$ が Lie 環準同型写像とは $f([X, Y])=[f(X), f(Y)]$ をみたす線型写像のこと）が存在するとき，$\mathfrak{g}$ と $\mathfrak{g}'$ は **Lie 環として同型**であるといい，記号 $\mathfrak{g} \simeq \mathfrak{g}'$ で表わす．

さて，Lie 群とその Lie 環に対してつぎの定理がなりたつ．

**定理 (Lie)** 2 つの Lie 群 $G, G'$ が局所同型であるための必要十分条件は，それらの Lie 環 $\mathfrak{g}, \mathfrak{g}'$ が Lie 環として同型であることである：

$$G \sim G' \iff \mathfrak{g} \simeq \mathfrak{g}'$$

Lie 群の単位元の近くの局所的性質をその Lie 環が反映していることから，この定理は容易に納得できるものであろう．しかし証明は全く自明というわけにはいかない．

ここで簡単ではあるが重要な注意をしておく．2 つの Lie 群 $G, G'$ の局所同型の定義のなかには，$gf=1, fg=1$ をみたす 2 つの微分可能な写像 $f: V \to V'$, $g: V' \to V$ があって云々……の可微分という解析的な内容がはいっている．これは Lie 群が解析的なものを要求している群であるから当然のことであるが，しかし一方，Lie 環の定義および Lie 環の同型の定義は完全に代数的である．そして定理の主張する所は，Lie 群の局所同型という代数的かつ解析的な内容が Lie 環という代数的なものに完全におきかえられたことを意味している．これで，Lie 群を局所同型のもとで分類することは，Lie 環を分類すればよいという代数の問題に帰着されたのである．

## 8 被覆 Lie 群

Lie 群 $G$ に対して Lie 環 $\mathfrak{g}$ を構成することができたが，この逆の問題はどうであろうか．これに関してつぎの定理がある．

**定理 (Lie)** Lie 環 $\mathfrak{g}$ を与えると，$\mathfrak{g}$ を Lie 環にもつ Lie 群 $G$ が存在する．

与えられた Lie 環 $\mathfrak{g}$ に対して，$\mathfrak{g}$ を Lie 環にもつ Lie 群の存在はこの定理で保証されたが，そのような Lie 群は数多くある．それらの群は同じ Lie 環をもつから局所同型になっている．だから局所的な意味では互いに対等の立場にあるかもしれないが，全域的な観点ではそうでないのであって，局所同型な Lie 群の中には 1 つ主導的な立場に立つ Lie 群が存在するのである．たとえば実数加群 $\boldsymbol{R}$ と円 $S^1$ は局所同型な Lie 群であったが，これら 2 つの群の間には主従の関係があり，そして $\boldsymbol{R}$ が主の立場にあり，$S^1$ は従の立場にある．このことを説明しよう．

**定義** $G, G'$ を局所同型な Lie 群とする．$G$ から $G'$ への(微分可能な)全射準同型写像

$$f \ : \ G \to G'$$

が存在するならば，$G$ は $G'$ の**被覆 Lie 群**であるという．$G$が Lie 群 $G'$ の被覆 Lie 群であるとき，$f$の核

$$f^{-1}(e) = \{x \in G \mid f(x) = e\}$$

を$N$とおくと，$N$は$G$の離散正規部分群であって，位相も考慮にいれた群の準同型定理より，Lie 群としての同型

$$G' \cong G/N$$

を得る．

逆に，Lie 群$G$の離散正規部分群$N$をとり，$G$の$N$による剰余群 $G/N$ をつくると，$G/N$ は$G$と局所同型：

$$G \sim G/N$$

な Lie 群であり，$G$は $G/N$ の被覆 Lie 群になる．

**例 15** 実数加群 $\boldsymbol{R}$ は円 $S^1$ の被覆 Lie 群である(この意味で $\boldsymbol{R}$ が主で $S^1$ が従の立場にあるといったのである)．実際，$\boldsymbol{R}$ と $S^1$ は局所同型な Lie 群であり，かつ写像

$$f \ : \ \boldsymbol{R} \to S^1, \qquad f(x) = e^{2\pi i x}$$

は全射準同型写像であるからである．なお，$f$の核 $f^{-1}(1)$ は整数加群 $\boldsymbol{Z} = \{\cdots, -2, -1, 0, 1, 2, 3, \cdots\}$ であるから，Lie 群としての同型

$$S^1 \cong \boldsymbol{R}/\boldsymbol{Z}$$

を得る．

**例 16** 全平面のつくる Lie 群 $\boldsymbol{R}^2$ はトーラスのつくる Lie 群 $T$ の被覆 Lie 群である．実際，写像

$$f\ :\ \boldsymbol{R}^2 \to T, \qquad f(x,\,y)=(e^{2\pi i x},\,e^{2\pi i y})$$

は全射準同型写像であるからである．

## 9 単連結 Lie 群と Lie 環

（連結な）Lie 群 $G$ を調べるためにその被覆 Lie 群 $G'$ を調べ，さらに $G'$ を調べるためにその被覆 Lie 群 $G''$ を調べるという方法を繰り返して行くと，ついに究極の被覆 Lie 群 $\tilde{G}$ に到達する．この群 $\tilde{G}$ を**普遍被覆 Lie 群**という．この $\tilde{G}$ の普遍性は単連結という位相的な性質によって特徴づけられるのである．単連結について説明しよう．

（連結な）図形 $X$ 上にかかれたどんな閉曲線 $x(t)$ も $X$ 上を連続的に動かして 1 点に縮めることができるならば，$X$ は**単連結**であるという．直感的には，単連結な図形とは穴のあいてない図形であるといえるだろうか．たとえば，

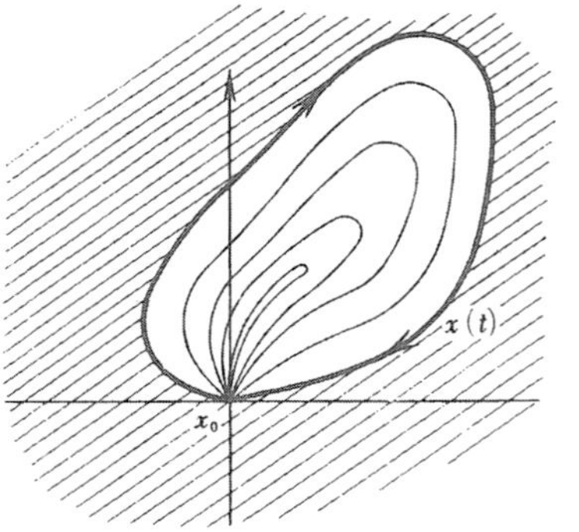


$R^2$

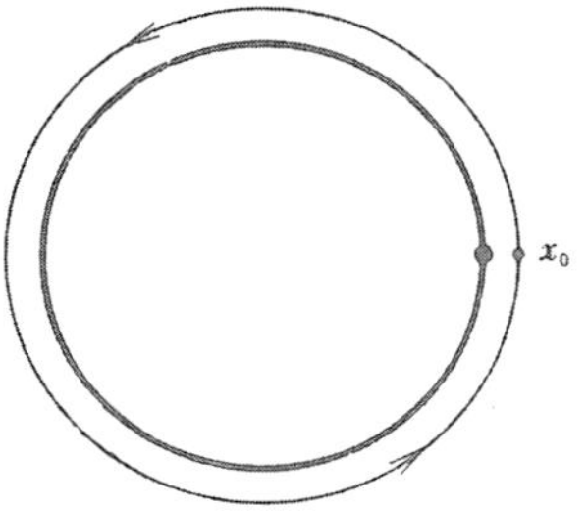


$S^1$

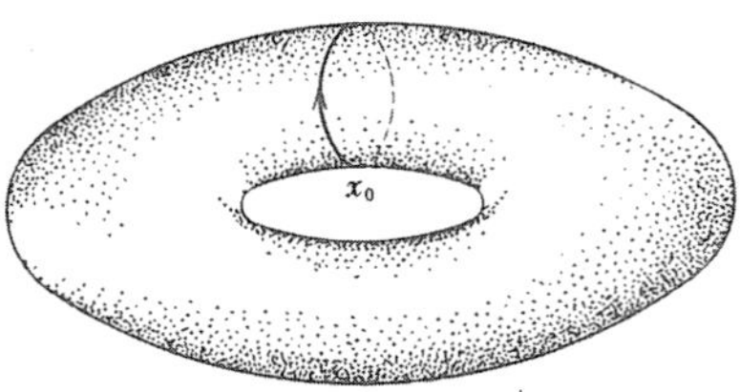


$T$

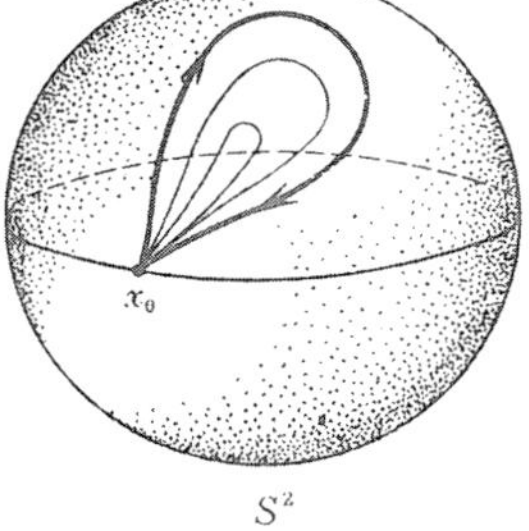


$S^2$

直線 $\boldsymbol{R}$, 全平面 $\boldsymbol{R}^2$ は単連結であり，円 $S^1$, トーラス $T$ は単連結でない．（Lie 群ではないが）球面 $S^2$ は単連結であり，射影空間 $\boldsymbol{R}P_2$, Möbius の帯 $M$ は単連結でない．

基本群 $\pi_1(X)$ の知識があれば，単連結とは $\pi_1(X)=0$ となる図形 $X$ のことであるというとよい．Lie 群の被覆 Lie 群をつくる毎にその基本群がだんだん小さい群になって行き，ついに基本群が単位元 0 だけの群となり，図形が単連結になってしまうのである．

さて上記に述べたことを定理にまとめておこう．

**定理** (**Schreier**)　連結な Lie 群 $G$ に対して，単連結な被覆 Lie 群 $\tilde{G}$ が存在し，かつこのような $\tilde{G}$ は Lie 群の同型を除いてただ一つに定まる．すなわち，任意の連結な Lie 群 $G$ はある単連結な Lie 群 $\tilde{G}$ のその離散正規部分群 $N$ による剰余 Lie 群として得られる：

$$G \cong \tilde{G}/N$$

この定理より，Lie 群の研究は，単連結な Lie 群とその離散正規部分群をすべて調べあげればよいことになった．さらに，単連結 Lie 群についてはつぎの定理がなりたつ．

**定理**　2 つの単連結な Lie 群 $\tilde{G}, \tilde{G}'$ が Lie 群として同型であるための必要十分条件は，それらの Lie 環 $\mathfrak{g}, \mathfrak{g}'$ が Lie 環として同型であることである：

$$\tilde{G} \cong \tilde{G}' \iff \mathfrak{g} \simeq \mathfrak{g}'$$

この定理により，単連結な Lie 群の研究は，解析的な性質まで含めて完全に Lie 環という代数的なものに焼き直ってしまった．いいかえると，Lie 環の理論を展開することはそのまま単連結な Lie 群の研究になっているのである．またこの定理は，単連結 Lie 群 $G$ においては，単位元 $e$ の近くの状態が $G$ 全体の構造まで規定してしまうことを示しているといえる．

## 10　単純 Lie 群

群論では，組成列を考察するなどして最も簡単な構造をもつと思われる単純群に帰着して調べようとする方法がとられる．**単純群**とは正規部分群を含まない群のことである．Lie 群でも単純 Lie 群（連結な正規部分群を含まないこと（離散な正規部分群を含んでいてもかまわない））を分類しようとすること，すなわち単純 Lie 環（イデアルを含まないこと）を分類することが試みられたが，これは Cantan によって完成されている．

## 11　コンパクト Lie 群

実数加群 $\boldsymbol{R}$ と円 $S^1$ は局所同型であるという意味で両者はよく似た性質をもつ Lie 群であるといえる．しかし，両者の位相は非常に異なっているのである．それでは直線 $\boldsymbol{R}$ と円 $S^1$ はどちらが位相的に簡単な図形であるといえるだろうか．

(1) 直線 $\boldsymbol{R}$ は1点に縮まる図形であるが，円 $S^1$ はそうでない．

(2) 円 $S^1$ はコンパクトであるが，直線 $\boldsymbol{R}$ はそうでない．

(1)の性質のために $\boldsymbol{R}$ の位相は $S^1$ よりやさしいといえる．しかし一方，$S^1$ はコンパクトであるために，$\boldsymbol{R}$ よりよい性質をもっているともいえる．直線 $\boldsymbol{R}$ 上での解析学が $S^1$ 上の解析学より難かしくなるのは，$\boldsymbol{R}$ がコンパクトでないためである．このように $\boldsymbol{R}$ と $S^1$ は異なった位相をもっているが，1点に縮まるという意味で $\boldsymbol{R}$ は最も簡単な図形であるとここではいっておこう．

コンパクト集合とはあるユークリッド空間 $\boldsymbol{R}^n$ の有界閉集合のことで，ある種の有限性をもった集合である．群論で一般の群よりも有限群の研究が盛んであるように，Lie 群でも一般の Lie 群よりもコンパクト Lie 群が重要視されよく調べられている．その理由の一端を次節で述べよう．

## 12 Lie 群の岩沢分解

まず定理を述べよう．

**定理 (Mal'cev-Cartan-Iwasawa)** $G$を(連結な) Lie 群とすると，$G$ のあるコンパクト部分群 $H$ が存在して，$G$ は $H$ とユークリッド空間 $\boldsymbol{R}^m$ の直積空間に同相になる：

$$G \underset{\text{同相}}{\simeq} H \times \boldsymbol{R}^m$$

ユークリッド空間 $\boldsymbol{R}^m$ は1点に縮まる空間であるから，$G$ の位相を調べるにはコンパクト Lie 群 $H$ の位相を調べれば十分であることをこの定理は示している．

Lie 群$G$を，上記の定理のような $G \simeq H \times \boldsymbol{R}^m$ の形に分解することを**岩沢分解**または**極分解**という．

**例 17** 0以外の実数全体がつくる Lie 群 $\boldsymbol{R}^*$ は2本の直線からできている図形であるから

$$\boldsymbol{R}^* \simeq S^0 \times \boldsymbol{R}$$

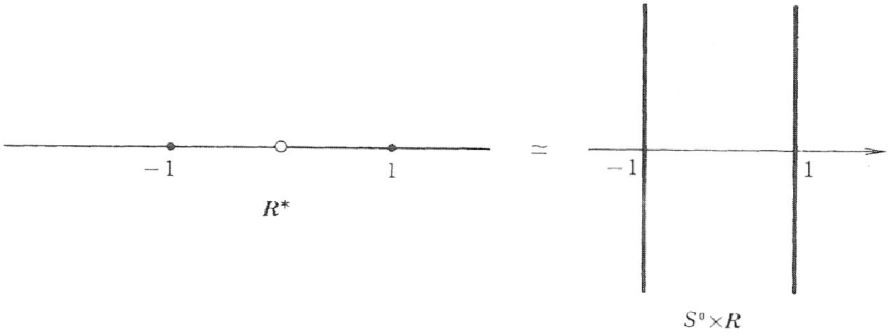

の同相が存在する．ここに $S^0=\{1,-1\}$ は $\boldsymbol{R}^*$ のコンパクト部分群である．

**例 18** 0以外の複素数全体がつくる Lie 群 $\boldsymbol{C}^*$の岩沢分解をていねいに説明してみよう．$\boldsymbol{C}^*$ の図形は平面 $\boldsymbol{R}^2$ から原点0を除いた図形 $\boldsymbol{R}^2-\{0\}$ である．この図形 $\boldsymbol{R}^2-\{0\}$ は原点0から引いた半直線全体からできている．これらの各半直線は円 $S^1$ と丁度1点で交わる．したがって，$\boldsymbol{C}^*$ は円 $S^1$ の各点に直線 $\boldsymbol{R}$ をくっつけた図形であると思うことができる．よって $\boldsymbol{C}^*$ は円 $S^1$ と直線 $\boldsymbol{R}$ の直積空間 $S^1\times\boldsymbol{R}$ に同相である：

$$\boldsymbol{C}^*\simeq S^1\times\boldsymbol{R}$$

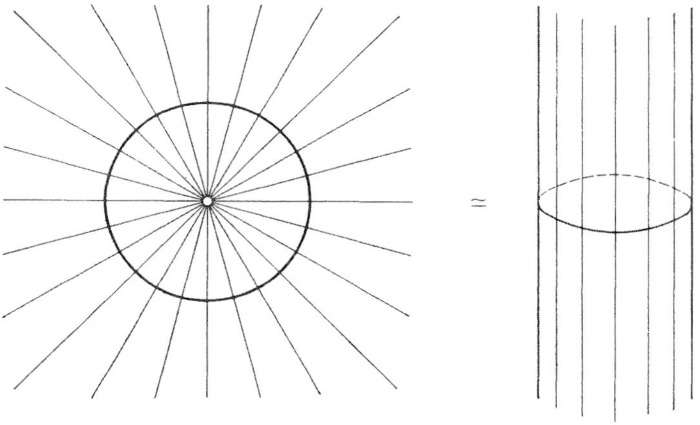


$C^*=\boldsymbol{R}^2-\{0\}$　　　　$S^1\times\boldsymbol{R}$

ここに $S^1$ は $\boldsymbol{C}^*$ のコンパクト部分群である．このことは，$\boldsymbol{C}^*$ の図形を調べるには円 $S^1$ が大切で，残りの部分はこの円の半径を大きくしたり小さくしたりすればよいだろうということを示している．この考え方は平面の極座標の考え方であり，この分解を極分解と呼ぶ理由でもある．

以下に $\boldsymbol{C}^*\simeq S^1\times\boldsymbol{R}$ の厳密な証明を与えておこう．0でない複素数 $\alpha$ は

$$\alpha=r(\cos\theta+i\sin\theta)=re^{i\theta} \qquad r>0$$

と表わされることに注意して，写像

$$f\ :\ \boldsymbol{C}^*\to S^1\times\boldsymbol{R},\quad f(\alpha)=(e^{i\theta},\log r)$$
$$g\ :\ S^1\times\boldsymbol{R}\to\boldsymbol{C}^*,\quad g(a,x)=e^x a$$

と定義すると，$f,g$ は連続写像であって $gf=1$, $fg=1$ をみたしている．したがって $\boldsymbol{C}^*$ と $S^1\times\boldsymbol{R}$ は同相である．

## 13　複素単純 Lie 環

前節の岩沢分解などのことから，Lie 群のうちでコンパクト Lie 群が特に重要であることがわかった．そこで，それらのうちでも最も基本的である単連結なコンパクト単純 Lie 群を分類する問題が生じてくる．これがすばらしいことに，複素単純 Lie 環を分類するという代数の問題に帰着されてしまうことが Weyl のユニタリ制限という方法を用いて解決されている．

**定理**（**Weyl**）　単連結コンパクト単純 Lie 群と複素単純 Lie 環とは 1 対 1 に対応する．

**複素 Lie 環**とは 6 節の Lie 環の条件 (1)-(4) をみたす複素数体 $\boldsymbol{C}$ 上の有限次元ベクトル空間のことである．複素単純 Lie 環の分類は，体が複素数体であるために実単純 Lie 環の分類よりも容易であり，これは Coxeter-Killing Cartan により完成されている．その結果はつぎのようである．

$A_n,\ n \geqq 1$　：
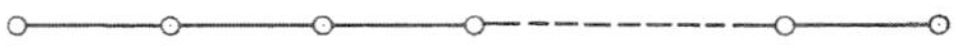

$B_n,\ n \geqq 2$　：
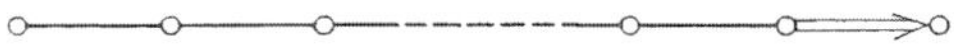

$C_n,\ n \geqq 3$　：

$D_n,\ n \geqq 4$　：

**古典複素 Lie 環**と名付ける上記の 4 種類と，**例外複素 Lie 環**と名付ける 5 つに分類される．つぎの図は **Coxeter Dynkin 図形**とよばれていて，これは複素 Lie 環の root 系（固有値のようなもの）の関係を示したもので，この図をみると Lie 環の構造が読みとれる仕組みになっている．

$G_2$ ：

$F_4$ ：

$E_6$ ：
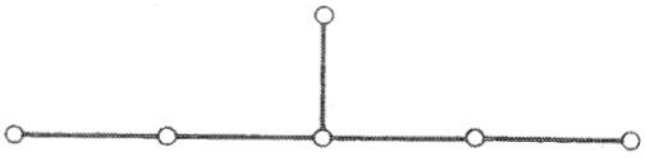

$E_7$ :
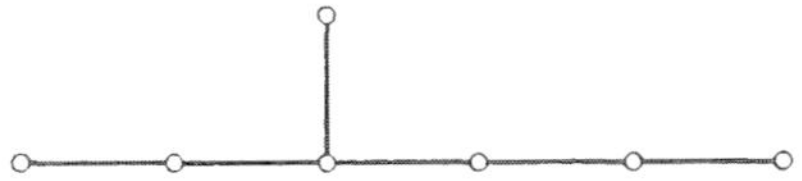

$E_8$ :
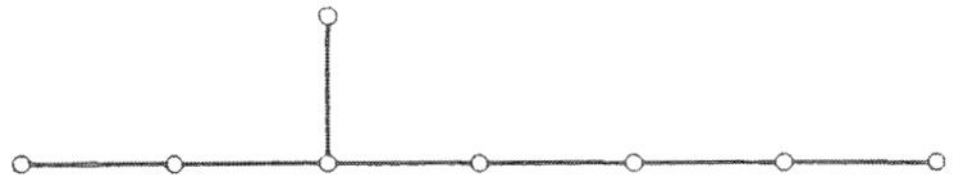

## 14 単連結コンパクト単純 Lie 群

前節の Weyl の定理により，複素単純 Lie 環にはそれぞれ 1 つずつ単連結コンパクト単純 Lie 群が対応しているが，それは具体的にはどのような群であろうか．以下その結果をかいておこう．$\boldsymbol{R}$ は実数体，$\boldsymbol{C}$ は複素数体であることは今迄通りであるが，$\boldsymbol{H}$ は四元数体を表わすことにする．なお $M(n, K)$ で体 $K=\boldsymbol{R}, \boldsymbol{C}, \boldsymbol{H}$ を係数にもつ $n$ 次の正方行列全体を表わし，行列 $A$ に対し，${}^tA$ で転置行列を，$A^*$ で共役転置行列を，$E$ で単位行列を表わすものとする．なお回転群 $SO(n)$ は単連結でないため，この被覆群であるスピノル群 $Spin(n)$ をかくべきであるが，その定義が簡単でないため $SO(n)$ で代用することにした．

$A_n$ : $SU(n+1)=\{A\in M(n+1, \boldsymbol{C}) \mid AA^*=E,\ \det A=1\}$

$B_n$ : $SO(2n+1)=\{A\in M(2n+1, \boldsymbol{R}) \mid A^tA=E,\ \det A=1\}$

$C_n$ : $Sp(n)=\{A\in M(n, \boldsymbol{H}) \mid AA^*=E\}$

$D_n$ : $SO(2n)=\{A\in M(2n, \boldsymbol{R}) \mid A^tA=E,\ \det A=1\}$

$SU(n)$ を**特殊ユニタリ群**，$SO(n)$ を**回転群**，$Sp(n)$ を**シンプレクティック群**といい，これらを総称して**古典 Lie 群**という．

$G_2$ : $\mathrm{Aut}(\mathfrak{C})$＝Cayley 数体 $\mathfrak{C}$ の自己同型群

$F_4$ : $\mathrm{Aut}(\mathfrak{J})$＝Jordan 代数 $\mathfrak{J}=\{A\in M(3, \mathfrak{C}) \mid A^*=A\}$ の自己同型群

$E_6, E_7, E_8$ : 具体的なよい形では未知

あとの 5 つの型の Lie 群を**例外 Lie 群**という．

群論で有限単純群の分類ができていないのに比較して，Lie 群ではコンパクト単純群の分類が完成されている．これは大変な相異であって，有限群の研究は未だ抽象的な段階にあるが，コンパクト Lie 群の研究はこれら 9 種の群を調べればよいという具体的な段階にはいっているといえる．

## 15 Lie 群の閉部分群

Lie 群の定義は，多様体であり群でありかつ群の算法が微分可能なものであった．さて前節にあげた具体的な群 $SU(n)$, $SO(n)$, $Sp(n)$ 等が Lie 群であることを示さなければならない．それらが群であることの証明は容易であるが，多様体であることを示すのはそれ程簡単ではない．そこでつぎの定理のお世話になることになる．

**定理** (**Cartan**)　Lie 群の閉部分群はまた Lie 群である．

さて $SU(n)$, $SO(n)$, $Sp(n)$ の古典群が Lie 群であることを示してみよう．

$$GL(n, K)=\{A\in M(n, K)\,|\,AB=E \text{ となる行列} B \text{ がある}\}$$

を**一般線型群**という．この群 $GL(n, K)$ は行列全体のつくる多様体 $M(n, \boldsymbol{R})\simeq \boldsymbol{R}^{n^2}$, $M(n, \boldsymbol{C})\simeq \boldsymbol{R}^{2n^2}$, $M(n, \mathbb{H})\simeq \boldsymbol{R}^{4n^2}$ の開集合であるから多様体であることは自明であり，かつ群の算法は行列の積であって行列の成分の多項式でかけているから，$GL(n, K)$ は Lie 群である．さて古典群 $G$ は一般線型群の部分群 $GL(n, K)$ である：

$$SU(n)\subset GL(n, \boldsymbol{C}),\quad SO(n)\subset GL(n, \boldsymbol{R}),\quad Sp(n)\subset GL(n, \boldsymbol{H})$$

から，古典群が Lie 群であることを示すには $G$ が $GL(n, k)$ の閉集合であること：

$$\lim_{n\to\infty} A_n=A,\ A\in G \quad \text{ならば} \quad A\in G$$

を示しさえすればよいが，それは容易なことである．以上で $SU(n)$, $SO(n)$, $Sp(n)$ が Lie 群であることがわかった．なお，古典群がコンパクトであることおよびその単連結性については別個に調べなければならない．

## 16　指数関数と対数関数

いろいろな関数や写像があるなかで，最も重要で最もよい性質をもつものといえば，まず指数関数 $e^x$ をあげなければならないだろう．指数関数のもつよい性質のうちで

$$e^{x+y}=e^x e^y \tag{i}$$

$$\frac{d}{dt}e^{\lambda t}=\lambda e^{\lambda t} \tag{ii}$$

はその最たるものであろう．性質 (i) は $e^x$ が Lie 群の準同型写像：$\boldsymbol{R}\to\boldsymbol{R}^+$ ということであり，また性質 (ii) より $\left.\dfrac{d}{dt}e^{\lambda t}\right|_{t=0}=\lambda$ となるが，これは $e^{\lambda t}$ が Lie 群 $\boldsymbol{R}^+$ の単位元 1 を通る傾き $\lambda$ の曲線であることを示している．

指数関数 $e^x$ が重要であるにつれその逆関数 $\log x$ もまた重要な関数であって，対数は

$$\log xy=\log x+\log y \tag{iii}$$

の性質をもっている．性質 (iii) も準同型写像であるといってしまえばそれまでであるが，これは Lie 群 $\boldsymbol{R}^+$ の積を $\boldsymbol{R}$ の和に直している．一般に，積は解析的であり，和が代数的であると言わせていただくならば，対数は解析的なものを代数的なものへの橋渡しをして

いるともいえる．このことは微分の作用に類似している．

指数関数 $e^x$ と対数関数 $\log x$ はつぎの Taylor 展開をもっている．

$$e^x = 1 + x + \frac{x^2}{2!} + \frac{x^3}{3!} + \cdots$$

$$\log x = -(1-x) - \frac{(1-x)^2}{2} - \frac{(1-x)^3}{3} - \cdots \qquad |1-x|<1$$

ここで注意することは，$e^x$ の展開の定義域は全域 $\boldsymbol{R}$ であるが，対数の方は $x$ が $\boldsymbol{R}^+$ の単位元 1 に近い所でしか定義されていないことである．

## 17 指数行列と対数行列

前節の指数関数と対数関数は行列のときにそのまま拡張できる．$K=\boldsymbol{R}, \boldsymbol{C}, \boldsymbol{H}$ とし，行列 $A, X \in M(n, K)$ に対し

$$\exp X = E + X + \frac{X^2}{2!} + \frac{X^3}{3!} + \cdots$$

$$\log A = -(E-A) - \frac{(E-A)^2}{2} - \frac{(E-A)^3}{3} - \cdots \qquad \|E-A\|<1$$

と定義する（$\|A\| = \|(a_{ij})\| = \sqrt{\sum |a_{ij}|^2}$）．すると

$$\exp(\log A) = A \qquad \|E-A\|<1$$

$$\log(\exp X) = X \qquad \|X\| < \log 2$$

がなりたつ．これは Lie 群 $GL(n, K)$ の単位元 $E$ のある近傍と $M(n, K)$ の 0 のある近傍が写像 exp, log のもとに微分同相であることを示している．

上記の exp, log の関係は Lie 群と Lie 環の関係を示している．一般線型群 $GL(n, K)$ の閉部分群である Lie 群 $G$（このような Lie 群を**線型 Lie 群**という）に対しては

$$\mathfrak{g} = \{X \in M(n, K) \mid \text{すべての } t \in \boldsymbol{R} \text{ に対して } \exp tX \in G\}$$

が blacket 積

$$[X, Y] = XY - YX$$

により $G$ の Lie 環になっている．そして

$$\exp tX$$

が接線ベクトル $X$ をもつ単位元 $E$ を通る曲線である．

**定理** 線型 Lie 群 $G$ に対しては，$G$ とその Lie 環 $\mathfrak{g}$ の間に exp, log による局所的な微分同相が存在する：

$$G \text{の } e \text{ の近傍} U \; \underset{\exp}{\overset{\log}{\rightleftarrows}} \; \mathfrak{g} \text{ の 0 の近傍} V$$

なお，上記の Lie 環の定義によると，古典群 $SU(n)$, $SO(n)$, $Sp(n)$ の Lie 環はそれぞれつぎのように与えられる．

$$\mathfrak{su}(n)=\{X\in M(n, \boldsymbol{C})\mid X^*=-X,\ \mathrm{tr}(X)=0\}$$
$$\mathfrak{so}(n)=\{X\in M(n, \boldsymbol{R})\mid {}^tX=-X\}$$
$$\mathfrak{sp}(n)=\{X\in M(n, \boldsymbol{H})\mid X^*=-X\}$$

## 18 標準座標系

Lie 群 $G$ の単位元 $e$ のまわりの標準的な座標について述べよう．線型 Lie 群 $G$ (別に線型でなくても以下の話は正しいが) の $e$ の近傍 $U$ とその Lie 環 $\mathfrak{g}$ の 0 の近傍 $V$ は写像 exp で同相であったから，$e$ の近くの点 $p$ は，$\mathfrak{g}$ の基 $X_1, X_2, \cdots, X_n$ をきめると

$$p=\exp(t_1X_1+t_2X_2+\cdots+t_nX_n)$$

と 1 通りに表わせる．この $(t_1, t_2, \cdots, t_n)$ を点 $p$ の**第 1 標準座標**という．

Lie 群のもう 1 つの座標系について述べよう．それを説明する前に，平面 $\boldsymbol{R}^2$ の座標の考え方を振りかえろう．まず，原点 $O$ を通る 2 本の直線を引く，つぎに平面上の点 $p$ をとり，$p$ から $x$ 軸，$y$ 軸への距離を計って $p$ の座標を $(x, y)$ とするのである．すると

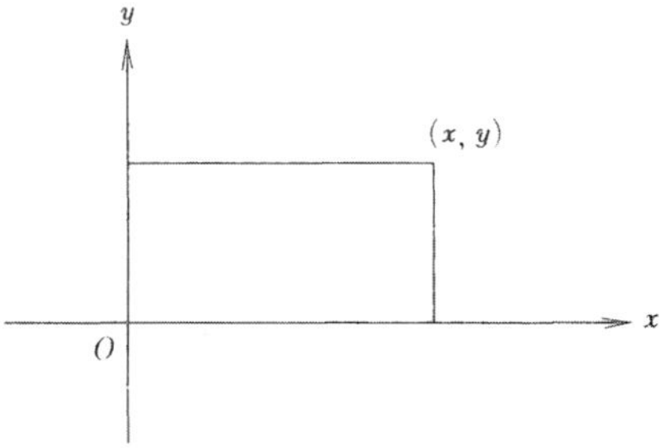


$$p=(x, y)=(x, 0)+(0, y)$$

となっている．この考え方を Lie 群のときに適用してみよう．まず，Lie 群 $G$ の座標軸として曲線

$$\exp tX_1,\ \exp tX_2, \cdots, \exp tX_n$$

$(X_1, X_2, \cdots, X_n$ は $\mathfrak{g}$ の基$)$ をとる．すると単位元 $p$ の近くの点 $p$ は一意的に

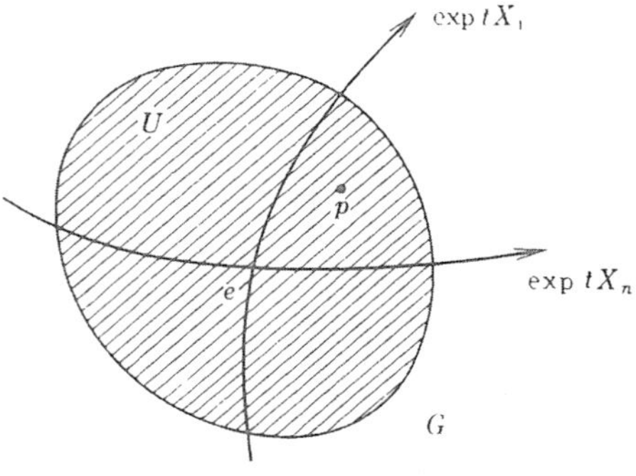


$$p=\exp t_1X_1\ \exp t_2X_2 \cdots \exp t_nX_n$$

と表わされるのである．この $(t_1, t_2, \cdots, t_n)$ を $e$ の**第 2 標準座標**という．

今までに何度か登場したが，Lie 群では $\exp tX$ が特に重要な曲線である．これは指数関数 $e^{\lambda t}$ のように

$$\exp(s+t)X = \exp sX \ \exp tX$$

をみたしている．これを少し抽象しよう．

**定義** $G$ を Lie 群とする．連続な写像 $g: \boldsymbol{R} \to G$ が

$$g(s+t) = g(s)g(t)$$

をみたすとき，$g$ を$G$の**1助変数部分群**という．

$\exp tX$ は1助変数部分群であり，それは Lie群を調べるのになくてはならないものになっている．

## 19 指数関数の微分可能性

Lie 群の研究では1助変数部分群 $g(t)$ が重要であることに注意してつぎのやさしい問を解いてみよう．

**問** 連続な関数 $g: \boldsymbol{R} \to \boldsymbol{R}^+$ が

$$g(s+t) = g(s)g(t) \tag{i}$$

をみたすならば，$g(t)$ はある正数$a$を用いて

$$g(t) = a^t$$

と表わされる．

**証明** (i)において $s=t=0$ とおくとまず $g(0)=1$ がわかる．さて $g(1)=a$ とおくと $g(2)=g(1)g(1)=aa=a^2$ となり，以下同様にすると任意の自然数$n$に対して $g(n)=a^n$ となる．さらに $g(n)g(-n)=g(n-n)=g(0)=1$ より $g(-n)=a^{-n}$ となり，また $g\left(\frac{n}{m}\right)^m = g\left(\frac{n}{m}\times m\right) = g(n) = a^n$ より $g\left(\frac{n}{m}\right) = a^{\frac{n}{m}}$ となる．結局，任意の有理数$r$に対して

$$g(r) = a^r$$

となることがわかった．さて，任意の実数 $x \in \boldsymbol{R}$ に対して $\lim_{n\to\infty} r_n = x$ となる有理数 $r_n$ がとれるから，$g$ の連続であることを用いると

$$g(x) = g(\lim_{n\to\infty} r_n) = \lim_{n\to\infty} g(r_n) = \lim_{n\to\infty} a^{r_n} = a^x$$

を得る．

この問の主張する所は，$g$ が準同型写像 $g(s+t)=g(s)g(t)$ という代数的な性質に連続という位相的な性質を併せると，その結果として得た関数 $g(t)$ は $a^t$ となり，$g$ には微分可能という解析的な性質が生じている．これは指数関数のもつ重要な性質であって，これは Lie 群にそのまま拡張される．

**定理** $G, G'$ を Lie 群とするとき，連続な準同型写像 $f: G \to G'$ は微分可能である．

## 20　Hilbert の第5の問題

代数的な性質と位相的な性質と併せると解析的な性質が生ずるという Lie 群の問題に有名な **Hilbert の第5の問題**がある．それは

「位相多様体である位相　群　は Lie 群であるか」

位相的　　代数的　解析的

という問題である．1900年に Hilbert が国際数学会で出題してから長年に亘り Lie 群における主要課題であったが，1954年に Gleason, Montgomery, Zippin, Yamabe 等の努力により肯定的に解決された．

## お　わ　り　に

Lie 群の参考書をいくつかあげて，詳しく学ぼうとする人の参考にしたいと思う．

[1]　L. S. Pontrjagin：　topological groups,（邦訳）連続群論，上，下，岩波書店，1957

[2]　C. Chevalley：　Theory of Lie groups I, Princeton Univ. Press, 1946

[3]　J. F. Adams：　Lectures on Lie Groups, Benjamin, 1969

[4]　岩堀長慶：　リー群論 I，II，現代応用数学講座，岩波書店，1957

[5]　松島与三：　多様体入門，数学選書，裳華房，1965

[6]　山内恭彦-杉浦光夫：　連続群論入門，新数学シリーズ，培風館，1960

[7]　横田一郎：　群と位相，基礎数学選書，裳華房，1971

[8]　横田一郎：　群と表現，基礎数学選書，裳華房，1973

[9]　村上信吾：　連続群論の基礎，基礎数学シリーズ，朝倉書店，1973

# 索　　引


ア

Abel 群　abelian group　9, 91
Abel 群の基本定理　fundamental theorem of abelian group　83, 84
affine 変換群　affine transformation group　108

イ

(群の)位数　order　10, 93
(元の)位数　order　12, 96
位相群　topological group　189
位相多様体　topological manifold　187
1 助変数部分群　one parameter subgroup　207
1 対 1 写像　one-to-one mapping　35
一般線型群　general linear group　103, 204
岩沢分解　Iwasawa's decomposition　200

ウ

上への写像　onto mapping　35
well defined　60
裏返し　reflection　107
運動　motion　107
運動群　group of motions　108

オ

Euler 関数　Euler function　110

カ　ガ

階数　rank　86
回転　rotation　107
回転群　rotation group　104, 203
外部自己同型群　outer automorphism group　173
外部自己同型写像　outer automorphism　173
可解群　solvable group　159
可換群　commutative group　91
可換法則　commutative law　9
核　kernel　43, 127
拡大加群　extension module　90
(群の)拡大問題　extension problem (of group)　169
加群　module, additive group　5, 9
可微分多様体　differentiable manifold　187
Cartan の定理　204
完全　exact　67, 149

キ　ギ

基　base　88
奇置換　odd permutation　101
基本行列　fundamental matrix　116
基本変形　fundamental deformation　77, 115
逆行列　inverse matrix　75, 103
逆元　inverse element　9, 91
逆写像　inverse mapping　36
既約剰余群　group of irreducible residue class　111
逆像　inverse image　37
逆置換　inverse permutation　98
行列式　determinant　75
局所同型　locally isomorphic　195
極分解　polar decomposition　200

ク　グ

偶置換　even permutation　101
Klein の四元群　Klein's four group　132
群　group　8, 92

ケ　ゲ

結合法則　associative law　9, 92
原始根　primitive root　176
原像　inverse image　37

コ ゴ

交換子群 commutator group 155, 162
交換子群列 series of commutator groups 159
合成写像 composite mapping 35
交代群 alternative group 102
降中心列 descending central series 163
恒等写像 identity mapping 35
恒等置換 identity permutation 98
恒等同型写像 identity isomorphism 37
合同変換 motion 107
合同変換群 group of motions 108
互換 transposition 100
Coxeter-Dynkin 図形 Coxeter-Dynkin diagram 202
古典複素 Lie 環 classical complex Lie algebra 202
古典 Lie 群 classical Lie group 203

シ ジ

4 元数群 quaternion group 95
自己同型群 automorphism group 170
指数 index 140
自然な射影 natural projection 62, 142
実一般線型群 real general linear group 103
実数加群 module of real numbers 11
実特殊線型群 real special linear group 104
実射影直線 real projective line 105
実射影変換群 real projective transformation group 106, 144
射影 projection 45
射影準同型写像 projective homomorphism 130
射影変換 projective transformation 106
写像 mapping 35
自由加群 free module 48, 88
Schreier の定理 199
巡回加群 cyclic module 11, 33
巡回群 cyclic group 113
巡回置換 cyclic permutation 100
巡回部分群 cyclic subgroup 113
準同型写像 homomorphism 37, 124
準同型写像のつくる加群 module of homomorphisms 89
準同型定理 homomorphism theorem 62, 142
商集合 factor set 55
乗積表 multiplication table 94
昇中心列 ascending central series 166
剰余加群 quotient module 11, 57
剰余群 quotient group
剰余群列 series of quotient groups 168
剰余類 residue class 140
Jordan-Hölder の定理 169
Sylow 群 Sylow group 180
Sylow の定理 180
真部分加群 proper submodule 17
シンプレクティック群 symplectic group 203

ス

推移法則 transitive law 55

セ ゼ

正規鎖 normal chain 168
正規部分群 normal subgroup 120
整数加群 integral module 10
生成系 system of generators 33, 114
生成元 generator 33
生成される generated 33, 114
正則行列 regular matrix 75, 103
($p$-) 成分 ($p$-) primary component 86

| | | |
|---|---|---|
| 接空間 | tangent space | 192 |
| 接ベクトル束 | tangent vector space | 192 |
| 零元 | zero element | 9 |
| 零写像 | zero mapping | 37 |
| 線型 Lie 群 | linear Lie group | 205 |
| 全射 | surjection | 35 |
| 全射準同型写像 | surjective homomorphism | 37, 124 |
| 全単射 | bijection | 35 |

ソ　ゾ

| | | |
|---|---|---|
| 像 | image | 36, 43, 129 |
| 組成列 | composition series | 168 |

タ　ダ

| | | |
|---|---|---|
| 第 1 同型定理 | the first isomorphism theorem | 145 |
| 第 1 標準座標 | the first canonical coordinate | 206 |
| 対称群 | symmetric group | 98 |
| 対称法則 | symmetric law | 55 |
| 第 2 同型定理 | the second isomorphism theorem | 146 |
| 第 2 標準座標 | the second canonical coordinate | 206 |
| 代表系 | system of representatives | 54 |
| 代表元 | representative | 54 |
| 多様体 | manifold | 185 |
| 単位行列 | unit matrix | 103 |
| 単位元 | unit element | 91 |
| 単位置換 | unit permutation | 98 |
| 短完全系列 | short exact sequence | 68, 149 |
| 単射 | injection | 35 |
| 単射準同型写像 | injective homomorphism | 37, 124 |
| 単純群 | simple group | 121, 199 |
| 単連結 | simply connected | 198 |

チ

| | | |
|---|---|---|
| 置換 | permutation | 97 |
| 置換行列 | permutation matrix | 105 |
| 直積 | direct product | 97, 139 |
| 直積集合 | direct set | 15 |
| 直和 | direct sum | 15, 16 |
| 直交群 | orthogonal group | 104 |
| 中心 | center | 121 |
| 中心化群 | centralizer | 165 |

テ

| | | |
|---|---|---|
| テンソル積 | tensor product | 88 |

ト　ド

| | | |
|---|---|---|
| 等化集合 | identification set | 55 |
| 同型 | isomorphic | 45, 130, 195, 196 |
| 同型写像 | isomorphism | 37, 124 |
| 等質集合 | homogeneous set | 140 |
| 同値 | equivalent | 55 |
| 同値法則 | equivalence law | 55 |
| 特殊基本行列 | special fundamental matrix | 117 |
| 特殊基本変形 | special fundamental deformation | 117 |
| 特殊直交群 | special orthogonal group | 104 |
| 特殊ユニタリ群 | special unitary group | 104, 203 |
| Torsion 積 | torsion product | 89 |
| Torsion 部分加群 | torsion submodule | 29 |

ナ

| | | |
|---|---|---|
| 内部自己同型群 | inner automorphism group | 171 |
| 内部自己同型写像 | inner automorphism | 171 |
| 長さ | length | 100 |

ニ

| | | |
|---|---|---|
| 2 面体群 | dihedral group | 109 |

ネ

| | | |
|---|---|---|
| 捩れ部分加群 | torsion submodule | 29 |

ハ パ

Hasse の図形　Hasse diagram　20, 111
Burnside の定理　162
反射法則　reflecxive law　55
半直積　semidirect product　152

ヒ

$p$-群　$p$-group　165
被覆 Lie 群　covering Lie group　197
標準形　canonical form　78
Hilbert の第5の問題　208

フ ブ

Feit-Thompson の定理　162
Fermat の定理　141
複素一般線型群　complex general linear group　103
複素射影直線　complex projective line　105
複素射影変換群　complex projective transformation group　106, 144
複素数加群　module of complex numbers　11
複素特殊線型群　complex special linear group　104
複素表現　complex representation　181
複素 Lie 環　complex Lie algebra　202
符号　signature　101
部分加群　submodule　17
部分群　subgroup　111
不変系　invariant system　86
普遍被覆 Lie 群　universal covering Lie group　198
bracket 積　bracket product　194
分裂　split　71, 150

ヘ ペ

平行移動　parallel translation　107
巾零群　nilpotent group　163
変換群　transformation group　100

ホ

包含写像　inclusion mapping　45, 130
($n$ を) 法として合同　congruent modulo $n$　6

マ

Malcev-Cartan-Iwasawa の定理　200

ム

無限加群　infinite module　10
無限群　infinite group　93
無限巡回加群　infinite cyclic module　10

ユ

有限加群　finite module　9
有限群　finite group　93
有限生成な加群　finite generated module　82
誘導された写像　induced mapping　61
有理数加群　module of rational numbers　11
ユニタリ群　unitary group　104

ラ

Lagrange の定理　140

リ

Lie の定理　197
Lie 環　Lie algebra　194, 195
Lie 群　Lie group　185
離散群　discrete group　188

ル

類　class　53
類別する　classify　53

レ

例外複素 Lie 環　exceptional complex Lie algebra　202
例外 Lie 群　exceptional Lie group　203

ワ

Weyl の定理　202

著者紹介

**横田一郎**（よこた・いちろう）

著者略歴

1926年大阪府出身

大阪大学理学部数学科卒，大阪市立大学理学部数学科助手，講師，助教授，
信州大学理学部数学科教授を経て，退官，信州大学名誉教授．理学博士．

主　書　群と位相，群と表現（以上裳華房）
ベクトルと行列（共著），微分と積分（共著），
多様体とモース理論，例題が教える群論入門，一般数学（共著），
線型代数セミナー（共著），古典型単純リー群，例外型単純リー群
（以上 現代数学社）

**新装版 初めて学ぶ人のための群論入門**

2019年 9月 20日　　新装版1刷発行

著　者　　横田一郎
発行者　　富田　淳
発行所　　株式会社　現代数学社
〒606-8425 京都市左京区鹿ヶ谷西寺ノ前町1
TEL&FAX 075 (751) 0727　振替 01010-8-11144
http://www.gensu.co.jp/

印　刷　　有限会社ニシダ印刷製本

検印省略

© Ichiro Yokota, 2019
Printed in Japan

ISBN978-4-7687-0517-9

落丁・乱丁はお取替え致します．

● 落丁・乱丁は送料小社負担でお取替え致します．
● 本書のコピー、スキャン、デジタル化等の無断複製は著作権法上での例外を除き禁じられています。本書を代行業者等の第三者に依頼してスキャンやデジタル化することは、たとえ個人や家庭内での利用であっても一切認められておりません。